"十四五"职业教育国家规划教材

纺织品检测实务

（第4版）

主　编◎翁　毅

副主编◎杨乐芳　季　荣

U0279762

中国纺织出版社有限公司

内 容 提 要

本书为"十四五"职业教育国家规划教材,浙江省重点建设教材,浙江省示范建设教材。全书分为纺织检测的基本要素、纤维质量检验、纱线质量检验、织物质量检验四大项目,聚焦工作任务、工作要求、知识点、任务实施四大维度,研究和提炼关键要素,深入挖掘前沿的检验知识和检验方法。理论与实践紧密结合,重视能力提升,具有较强的实用性和可操作性。书中增加了思政元素,激发学习者的行业自信心和认同感。

本书既可作为纺织品检验与贸易及相关专业的教学用书,又可作为相关技能考核的参考用书,还可供从事纺织品检测工作的人员学习参考。

图书在版编目(CIP)数据

纺织品检测实务 / 翁毅主编;杨乐芳,季荣副主编.
4 版 . --北京 :中国纺织出版社有限公司,2025.4.
("十四五"职业教育国家规划教材). -- ISBN 978-7
-5229-2510-3

Ⅰ. TS107

中国国家版本馆 CIP 数据核字第 2025BB2982 号

责任编辑:朱利锋   责任校对:高 涵   责任印制:王艳丽

中国纺织出版社有限公司出版发行
地址:北京市朝阳区百子湾东里 A407 号楼   邮政编码:100124
销售电话:010—67004422   传真:010—87155801
http://www.c-textilep.com
中国纺织出版社天猫旗舰店
官方微博 http://weibo.com/2119887771
三河市宏盛印务有限公司印刷   各地新华书店经销
2012 年 9 月第 1 版   2018 年 11 月第 2 版   2022 年 2 月第 3 版
2025 年 4 月第 4 版第 1 次印刷
开本:787×1092   1/16   印张:16
字数:352 千字   定价:68.00 元

凡购本书,如有缺页、倒页、脱页,由本社图书营销中心调换

第4版前言

依据党的二十大重要论述，参照最新国际、国家、行业标准和职业技能等级证书考核要求，梳理纺织服装行业企业对相关人员职业素养的最新要求，设计教材体系、内容和资源，同时，寓价值观引导于知识传授和能力培养之中，培养富有科学精神、家国情怀、职业素养的德智体美劳全面发展的纺织服装产业推动者。鉴于此，我们根据各方面的实际需要和专业人才规格培养要求，对《纺织品检测实务》进行了修订。

本书为"十四五"职业教育国家规划教材、浙江省重点建设教材、浙江省示范建设教材。全书从纺织检测的基本要素、纤维质量检验、纱线质量检验、织物质量检验等方面展开，按工作过程、项目化编写。注重解决在检验过程中容易出现的问题。在内容上充分考虑了纺织品检验专业能力培养的需要，既将较成熟的常规检验内容融入教材，突出基础技术内容，又结合纺织品检验的发展方向，将一些前沿的检验知识和检验方法编入教材。本书理论与实践紧密结合，重视能力提升，具有较强的实用性和可操作性；既可作为纺织品检验与贸易等专业的教学用书，又是相关技能考核的参考用书，也可供从事检验工作的人员学习参考。鉴于标准的严肃性、规范性，故在教材编写中涉及的检验项目，尽量引用原标准，供学生学习掌握，同时，把最新标准编入教材。但由于标准随时有可能更新，所以在教学过程中教师应结合最新标准，调整充实相关教学内容。

本书主要由浙江纺织服装职业技术学院翁毅、杨乐芳等老师编写。全书共分四大项目。项目1、项目2和项目4中的子项目4-5由翁毅编写；项目3和项目4中的子项目4-2由杨乐芳编写；项目4中的子项目4-3由杨乐芳及北京服装学院郭海燕、聂锦梅共同编写；项目4中的子项目4-1、子项目4-4由季荣、蒋艳凤和宁波狮丹努集团郭晓俊共同编写。全书由宁波海关（宁波出入境检验检疫局）杨力生高级工程师主审。

本书在编写过程中，承蒙常州纺织服装职业技术学院田恬老师，江西工业职业技术学院甘志红老师，宁波海关（宁波出入境检验检疫局）傅科杰、冯云高级工程师，宁波纤维检验所石东亮高级工程师等专家的支持和帮助。在此，向对本书的编写提供帮助的所有人员表示衷心感谢。

由于时间紧及编者水平所限，书中若有疏漏之处，敬请读者批评指正，以便修订改进。

编者

2024 年 9 月

第3版前言

纺织产业是我国的传统支柱产业，产业链完备，产业规模巨大。在新的发展格局下，纺织企业应进一步提升产品竞争力，畅通国内国际双循环，朝着高质量发展目标迈进。而品管和质控是企业发展的核心和基础。鉴于此，我们根据各方面的实际需要和专业人才规格培养要求，编写了《纺织品检测实务》。

该教材为浙江省重点建设教材，浙江省示范建设教材，"十四五"职业教育部委级规划教材，"十三五"职业教育国家规划教材。全书分为检测基本要素、纤维质量检验、纱线质量检验、织物质量检验四大项目；聚焦工作任务、工作要求、知识点、任务实施四大维度；研究和提炼关键要素，深入挖掘前沿的检验知识和检验方法。理论与实践紧密结合，重视能力提升。具有较强的实用性和可操作性。既可作为纺织品检验与贸易等专业学生的教学用书，又是相关技能考核的参考用书，也可供从事纺织品检验工作的人员学习参考。鉴于标准的严肃性、规范性，故在教材编写中涉及的检验项目，尽量引用原标准，供学生学习掌握，同时，把最新标准编入教材（因此，教材内容较前两版有较大变化）。但由于标准随时有可能更新，所以在教学过程中教师应结合最新标准，调整充实相关教学内容。

该教材主要由浙江纺织服装职业技术学院翁毅、杨乐芳等老师编写。全书共分四大项目。项目1、项目2、项目4中的子项目4-5由翁毅老师编写；项目3、项目4中的子项目4-2由杨乐芳老师编写，子项目4-3由杨乐芳老师、北京服装学院郭海燕老师、聂锦梅老师共同编写；项目4中的子项目4-1、子项目4-4由季荣老师、蒋艳凤老师和宁波狮丹努集团郭晓俊老师共同编写。全书由宁波海关（宁波出入境检验检疫局）杨力生高级工程师主审。

该教材在编写过程中，承蒙常州纺织服装职业技术学院田恬老师；江西工业职业技术学院甘志红老师；宁波海关（宁波出入境检验检疫局）傅科杰、冯云高级工程师；宁波纤维检验所石东亮高级工程师等专家的支持、帮助。在此，向对本教材的编写提供帮助的所有人员，表示衷心感谢。

由于时间紧及编者水平所限，该教材若有疏漏、错误之处，敬请读者批评指正，以便修订改进。

编者

2021 年 11 月

第 2 版前言

纺织产业是我国的传统支柱产业，在新的发展时期，如何把握机遇，迎接挑战，提升产品竞争力，是各纺织企业必须面对的问题。而严格品质管理和质量控制是解决这一问题的基础。纺织品检验与贸易专业，是培养掌握这方面知识人才的重要途径，但目前这方面适合高职高专教学、实用的教材仍较欠缺，急待加强。因此，我们根据教学的实际需要和人才规格培养要求，编写了《纺织品检测实务》并进行了修订。

该教材为"十三五"职业教育部委级规划教材，浙江省重点建设教材，浙江省示范建设教材。全书从检测基本要素、纤维质量检验、纱线质量检验、织物质量检验等方面来展开、分析讨论，按工作过程、项目化编写。注重解决在其他图书中较少出现、容易被忽视，又必须加以重视的，在检验过程中要注意的问题。在内容上充分考虑了纺织品检验专业能力培养的需要，既将较成熟的常规检验内容编入教材，突出基础技术内容，又尽可能地结合纺织品检验的发展方向，将一些前沿的检验知识和检验方法编入教材。理论与实践紧密结合，重视能力提升，具有较强的实用性和可操作性。本书既可作为纺织品检验与贸易及相关专业学生的教学用书，又是国家相关工种考核的参考用书，也可供从事检验工作的人员学习参考。

该教材由翁毅担任主编，杨乐芳、蒋艳凤、郭晓俊担任副主编。全书共分四大项目，具体分工如下：项目1、项目2由翁毅（浙江纺织服装职业技术学院）编写；项目3、项目4中的子项目4-2由杨乐芳（浙江纺织服装职业技术学院）编写，子项目4-3由杨乐芳、郭海燕（北京服装学院）、聂锦梅（北京服装学院）共同编写；项目4中的子项目4-1、子项目4-4由蒋艳凤、郭晓俊（宁波狮丹努集团）共同编写；全书由杨力生（宁波出入境检验检疫局）主审。

该教材在编写过程中，承蒙常州纺织服装职业技术学院田恬老师，江西工业职业技术学院甘志红老师，宁波出入境检验检疫局傅科杰、冯云工程师，宁波纤维检验所石东亮高级工程师等专家的支持、帮助。在此，向对本教材的编写提供帮助的所有人员，表示衷心感谢。

由于时间紧及编者水平所限，该教材若有疏漏、错误之处，敬请读者批评指正。以便修订时改进。

编者
2018 年 6 月

第1版前言

加入 WTO 后，我国的纺织工业又迎来了一个新的发展时期，机遇与挑战并存，各企业在把握机遇迎接挑战上做了很多文章，其中之一就是对纺织品的品质管理和质量控制越来越重视和严格。"质量是企业的生命"已成为企业质量工作的中心。纺织品检验与贸易专业就是培养这方面人才的专业，但目前适合高职高专教学使用的这方面的实用教材仍较欠缺，亟待加强。因此，我们根据教学的实际需要和人才培养要求，对纺织品检验与贸易专业教学计划、课程标准及教材进行了开发研究，编写了本书。

本教材为浙江省重点教材、浙江省示范教材。全书从检测的基本要素、纺织纤维检验、纱线质量检验、织物质量检验等方面展开和分析讨论，按工作过程采用项目化形式编写。注重解决在其他书籍中较少出现、容易被忽视，又必须重视的检验过程中应注意的问题。在内容上充分考虑了纺织品检验专业能力培养的需要，既将较成熟的常规检验内容编入教材，又尽可能结合纺织品检验的发展方向，将一些前沿的检验知识和检验方法编入教材。理论与实践紧密结合，具有较强的实用性和可操作性。

本教材主要由浙江纺织服装职业技术学院和北京服装学院翁毅、杨乐芳、蒋艳凤等老师编写。全书共分为四大项目。项目1、项目2由翁毅老师编写；项目3、项目4中的项目4-2由杨乐芳老师编写；项目4中的项目4-3由杨乐芳老师和北京服装学院郭海燕老师、聂锦梅老师共同编写；项目4中的项目4-1、项目4-4由蒋艳凤老师编写。全书由宁波出入境检验检疫局杨力生高级工程师主审。

本教材在编写过程中，承蒙常州纺织服装职业技术学院田恬老师、江西工业职业技术学院甘志红老师、宁波出入境检验检疫局付科杰工程师、宁波纤维检验所石东亮工程师、宁波维科集团奚德昌高级工程师等的支持和帮助。在此，向对编写本教材提供帮助的所有人员表示衷心感谢。

由于时间紧及编者水平所限，本教材若有疏漏之处，敬请读者批评指正。

编者

2012 年 4 月

目录

1

项目 1　纺织检测的基本要素

☞ **教学目标**

知识目标：掌握纺织检测的基本要素。

能力目标：能在检测操作中应用基本要素。

子项目 1-1　标准

子项目 1-1
PPT

【工作任务】

查阅和使用标准。

【工作要求】

查阅并领会国家标准 GB/T 19001—2016、GB/T 24001—2016、GB 18401—2010、GB 31701—2015 及国际标准 ISO 9001：2015、ISO 14001：2015 等现行标准。

接到测试样品后，能按相关国家或国际标准对相应项目进行检测。理解并掌握国家国际质量管理体系标准。

【知识点】

制造业是立国之本、强国之基。质量是兴国之道、转型之要。党的二十大报告明确提出要"加快建设制造强国、质量强国"。中共中央、国务院印发的《质量强国建设纲要》也提出，深入实施质量强国战略，加快传统制造业技术迭代和质量升级，推动工业品质量迈向中高端。这不仅体现出国家对质量强国建设的高度重视，也反映出国家推动制造业高质量发展的信心决心。

速度终有上限，质量永无止境。改革开放以来，中国速度让世界瞩目。随着我国进入高质量发展新阶段，中国速度要转向中国质量，让中国质量成为全社会共同的追求。高质量发展是全面建设社会主义现代化国家的首要任务，始终坚持质量第一、效益优先，大力增强质量意识，视质量为生命，以高质量为追求。

制造业作为国民经济的支柱产业，是国家创造力、竞争力和综合国力的重要体现。我国是制造业大国，拥有最全的工业门类。在新发展阶段，推进制造业高质量发展是巩固制造业竞争优势、推动制造业向全球价值链中高端迈进的必然要求，也是提升产业链供应链稳定性、确保产业安全的战略选择，对建设制造强国、质量强国，推动经济高质量发展具有重要意义。

一、国家标准

1. 标准和标准化

标准是对重复性事物和概念所做的统一规定。纺织标准是以纺织科学技术和纺织生产实

1

践的综合成果为基础，经有关方面协商一致，由主管机构批准，以特定形式发布，作为纺织生产、纺织品流通领域共同遵守的准则和依据。

现代化生产和科学管理的重要手段之一就是要实行标准化，而标准化是通过标准来实施的。标准化是在经济、技术、科学及管理等社会实践中，对重复性的事物和概念通过制定、发布和实施标准，达到统一，以获得最佳秩序和社会效益。

标准化的原理是统一、简化、协调、选优。其工作任务是制定标准、组织实施和对实施标准进行监督。

标准化是一个活动过程。标准往往是标准化活动的产物，标准化的效果是在标准的运用、贯彻执行等实践活动中表现出来的，标准应在实践中不断修改完善。

（1）标准的内容。标准的内容是根据标准化对象和制定标准的目的来确定的。下面以产品标准为例简要介绍其主要构成。

产品标准主要由概述部分、标准的一般部分、标准的技术部分、补充部分四方面组成。

概述部分包括封面和首页、目次、前言、引言等内容。其中，封面和首页主要说明编号、名称、批准和发布部门、批准和发布及实施日期；目次主要说明条文主要划分单元、附录编号、标题、所在页码；前言主要说明提供技术标准的信息、采用国际标准的程度、废除和代替的其他文件等；引言主要说明提供有关技术标准内容、制定原因等。

完整的标准编号包括标准代号、顺序号和年代号。

国家标准编号为：

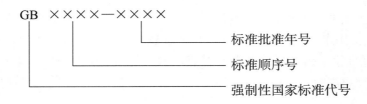

纺织行业标准编号为：

标准的一般部分由标准名称（主要说明标准化对象名称、技术特征），范围（主要说明内容范围、适用领域），引用标准（主要说明引用的其他标准文件的编号和名称）三部分组成。

标准的技术部分包括定义，符号和缩略语，要求，抽样，试验方法，分类与命名，标志、包装、运输、储存，标准附录等几方面。

补充部分主要由提示的附录、脚注、正文中的注释、表注和图注等内容组成。

（2）质量管理标准化（实施 GB/T 19001—2016、GB/T 24001—2016）。现今，产品的国际竞争日益激烈，人们的质量意识越来越强，企业的质量管理工作也纳入了标准化轨道。以质量管理标准为准则，实施质量认证，已经成为当今世界各国对企业管理及产品质量进行评价、监督的通行做法。我国也不例外，除实施等同于 ISO 9001、ISO 14001 的 GB/T 19001、GB/T 24001标准外，通过 ISO 9001、ISO 14001 认证注册的组织也越来越多，质量管理工作得到了有效开展和保证，把全面质量管理工作推向了一个新的高度（有关 ISO 在国际标准中介绍）。

（3）产品质量标准化（质量监督与质量认证）。产品质量监督和质量认证是标准化活动的一个重要组成部分，它是国际上普遍实行的一种科学的质量管理制度。

①产品质量监督。质量监督是根据政府法令或规定，对产品、服务质量和企业保证质量所具备的条件进行监督的活动。

质量监督工作按其工作性质、目的、内容和处理方法的不同大致可分为三种基本形式，即抽查型、评价型、仲裁型。

抽查型产品质量监督是指国家（政府）质量监督机构通过对在市场或企业抽取的样品按照技术标准进行监督检验，判定其质量是否合格，从而采取强制措施，责令企业（或商场）改进不合格产品，直至达到技术标准要求。

评价型产品质量监督是指国家（政府）质量监督机构通过对企业生产条件、产品质量考核，颁发某种产品质量证书，确认和证明该产品已达到的质量水平。对考核合格、获得证书的产品，还须进行必要的事后监督，考查其质量是否保持应有水平。

仲裁型产品质量监督是国家质量监督管理部门站在第三方立场，公正处理质量争议中的问题，实施对质量不法行为的监督，促进产品质量的提高。

②产品质量认证。国际标准化组织对产品质量认证的定义是："由可以充分信任的第三方证实某一经鉴定的产品或服务符合特定标准或其他技术规范的活动。"按照认证的性质，我国主要采取的三种认证方式是安全认证、合格认证、质量保证能力认证。其中，安全认证是指依据安全标准和产品标准中的安全性能项目进行认证；合格认证是指以产品标准为依据，

要求实行认证的产品质量符合产品标准的全部要求；质量保证能力认证是指对某些不适合采用安全认证和合格认证的企业，可对其质量保证规定的具体条件和要求进行认证。

通过产品质量认证，可以让消费者放心地购买符合要求的产品，同时，获得认证许可也会增强产品的市场竞争能力。目前，产品质量认证已成为国际上通行的、保证产品质量符合标准、维护消费者和用户利益的一种有效办法，国际标准化组织成员国中的绝大多数国家都采用了质量认证制度。

2. 标准的分类

标准主要从标准的级别、标准的执行方式、标准的性质等几方面来进行分类。

（1）按标准的级别分类。按照标准制定和发布机构的级别、适用范围，可分为国际标准、区域标准、国家标准、行业标准、地方标准和企业标准等不同级别。

①国际标准。国际标准是指国际标准化组织（ISO）、国际电工委员会（IEC）和国际电信联盟（ITU）制定的标准，以及国际标准化组织确认并公布的其他国际组织制定的标准。国际标准在世界范围内统一使用。

②区域标准。区域标准是世界某一区域标准化团体通过的标准。区域标准化团体可以由同一地理范围内的国家所组成，也可以由于政治原因或经济原因而使一些国家组成区域标准化团体。由于区域标准容易造成贸易壁垒，因此，现在许多区域标准化团体倾向于不制定区域标准，区域标准有逐渐削弱和减少之势。

③国家标准。国家标准是由国家标准化组织，经过法定程序制定、发布的标准，在该国范围内适用。如中国国家标准（GB）、美国标准（ANSI）、英国标准（BS）、澳大利亚标准（AS）、日本工业标准（JIS）、德国工业标准（DIN）、法国标准（NF）等。

我国《标准化法》规定："对需要在全国范围内统一的技术要求，应当制定国家标准。"如在国民经济中有重大技术经济意义的纺织原料和纺织品标准；具有纺织材料综合性、通用性的基础标准和检测方法标准；涉及人民生活量大面广的纺织工业产品标准；有关安全、卫生、劳动保护、环保等方面的标准以及被我国等效采用的国际标准等。

我国国家标准基本上都与国际标准接轨，等同或等效采用的较多。在标准中，按照采用国际标准或国外先进标准的程度，分为等同采用 IDT（identical）、等效采用 EQV（equivalent）；修改采用 MOD（modified）和非等效采用 NEQ（no equivalent）。等同采用指技术内容相同，没有或仅有编辑性修改，编写方法完全相对应；等效采用指主要技术内容相同，技术上只有很小差异，编写方法不完全相对应；非等效采用（也称参照采用）指技术内容有重大差异。

④行业标准。行业标准是对没有国家标准而又需要在全国某个行业范围内统一的技术要求所制定的标准。行业标准不得与有关国家标准相抵触。有关行业标准之间应保持协调、统一，不得重复。行业标准在相应的国家标准实施后，即行废止。行业标准由行业标准归口部门统一管理。

⑤地方标准。地方标准（DB）是由地方（省、自治区、直辖市）标准化主管机构或专业主管部门批准、发布，在某一地区范围内统一的标准。我国地域辽阔，各省、市、自治区

和一些跨省市的地理区域，其自然条件、技术水平和经济发展程度差别很大，对某些具有地方特色的农产品、土特产品和建筑材料，或只在本地区使用的产品，或只在本地区具有的环境要素等，有必要制定地方性的标准。制定地方标准一般有利于发挥地区优势，有利于提高地方产品的质量和竞争能力，同时也使标准更符合地方实际，有利于标准的贯彻执行。但地方标准要从严控制，凡有国家标准、专业（部）标准的，不能制定地方标准，军工产品、机车、船舶等也不宜制定地方标准。

⑥企业标准。企业标准（Q）是在企业范围内需要协调和统一的技术要求、管理要求和工作要求所制定的标准，是企业组织生产、经营活动的依据。国家鼓励企业自行制定严于国家标准或者行业标准的企业标准。企业标准由企业制定，由企业法人代表或法人代表授权的主管领导批准、发布。

（2）按标准的执行方式分类。标准的实施就是要将标准所规定的各项要求，通过一系列措施，贯彻到生产实践中去。标准按执行方式分为强制性标准和推荐性标准。

①强制性标准。强制性标准是指为保障人体健康、人身财产安全所制定的标准，以法律、行政法规规定强制执行的标准。在国家标准中以 GB 开头的属强制性标准。

强制性标准必须严格强制执行。在国内销售的一切产品，凡不符合强制性标准要求者均不得生产和销售；专供出口的产品，若不符合强制性标准的要求者均不得在国内销售；不准进口不符合强制性要求的产品。对于违反强制性标准的，由法律、行政法规规定的行政主管部门或工商行政管理部门依法处理。

②推荐性标准。除强制性标准外的其他标准是推荐性标准。在国家标准中以 GB/T 开头的属推荐性标准。

对推荐性标准，国家鼓励企业自愿采用。推荐性标准作为国家或行业的标准，有着它的先进性和科学性，一般都等同或等效采用了国际标准。企业若能积极采用推荐性标准，有利于提高企业自身的产品质量和国内外市场竞争能力。

（3）按标准的性质分类。就标准的性质来讲，一般可分为三大类，即技术标准、管理标准和工作标准。

①技术标准。技术标准是对标准化领域中需要协调统一的技术事项所制定的标准。纺织标准大多为技术标准，按其内容可分为纺织基础标准和纺织产品标准。其中基础标准包括基础性技术标准和检测方法标准。

a. 基础性技术标准。基础性技术标准是对一定范围内的标准化对象的共性因素所做的统一规定。包括名词术语、图形、符号、代号及通用性法则等内容。它在一定范围内作为制定其他技术标准的依据和基础，具有普遍的指导意义。

b. 方法标准。方法标准是对产品结构、性能、质量的检测方法所做的规定。包括对检测的类别、原理、取样、操作、精度要求及使用的仪器设备、条件等所做的规定。

c. 产品标准。产品标准是对产品的品种、规格、技术要求、评定规则、试验方法、检验规则、包装、储运等所做的规定。产品标准是产品生产、检验、验收、商贸交易的技术依据。

②管理标准。管理标准是对标准化领域中需要协调统一的管理事项所制定的标准。旨在

利用管理标准的要求来规范企业的质量管理行为、环境管理行为及职业健康安全管理行为，以持续地改进企业的管理，促进企业的发展。

③工作标准。工作标准是对工作的责任、权利、范围、质量要求、程序、效果、检查和考核办法等所制定的标准。企业组织经营管理的主要战略是不断提高质量，而要实现这一战略必须以工作标准的实施来保障。

除以上这些分类外，对于纺织标准，按其表现形式又可分为两种：一种是仅以文字形式表达的标准，即"标准文件"；另一种是以实物标准为主，并附有文字说明的标准，即"标准样品"，简称"标样"。标样由指定机构按一定技术要求制作成"实物样品"或"样照"，如棉花分级标样、棉纱黑板条干样照、织物起毛起球样照、色牢度评定用变色和沾色分级样卡等。这些"实物样品"和"样照"可供检验外观、规格等对照判别之用。其结果与检验者的经验、综合技术素质关系密切。随着检验技术的进步，某些用目光检验，对照"标样"评定其优劣的方法，已逐渐向先进的计算机视觉检验方法的方向发展。

3. 特别重要的国家纺织产品标准

国家有关纺织产品方面的强制标准主要有 GB 18401—2010《国家纺织产品基本安全技术规范》及 GB 31701—2015《婴幼儿及儿童纺织产品安全技术规范》等。

GB 18401—2010 大家相对比较熟悉，其主要技术要求见表1-1。

表1-1　纺织产品的基本安全技术要求

项目		A 类	B 类	C 类
甲醛含量/（mg/kg）		20	75	300
pH[a]		4.0~7.5	4.0~8.5	4.0~9.0
染色牢度[b]/级	耐水（变色、沾色）	3-4	3	3
	耐酸汗渍（变色、沾色）	3-4	3	3
	耐碱汗渍（变色、沾色）	3-4	3	3
	耐干摩擦	4	3	3
	耐唾液（变色、沾色）	4	—	—
异味		无		
可分解致癌芳香胺染料[c]/（mg/kg）		禁用		

a 后续加工工艺中必须经过湿处理的非最终产品，pH 值可放宽至 4.0~10.5。

b 对需经洗涤褪色工艺的非最终产品、本色及漂白产品不要求；扎染等传统的手工着色产品不要求；耐唾液色牢度仅考核婴幼儿纺织产品。

c 致癌芳香胺清单见 GB 18401—2010 中附录 C，限量值 ≤ 20mg/kg。

下面主要对 GB 31701—2015 作一解读，详细可参阅相关标准。

GB 31701—2015 于 2015 年 5 月 26 日发布，2016 年 6 月 1 日正式实施。该标准是我国首个专门针对婴幼儿及儿童纺织产品安全发布的强制性国家标准，对婴幼儿及儿童纺织产品安全性能进行了全面规范，并针对化学安全及纺织品机械安全性能提出了更严格的要求。本标准适用于在我国境内销售的婴幼儿及儿童纺织产品。布艺毛绒玩具、布艺工艺品、一次性使用卫生用品、箱包、背提包、伞、地毯、专业运动服等产品不属于本标准的范围。该规定与GB 18401—2010 相统一，避免了与其他特定产品强制性标准的重叠及纺织领域与其他领域产品标准的重叠等问题。

标准对儿童的分类，全面考虑儿童的生理和心理特点，以年龄为界限，将儿童纺织产品分为两类，一类为婴幼儿纺织产品，适合年龄在 36 个月及以下的婴幼儿穿着或使用；另一类为儿童纺织产品，适合 3 岁以上、14 岁及以下的儿童穿着或使用。

该标准的安全技术类别分类与要求，与 GB 18401—2010 相对应，将儿童纺织产品安全技术类别分为 A、B、C 三类，A 类最严，B 类次之，C 类是基本要求，且规定婴幼儿纺织产品应符合 A 类要求，直接接触皮肤的儿童纺织产品至少应符合 B 类要求，非直接接触皮肤的儿童纺织产品至少应符合 C 类要求。

标准还规定，儿童纺织产品应在使用说明上标明本标准编号及符合的安全技术类别，婴幼儿纺织产品还应加注"婴幼儿用品"。由于 GB 31701—2015 标准要求包含并严于 GB 18401—2010 标准要求，因此，标注了 GB 31701—2015 安全技术类别要求的婴幼儿及儿童纺织产品可不必标注 GB 18401—2010 的安全技术类别。

对产品的安全性能要求，鉴于婴幼儿和儿童群体的特殊性，该标准在原有纺织品安全标准 GB 18401 的基础上，进一步提高了婴幼儿及儿童纺织产品的各项安全要求，积极与国际安全性标准要求接轨，安全要求全面升级，主要体现在以下五方面。

（1）化学安全要求。标准中对婴幼儿产品中增加了 6 种邻苯二甲酸酯［增塑剂（塑化剂）］和总铅、总镉两种重金属的限量要求。邻苯二甲酸酯的主要危害是破坏人体的内分泌系统，如果儿童吞噬了其含量超标的产品，将会危害肝脏和肾脏，并引起性早熟等危害；铅是已知的毒性最大、累积性极强的重金属之一，能长期蓄积于人体，严重危害神经、造血系统及消化系统，对儿童的智力和身体发育影响尤其严重，而且毒害是不可逆的；镉的主要危害是伤害骨骼，破坏人体消化、呼吸系统，出现肝、肾衰竭，导致人体免疫力下降。由于婴幼儿正处在人体生长发育初期，其危害性相当大，且缺乏自我保护及辨别意识，有可能将铅、镉等有毒物质超标的物品放入口。因此，限制儿童纺织产品中有毒有害物质的超标使用十分必要。

（2）纺织产品附件机械安全。一是规定婴幼儿纺织产品附件应具有一定的抗拉强力，且所用附件不应存在锐利尖端和边缘。由于婴幼儿的好奇心或本能动作，可能会对所使用的纺织产品中的附件发生抓起、啃咬等事件，造成服装损坏，严重时若附件掉落，就可能发生吞噬等危害事件发生，后果不堪设想。并且，如果所用附件存在锐利尖端和边缘，就有可能发生划伤、戳伤等危险事件。二是规定绳带要求。对儿童服装头部、颈部、肩部、腰部、长短袖口处等不同部位及不同形式的绳带均做出详细规定，并且科学地依据年龄大小对服装绳带提出了不同要求。虽然在 GB/T 22704—2019、GB/T 22705—2019、FZ/T 73025—2019、FZ/T 73045—2013 等标准中已经对某些儿童服装的绳索、拉带有相关的规定，但 GB 31701—2015 是强制性标准，说明绳带对儿童安全的重要性，也是与国际接轨的要求。

（3）其他安全性能要求。标准增加了 A 类、B 类产品的耐湿摩擦色牢度强制性要求。由于婴幼儿和儿童的皮肤比较娇嫩，抵抗有害物质的能力较弱，如果产品的湿摩擦指标较差，掉落下来的染料容易被皮肤所吸收，对人体产生危害（耐湿摩擦色牢度在 GB 18401—2010 中没有考核，而在该标准中对 A 类和 B 类安全要求的产品有强制性规定，其要求高于水洗服装中合格品、牛仔服装、部分婴幼儿及儿童纺织标准中深色合格产品的要求）。同时，标准增加了燃烧性能要求。由于婴幼儿纺织产品一般不进行阻燃整理，因而对燃烧性能应做出一定要求。标准规定，燃烧性能仅考核产品的外层面料，且羊毛、腈纶、改性腈纶、锦纶、丙纶和聚酯纤维的纯纺织物，以及由这些纤维混纺的织物不考核，单位面积质量大于 $90g/m^2$ 的织物不考核。因此，此项目的要求在标准中主要起一个引导作用，真正需要考核的织物并不多。

（4）填充物的要求。婴幼儿及儿童纺织产品所用纤维类和羽绒羽毛填充物应符合 GB 18401—2010 中对应安全技术类别的要求；羽绒羽毛填充物还应符合 GB/T 17685—2016 中微生物技术指标的要求；其他填充物的安全技术要求需按国家相关法规和强制性标准执行。这些规定整合了相应产品的不同要求。

（5）其他要求。考虑到实际使用的安全性，标准还规定：婴幼儿及儿童纺织产品的包装中不应使用金属针等锐利物，并且产品上不允许残留金属针等锐利物；可贴身穿着的婴幼儿服装上的耐久性标签，应置于不与皮肤直接接触的位置。

二、国际标准

1. 国际标准化组织（ISO）

国际标准化组织是标准化领域中的一个国际性非政府组织。ISO 全称是 International Organization for Standardization。ISO 其成员由来自世界上 100 多个国家的国家标准化团体组成，代表中国参加 ISO 的国家机构是中国国家标准化管理委员会。ISO 与国际电工委员会（IEC）有密切的联系。ISO/IEC 作为一个整体担负着制定全球协商一致的国际标准的任务。ISO 和 IEC 不是联合国机构，但它们与联合国的许多专门机构保持技术联络关系。ISO/IEC 有约 1000 个专业技术委员会和分委员会，各会员国以国家为单位参加这些技术委员会和分委员会的活动。ISO/IEC 有约 3000 个工作组，制定和修订相关国际标准。

2. ISO 9001 标准

ISO 9000 系列标准是国际标准化组织为适应国际贸易发展的需要而制定的质量管理和质量保证标准。该系列标准自 1987 年正式发布，1994 年改版为 ISO 9000 族标准。编该教材写时，ISO 9000 族最新标准主要有 ISO 9000：2015《质量管理体系　基础和术语》（选用标准）；ISO 9001：2015《质量管理体系　要求》；ISO 9004：2018《质量管理　组织管理　对实现持续成功的指南》；ISO 19011：2018《管理体系审核指南》。

最新系列标准的核心是 ISO 9001 标准。包括范围、规范性引用文件、术语和定义、组织环境、领导作用、策划、支持、运行、绩效评价及改进等十部分内容。

ISO 9000 族标准可以帮助组织建立、实施并有效运行质量管理体系，是质量管理体系通用的要求或指南。它不受具体的行业或经济部门的限制，可广泛用于各种类型和规模的组织，在国内和国际贸易中促进相互理解和信任。因此，ISO 9000 族标准也称为质量管理体系标准。

质量管理体系是指"在质量方面指挥和控制组织的管理体系"。

一般地讲，组织活动由三方面组成：经营、管理和开发。在管理上又主要表现为行政管理、财务管理、质量管理等。ISO 9000 族标准主要针对质量管理，同时涵盖了部分行政管理和财务管理的范畴。

ISO 9000 族标准并不是产品的技术标准，而是针对组织的管理结构、人员、技术能力、各项规章制度、技术文件和内部监督机制等一系列体现组织保证产品及服务质量的管理措施的标准。

（1）ISO 9000 族标准主要在以下四方面规范质量管理。

①机构。标准明确规定了为保证产品质量而必须建立的管理机构及职责权限。

②程序。组织的产品生产必须制定规章制度、技术标准、质量手册、质量体系操作检查程序，并使之文件化。

③过程。质量控制是对生产的全部过程加以控制，是面的控制，不是点的控制。从依据市场调研确定产品、设计产品、采购原材料，到生产、检验、包装和储运等，其全过程按程序要求控制质量。并要求过程具有标识性、监督性、可追溯性。

④总结。不断总结、评价质量管理体系，不断改进质量管理体系，使质量管理呈螺旋式上升。

（2）更新后 ISO 9000 族标准的主要特点。

①通用性更强。老版本 ISO 9001 标准主要针对硬件制造业。新标准把以前三个外部保证模式 ISO 9001、ISO 9002、ISO 9003 合并为 ISO 9001 标准，允许通过"裁剪"适用不同类型的组织，同时对"裁剪"也提出了明确、严格的要求。适用于硬件、软件、流程性材料和服务等行业。

②更先进科学。总结补充了组织质量管理中一些好的经验，突出了八项质量管理原则（即以顾客为关注焦点；领导作用；全员参与；过程方法；管理的系统方法；持续改进；基于事实的决策方法；与供方互利的关系）。引入 PDCA 戴明环闭环管理模式，使持续改进的思想贯穿整个标准，要求质量管理体系及各个部分都按 PDCA 循环［规划（plan）、实施（do）、检查（check）、改进（action）］，建立实施持续改进结构。

（3）更简单好用。新标准对老标准进行简化，把过去按 20 个要素排列，改为按过程模式重新组建结构，其标准分为管理职责；资源管理；产品实现；测量、分析和改进四大部分。

（4）兼容性更高。提高了同环境管理、财务管理的兼容。

（5）协调性更好。ISO 9001 标准和 ISO 9004 标准作为一套标准，互相对应，协调一致。

3. ISO 14001 标准

ISO 14000 环境管理系列标准，是国际标准化组织于 1996 年颁布的。是国际标准化组织第 207 技术委员会（ISO/TC207）组织编制环境管理体系标准，其标准号从 14001～14100，共 100 个标准号，统称为 ISO 14000 系列标准。它是顺应国际环境保护的发展，依据国际经济与贸易发展的需要而制定的。

编写该教材时，ISO 14000 环境管理系列标准，最新版本是 2015 版。其核心是 ISO 14001：2015《环境管理体系　要求及使用指南》，我国等同于 ISO 14001 环境管理系列标准的国家标准是 GB/T 24001。

下面对 ISO 14001：2015 标准进行解读。

（1）标准结构。包括范围、规范性引用文件、术语和定义、组织环境、领导作用、策划、支持、运行、绩效评价及改进等十部分内容。

（2）术语和定义。ISO 14001：2015 标准共有 33 个术语，相对于原来的版本，除了术语"污染预防"没有变化外，其他都发生了变化。

①新增术语 20 个。15 个通用术语：管理体系、最高管理者、目标、要求、风险、能力、文件化信息、外包、过程、审核、符合、有效性、监视、测量、绩效；5 个特定术语：环境状况、合规义务、风险与机遇、生命周期、参数。

②修订术语 12 个。修改 10 个定义：环境管理体系、环境方针、组织、相关方、环境因素、环境目标、纠正措施、环境绩效、持续改进；修改（增加）2 个注解：环境、不符合。

③取消 7 个术语。审核员、文件、内部审核、预防措施、环境指标、记录、程序。

（3）战略环境管理。ISO 14001：2015 标准明确要求组织的环境管理体系应融入组织的战略过程的策划中。新增加的条款 4.1（理解组织所处的环境）和 4.2（理解相关方的需求和期望），要求从组织和环境两者的利益出发，识别并利用机遇，其中特别需要关注的是与相关方的需求（包括法规要求）和期望有关的事项或变化的环境，以及地区的、区域的和全球的可以影响组织或被组织影响的环境状况。一旦被确定为优先项，减少负面风险和开拓有益机遇的措施则应被融入环境管理体系运行的策划中。另外，ISO 14001：2015 标准还提出环境管理体系应融入组织的业务过程，体现在条款 5.1c，最高管理者应确保将环境管理体系要求整合进组织的经营过程中；条款 6.2.2，组织应考虑如何将实现环境目标的措施融入组织的业务流程中。

（4）风险意识及应对。任何一个管理体系都应是一个预防性的管理工作，都是在考虑风险的基础上建立的。为此，ISO 14001：2015 标准新增条款 6.1（应对风险和机遇的措施），并删除了老版本中的预防措施。

（5）领导作用。环境管理体系的成功实施取决于最高管理者领导下的组织各层次和职能的承诺，最高管理者的参与和承诺是成功的关键因素。为此，新版标准新增了条款 5.1（领导作用和承诺），为处在领导岗位的人员（最高管理者）增加了特定的职责，以提高其在组织环境管理中的作用。

（6）保护环境。随着自然环境的不断恶化，人们对组织环境管理体系的期望已经发生了延伸，不仅是污染预防，而且是超越污染预防，组织应与其所处环境积极协调，主动保护环境免受其活动、产品和服务所带来的损害和退化。保护环境的理念主要体现在组织环境方针的承诺、组织设立的改进环境绩效的预期结果（环境目标）中。

（7）环境绩效。环境绩效是与环境因素管理相关的绩效，不断改善组织的环境绩效应该是组织环境管理体系的重点和最终目的。ISO 14001：2015 标准中：明确"提升环境绩效"

是组织环境管理体系的预期结果之一；"持续改进"明确改进的对象为环境绩效；标准的多个条款中增加或更为明确了与环境绩效有关的要求，如4.4（环境管理体系）、5.2（环境方针）、5.3（组织的角色、职责和权限）、9.1.1（监视、测量、分析和评价）、9.3（管理评审）、10.3（持续改进）等。

（8）生命周期评价。为了防止环境因素被无意间转移到产品（服务）的其他阶段，ISO 14001：2015标准引入了生命周期的概念，明确要求在环境因素确定（6.1.2）和运行控制（8.1）时要考虑生命周期的观点。也就意味着，除了原有标准中要考虑组织采购的产品和服务中环境因素的要求外，组织还需要将其对环境因素的控制和影响延伸到产品的使用以及产品报废后的处理和处置，但这并不意味着需要进行一个全面的生命周期评价。

（9）内外部信息交流。信息交流是非常重要的过程，使组织能够提供并获得与其环境管理体系相关的信息，并且可以帮助组织发现体系存在的问题及收集合理化建议，进而持续改进。新版标准更加细化了内外部信息交流的要求，要求组织建立一个同等考虑内部和外部交流的信息交流过程，这包括对一致的和可靠的信息进行交流的要求，并且包括建立一种机制，用于在组织控制下的工作人员针对环境管理体系的改进提出建议。对外部进行交流的决定由组织保留，但是这种决定的做出应考虑信息报告的法规要求以及相关方的期望。

（10）合规义务。履行法律法规要求应是一个负责任的组织行为的底线。因此，在新版标准中，强调了组织应履行合规义务（法律法规及其他要求）。1（范围）中明确提到，履行合规义务是环境管理体系的预期结果之一；另外，在5.2（环境方针）、7.2（能力）、7.3（意识）、7.4.3（外部信息交流）、7.5.1（总则）、9.3（管理评审）等都有体现。

（11）文件化信息。考虑到基于计算机和云技术在运行管理体系上的应用，与ISO 9001：2015标准一样，ISO 14001：2015标准用"文件化的信息"代替了"文件"和"记录"。但标准并未强求组织必须使用"文件化信息"这一术语，并保留灵活性，由组织来确定什么时候需要"程序"以确保有效的过程控制。

4. ISO 45001 标准

ISO 45001：2018（OHSAS 18001）《职业健康安全管理体系　要求及使用指南》。包括范围、规范性引用文件、术语和定义、组织环境、领导作用与员工参与、策划、支持、运行、绩效评价及改进等十部分内容。

本标准规定了对职业健康安全管理体系的要求及使用指南，旨在使组织能够提供健康安全的工作条件以预防与工作相关的伤害和健康损害，同时主动改进职业健康安全绩效。包括考虑适用的法律法规要求和其他要求，并制定和实施职业健康安全方针和目标。

本标准适用于任何有下列愿望的组织：

（1）建立、实施和保持职业健康安全管理体系，以提高职业健康安全，消除或尽可能降低职业健康安全风险（包括体系缺陷），利用职业健康安全机遇，应对与组织活动相关的职业健康安全体系不符合；

（2）持续改进组织的职业健康安全绩效和目标的实现程度；

（3）确保组织自身符合其所阐明的职业健康安全方针；

（4）证实符合本标准的要求。

本标准旨在适用于不同规模、各种类型和活动的组织，并适用于组织控制下的职业健康安全风险，该风险考虑了组织运行所处的环境以及员工和其他相关方的需求和期望。

本标准未提出具体的职业健康安全绩效准则，也未规定职业健康安全管理体系的结构。

本标准使组织能够通过组织的职业健康安全管理体系，整合健康和安全的其他方面，比如员工健康/福利。

本标准未涉及除给员工及其他相关方造成的风险以外的其他问题，比如产品安全、财产损失或环境影响等风险。

本标准能够全部或部分地用于系统地改进职业健康安全管理。但是，只有本标准的所有要求都被包含在了组织的职业健康安全管理体系中且全部得以满足，组织才能声明符合本标准。

5. SA 8000 标准

社会道德责任标准（Social Accountability 8000），简称 SA 8000。自 1997 年问世以来，受到了公众极大的关注。SA 8000 是 ISO 9000、ISO 14000 之后出现的又一个重要的国际性标准，通过 SA 8000 认证将成为国际市场竞争中的又一重要武器。有远见的组织家应未雨绸缪，及早检查本组织是否履行了公认的社会责任，在组织运行过程中是否有违背社会公德的行为，是否切实保障了职工的正当权益，以把握先机，迎接新一轮的世界性的挑战。尽管许多组织在运营中并无不道德行为，但却无从评判。而现在，组织行为是否符合社会公德可以根据该组织与 SA 8000 要求的符合性予以确认和声明。

SA 8000 是世界上第一个社会道德责任标准，也是规范组织道德行为的一个新标准，已作为第三方认证的准则。SA 8000 认证是依据该标准的要求审查、评价组织是否与保护人类权益的基本标准相符。全球所有的工商领域均可应用和实施 SA 8000。

SA 8000 标准是为了保护人类基本权益。SA 8000 标准的要素引自国际劳工组织（ILO）关于禁止强迫劳动、结社自由的有关公约及其他相关准则、人类权益的全球声明和联合国关于儿童权益的公约。

编写本教材时，SA 8000：2014 是最新标准，其基本结构包括以下四个方面。Ⅰ前言，目的与范围，管理系统；Ⅱ规范性原则及其解释；Ⅲ定义；Ⅳ社会责任之规定：童工，强迫或强制性劳动，健康与安全，自由结社及集体谈判权利，歧视，惩戒性措施，工作时间，工资，管理系统。

子项目 1-2　标签标识

【工作任务】

规范使用和识别纺织品标签标识。

子项目 1-2
PPT

【工作要求】

拿到测试样品后，能按相关标准对纺织品标签标识进行识别和规范性判别。

【知识点】

一、检验依据

（1）通用要求。GB/T 5296.4—2012《消费品使用说明　纺织品和服装使用说明》；GB 18401—2010《国家纺织产品基本安全技术规范》。

（2）纤维含量。GB/T 15557—2008《服装术语》。

（3）维护标签。GB/T 8685—2008《纺织品　维护标签规范　符号法》。

（4）号型规格。GB/T 1335.1—2008《服装号型　男子》；GB/T 1335.2—2008《服装号型　女子》；GB/T 1335.3—2009《服装号型　儿童》；GB/T 6411—2008《针织内衣规格尺寸系列》。

（5）质量等级。按相关产品标准执行。

二、相关术语

（1）标签标识。向使用者传达正确、安全使用产品的信息工具。一般以使用说明书、标签、标志等来表达。纺织品的标签标识通常以外吊牌和内缝标的形式显现。

（2）耐久性标签。一直附着在产品上，并能承受该产品使用说明规定的使用过程，保持字迹清晰易读的标签。纺织品的耐久性标签一般是指内缝标（不限于一处，可以分别缝在纺织品的不同部位上）。

三、总体要求

（1）标签标识上的文字应清晰、醒目，图形、符号要直观规范，文字、图形符号的颜色与背景色或底色应为对比色。

（2）标签标识所用文字应为国家规定的规范汉字。可同时使用相应的汉语拼音、外文或少数民族文字，但汉语拼音和外文的字号大小应不大于相应的汉字。

（3）标签标识应由适当材料和方式制作，在产品使用寿命期内保持清晰易读。

（4）缝制在产品上的标签，若缝边多于一边，所用材料应具有与基础物相近的缩率。

（5）产品的号型或规格、原料成分和含量、洗涤方法等内容应采用耐久性标签。其中采用原料的成分和含量、洗涤方法宜组合标注在一张标签上。如果采用耐久性标签对产品的使用有影响时，如布匹、绒线和缝纫线、袜子等产品，可不采用耐久性标签。

四、相关内容

1. 制造者的名称和地址

应标明纺织品和服装制造者依法登记注册的名称和地址。

进口纺织品和服装应用中文标明该产品的原产地（国家或地区）以及代理商或进口商或销售商在中国依法登记注册的名称和地址。

2. 产品名称

应表明产品的真实属性。若国家标准或行业标准对产品名称有规定的，应采用国家标准或行业标准规定的产品名称；若没有规定，也应使用不会引起消费者误解和混淆的常用名称或者俗名。服装产品的名称应按照 GB/T 15557—2008《服装术语》的规定，在产品的吊牌上明确标注出西服、西裤、衬衫、羽绒服、牛仔服、T恤衫、裙子等具体名称，而不宜笼统地标注为男装、童装、外套、上装等产品名称。也不能用商标、货号等代替服装产品的名称。

3. 号型和规格

号型或规格的标注应符合相关国家标准、行业标准的规定。

（1）服装（不含针织品）号型采用 GB/T 1335.1～1335.3 中规定的号型。号指人体的身高（cm），是设计和选购服装长短的依据。型指人体上体的胸围和下体的腰围（cm），是设计和选购服装肥瘦的依据。体型按照人体的胸围与腰围的差为依据来划分，并将体型分四类，分类代码分别为 Y、A、B、C。如 170/88A。

（2）根据 GB/T 8878—2014《棉针织内衣》规定，针织内衣号型按 GB/T 6411—2008《针织内衣规格尺寸系列》执行，号与型之间用斜线分开，如 170/95。

（3）羊毛衫的标注没有明确规定。一般是标注产品的胸围或裤长。上衣标胸围（cm），裤子标裤长（cm），也可借鉴棉针织内衣号型的标注方法。

（4）其他纺织品。袜子的规格为袜号（但连裤袜的规格是适应的身高范围）；绒线产品的规格为细度、重量；面料的规格为幅宽、纱线线密度、单位面积质量或经纬密度；床上用品类产品为尺寸（长×宽）。

4. 成分和含量

采用原料的成分和含量是指导消费者购买的重要信息，其标注的内容必须真实、可靠，并符合 FZ/T 01053《纺织品 纤维含量的标识》的要求。

（1）标注原则。

①纤维含量以该纤维占产品或产品某部分的纤维总量的百分率表示，宜标注至整数位。

②纤维含量一般采用净干质量结合公定回潮率计算的公定质量百分率表示。

③纤维名称使用规范，符合相关国家标准或行业标准的规定。天然纤维用 GB/T 11951—2018 中规定的名称，羽绒羽毛用 GB/T 17685—2016 中规定的名称，化学纤维和其他纤维用 GB/T 4146.1—2020、GB/T 4146.2—2017、GB/T 4146.3—2011 中规定的名称（化学纤维有简称的宜用简称）。若国家标准或行业标准中没有规定，可标为"新型（天然、再生、合成）纤维"。

④在纤维名称的前面或后面可以添加如实描述纤维形态特点的术语。如：涤纶（七孔）、丝光棉等。

（2）表示方法。

①只有一种纤维的产品，在纤维名称的前面或后面加"100%""纯"或"全"表示。

②有2种及2种以上纤维的产品，一般按纤维含量递减顺序列出每一种纤维的名称，并在名称的前面或后面列出该纤维含量的百分比。

③含量≤5%的纤维，可列出该纤维的具体名称，也可用"其他纤维"来表示；当产品中

有 2 种及以上含量各≤5%的纤维且总量≤15%时，可集中标为"其他纤维"；有 2 种及以上化学性质相似且难以定量分析的纤维，可列出每种纤维的名称，也可列出其大类纤维名称，合并表示其总的含量。

④产品中有易于识别的花纹或图案的装饰纤维或装饰纱线（若拆除装饰纤维或纱线会破坏产品的结构），当其纤维含量≤5%时，可标注为"装饰部分除外"，也可单独将装饰线的含量标出。若需要，可标明装饰线的纤维成分及其占总量的百分比；产品中起装饰作用的部分或不构成产品主体的部分，如：花边、腰带、衣领、袖口、下摆罗口、衬垫等，其纤维含量可以不标。若单个部件的面积或同种织物多个部件的总面积超过产品表面积的 15%时，则应标注该部件的纤维含量。

（3）含量允差。

①产品或产品的某一部分由一种纤维组成时，纤维含量允差为 0（注：由于山羊绒纤维有形态变异，所以，当山羊绒含量在 95%及以上、疑似羊毛≤5%时，可标注为"100%山羊绒""纯山羊绒"或"全山羊绒"）。

②产品或产品的某一部分中含有能够判断为是装饰纤维或特性纤维（如弹性纤维、导电纤维等），且这些纤维的总含量≤5%（纯毛粗纺产品≤7%）时，可使用"100%""纯"或"全"表示纤维含量，并说明"××纤维除外"，标明的纤维含量允差为 0。如：100%羊毛（装饰纤维除外）。

③产品或产品的某一部分含有 2 种及以上的纤维时，除了许可不标注的纤维外，在标签上标明的每一种纤维含量允许偏差为 5%，填充物的允许偏差为 10%。

④当纤维含量≤15%（填充物≤30%）时，其允许偏差为标称值的 30%；当产品中某种纤维含量≤0.5%时，可不计入总量，标为"含微量××"。

5. 洗涤方法

洗涤方法是指导消费者用好产品，避免操作不当造成产品变形、损坏的关键。所以必须正确标注。对于不是直接面向消费者的产品可不标注洗涤方法。如纱线、坯布等。

洗涤方法包括水洗、氯漂、熨烫、干洗和干燥等。其标注可以是规范的图形符号，也可图形符号加简明文字，但不能仅用文字。按水洗、漂白、干燥、熨烫和专业维护的序列，选择合适的洗涤方法（图 1-1）。

最高洗涤温度30℃　　仅允许非氯漂　　低温翻转干燥　　熨烫底板最高温度110℃　　常规干洗

图 1-1　部分洗涤标识

6. 质量等级

"产品质量等级"是反映产品质量级别的信息。标准中明确规定品质等级的产品，应按相关标准的规定标明产品质量等级。标注的等级应与所执行产品标准中的等级系列相一致。

产品的相应技术指标也应达到执行产品标准中对应等级的技术要求。

7. 合格证明

国内生产的合格产品，每单件产品应有产品出厂质量检验合格证明，以表明该产品经过检验，质量达到了标注的等级。其形式有合格证、检验印章、检验工号等。

8. 基本安全技术类别

纺织产品的基本安全技术要求，按 GB 18401—2010《国家纺织产品基本安全技术规范》，分为 A 类、B 类、C 类。婴幼儿纺织产品应符合 A 类要求，直接接触皮肤的产品至少应符合 B 类要求，非直接接触皮肤的产品至少应符合 C 类要求。婴幼儿纺织产品必须在标签标识上标明"婴幼儿用品"字样。其他产品应在标签标识上标明所符合的基本安全技术要求类别（如 A 类、B 类或 C 类）。

子项目 1-3　检验准备

子项目 1-3
PPT

【工作任务】

检验准备工作。

【工作要求】

接到测试样品后，能按相关标准对相应项目进行抽样准备、检验方法准备、检验环境准备等。

【知识点】

一、抽样方法

对于纺织品的各种检验，实际上只能限于全部产品中的极小一部分。一般情况下，被测对象的总体总是比较大的，且大多数是破坏性的，不可能对它的全部进行检验。因此，通常都是从被测对象总体中抽取子样进行检验。

子样检验的结果能在多大程度上代表被测对象总体的特征，取决于子样试样量大小和抽样方法。在纺织产品中，总体内单位产品之间或多或少总存在质量差异，试样量越大，即试样中所含个体数量越多，所测结果越接近总体的结果（真值）。要多大的试样量才能达到检验结果所需的可信程度，可以用统计方法来确定。但不管所取试样量有多大，所用仪器如何准确，如果取样方法本身缺乏代表性，其检验结果也是不可信的。要保证试样对总体的代表性就要采用合理的抽样方法，既要尽量避免抽样的系统误差，既排除倾向性抽样，又要尽量减小随机误差。为此，应采用随机抽样方法。

具体来说，抽样方法主要有以下四种。

1. 纯随机取样

从总体中抽取若干个样品（子样），使总体中每个单位产品被抽到的机会相等，这种取样就称为纯随机取样，也称简单随机取样。纯随机取样对总体不经过任何分组排队，完全凭着偶然的机会从中抽取。从理论上讲，纯随机取样最符合取样的随机原则，因此，它是取样的基本形式。

纯随机取样在理论上虽然最符合随机原则，但在实际上则有很大的偶然性，尤其是当总体的变异较大时，纯随机取样的代表性就不如经过分组再抽样的代表性强。

2. 等距取样

等距取样是先把总体按一定的标志排列，然后按相等的距离抽取。等距取样相对于纯随机取样而言，可使子样较均匀地分配在总体之中，可以使子样具有较好的代表性。但是，如果产品质量有规律地波动，并与等距取样重合，则会产生系统误差。

3. 代表性取样

代表性取样是运用统计分组法，把总体划分成若干个代表性类型组，然后在组内用纯随机取样或等距取样，分别从各组中取样，再把各部分子样合并成一个子样。在代表性取样时，可按以下方法确定各组取样数目：以各组内的变异程度确定，变异大的组多取一点，变异小的少取一些，没有统一的比例；或以各部分占总体的比例来确定各组应取的数目。

4. 阶段性随机取样

阶段性随机取样是从总体中取出一部分子样，再从这部分子样中抽取试样。从一批货物中取得试样可分为三个阶段，即批样、样品、试样。其中，批样是从要检验的整批货物中取得一定数量的包数（或箱数）；样品是从批样中用适当方法缩小成试验室用的样品；试样是从试验室样品中，按一定的方法取得做各项力学性能、化学性能的样品。

进行相关检测的纺织品，首先要取成批样或试验室样品，进而再制成试样。

二、检验方法

对纺织品（品质、规格、等级等）的检验，主要运用感官检验、化学检验、仪器分析、物理测试、生物检验等检验手段，从而确定其是否符合标准或贸易合同的规定。

1. 按纺织品的检验内容分

从纺织品的检验内容来看，其检验可分为品质检验、规格检验、数量检验、包装检验和涉及安全卫生项目的检验。

（1）品质检验。影响纺织品品质的因素概括起来可以分为内在质量和外观质量两个方面。因此，纺织品品质检验大体上也可以划分为内在质量检验和外观质量检验两个方面。

纺织品的内在质量是决定其使用价值的一个重要因素。内在质量检验是指借助仪器设备对产品力学性能的测定和化学性质的分析。

纺织品的外观质量检验大多采用感官检验法，由于感官检验带有较多的人为影响因素，所以已有一些外观质量检验项目用仪器检验替代人的感官检验。

随着科学技术的迅猛发展，纺织品检验的方法和手段不断增多，涉及的范围也更加广泛，从而更有效地保障消费者对纺织品品质的要求。

（2）规格检验。纺织品的规格一般是指按各类纺织品的外形、尺寸、花色、式样和标准量等属性划分的类别。

（3）数量检验。各种不同类型纺织品的计量方法和计量单位是不同的，机织物通常按长度计量，纺织纤维、纱线按重量计量，服装按数量计量。若按重量计量，则应考虑到包装材料重量和水分等其他物质对重量的影响。重量主要有以下三种计量表述：

①毛重。指纺织品本身重量加上包装重量。

②净重。指纺织品本身重量，即除去包装物重量后的纺织品实际重量。

③公量。纺织材料在公定回潮率时的重量叫"公定重量"或"标准重量"。它与实际回潮率下称见重量之间的关系：标准重量＝称见重量×（100＋公定回潮率）/（100＋实际回潮率）。

采用公量计重，主要是考虑到纺织品具有一定的吸湿能力，所含水分重量受到环境条件的影响，从而导致其重量不稳定。为了准确计算重量，国际上常采用按公量计算的方法。

（4）包装检验。纺织品包装检验是根据贸易合同、标准或其他有关规定，对纺织品的外包装、内包装以及包装标志进行检验。纺织品包装既要保证纺织品质量、数量完好无损，又要使用户和消费者便于识别。纺织品包装检验的主要内容是：核对纺织品的商品标记、运输包装（俗称大包装或外包装）和销售包装（俗称小包装或内包装）是否符合贸易合同、标准以及其他有关规定。

2. 按被检验产品的数量分

从被检验产品的数量上来看，纺织品检验分为全数检验和抽样检验两种。

全数检验是对批（总体）中的所有个体进行检验。抽样检验则是按照规定的抽样方案，随机地在一批中抽取少量个体进行检验，并以抽样检验的结果来推断总体的质量。纺织检验中，织物外观疵点一般采用全数检验方式，而纺织品内在质量检验大多采用抽样检验方式。

另外，若按照纺织品的生产工艺流程，纺织品检验又可分为预先检验（投产原料检验）、工序检验（中间检验）、最后检验（成品检验）、出厂检验、库存检验、监督检验、第三者检验等。

三、试样准备和测试环境

1. 标准大气

纺织材料大多具有一定的吸湿性，其吸湿量的大小主要取决于纤维的内部结构，同时大气条件对吸湿量也有一定影响。在不同大气条件下，特别是在不同相对湿度下，其平衡回潮率不同。环境相对湿度增高会使材料吸湿量增加而引起一系列性能变化，如：质量（重量）增加，纤维截面积膨胀加大，纱线变粗，织物厚度增加、长度缩短，纤维绝缘性能下降，静电现象减弱等，反之亦然。为了使纺织材料在不同时间、不同地点测得的结果具有可比性，必须统一规定测试时的大气条件，即标准大气条件。

（1）标准大气。温度为 20.0℃，相对湿度为 65.0%。

（2）可选标准大气。仅在有关各方同意的情况下使用。

a. 特定标准大气。温度为 23.0℃，相对湿度为 50.0%。

b. 热带标准大气。对于热带地区，标准大气应是温度为 27.0℃，相对湿度为 65.0%。

（3）标准大气和可选标准大气的容差范围。温度的容差为±2.0℃，相对湿度的容差为±4.0%。

2. 预调湿

纺织材料的吸湿或放湿平衡需要一定时间，同样条件下由放湿达到平衡较由吸湿达到平衡时的平衡回潮率要高，这种因吸湿滞后现象带来的平衡回潮率误差，会影响纺织材料性能的测试结果。为消除因纺织材料的吸湿滞后现象影响其检验结果，使同一样品达到相同的平衡回潮率，在调湿处理中，统一规定由吸湿方式达到平衡。

纺织品在调湿前，可能需要预调湿。如果需要，纺织品应放置在相对湿度为10.0%~25.0%，温度不超过50.0℃的大气条件下，使之接近平衡。

3. 调湿

纺织品在试验前，应将其放在标准大气环境下进行调湿。调湿期间，应使空气能畅通地流过该纺织品。纺织品在大气环境中放置所需要的时间，直至平衡。

除非另有规定，纺织品的重量递变量不超过0.25%时，方可认为达到平衡状态。在标准大气环境的实验室调湿时，纺织品连续称量间隔为2h；当采用快速调湿时，纺织品连续称量的间隔为2~10min。

4. 试样的剪取

对于织物来说，试样剪取是否有代表性，关系到检验结果的准确程度。实验室样品的剪取应避开布端（匹头），一般要求在距布端2m以上的部位取样（如果是开匹可以不受此限），所取样品应平整、无皱、无明显疵点，其长度和花型能保证试样的合理排列。

在样品上剪取试样时，试样距布边应在1/10幅宽以上，幅宽超过100cm时，距布边10cm以上即可。为了在有限的样品上取得尽可能多的信息，通常试样的排列要呈阶梯形，即经向或纬向的各试样均不含有相同的经纬纱线，至少保证其试验方向不得含有相同经纬纱线而非试验方向不含完全相同的经纬纱线。在试验要求不太高的情况下，也要保证试验方向不含相同经纬纱线，而另一方向可以相同，这称为平行排列法。但应注意试样横向为试验方向时（如单舌撕破强力），不能采用竖向的平行排列法。

由于吸湿会导致纱线变粗，织物变形，为了保证试样的尺寸精度，织物要在调湿平衡后才能剪取试样。

子项目 1-4　数据处理

【工作任务】

进行数据处理工作。

【工作要求】

能对测试结果进行误差分析、异常值处理等。

子项目 1-4
PPT

【知识点】

一、测量误差

1. 误差的分类

测量误差按它产生的原因可分为系统误差、随机误差、过失误差。

（1）系统误差。系统误差是指检测过程中产生的一些恒定的或遵循某种规律变化的误差。是在重复性条件下，对同一被测量进行无限多次测量所得结果的平均值与被测量真值之差。系统误差的特点是带有规律性，一般可以修正或消除。

引起系统误差的原因很多，主要有以下四种：

①检测原理或检测方法不完善而产生的误差，如计算公式是近似的，或忽略了一些因素的影响等；

②由仪器设备而引起的误差，如等臂天平两臂不相等，未能调整到理想状态；

③由环境条件所引起的误差，如环境温湿度不稳定，气压变化等；

④由操作人员而引起的误差，如对准目标时总是偏左或偏右、估计读数时总是偏大或偏小等。

系统误差决定了检测的正确度，系统误差越小，检测结果的正确度越高。

（2）随机误差。随机误差又称偶然误差，是随机产生的。它是在对同一产品的检测过程中，由于操作人员技术不熟练、外界条件的变动、检测仪器的不完善、检测对象本身的状态发生了变化等偶然因素的影响而引起的误差。由于随机误差的存在，对同一量值在相同条件下做多次重复检测会出现许多不同的检测结果。就随机误差个体而言是没有规律，不可控制的，但就其总体来说则服从一定的统计规律。实践表明，随机误差遵循正态分布规律，可按正态分布特征来处理。

随机误差决定了检测的精密度，随机误差越小，检测结果的精密度越高。

（3）过失误差。过失误差又称疏失误差、粗大误差，是指一种显然偏离实际值的误差。它没有任何规律可循，纯属偶然引起。如检测时，由于操作者工作粗枝大叶对错了标记，精神过度疲劳、操作出错，或偶然一个外界干扰因素造成等。

一旦发现检测结果中存在过失误差（有时将与均值的偏差超过三倍标准差的数据视为过失误差），必须从检测结果中剔除。

2. 误差的表示

测量误差可用绝对误差和相对误差两种指标表示。

（1）绝对误差。绝对误差是测定值 X 和真值 μ_0 之间的差值。用 ΔX 表示绝对误差，则：

$$\Delta X = X - \mu_0 \tag{1-1}$$

事实上，真值 μ_0 是不知道的。但我们可以通过量具或高一级准确度的仪器进行校核等方法来预先掌握仪器的测量误差 ΔX，再由测量值 X 估计真值 μ_0 的所在区间，即：

$$\mu_0 = X \pm \Delta X \tag{1-2}$$

可见，只有在仪器的误差或校正值的范围已知的情况下，检测结果才有意义。

在实际检测中，当没有显著的系统误差时，只要检测的次数足够，根据数理统计理论，就可用所测数据（测定值）的算术平均值代表其真值。

（2）相对误差。相对误差是绝对误差 ΔX 与真值 μ_0 的比值，用 δ 表示相对误差，则：

$$\delta = \frac{\Delta X}{\mu_0} \times 100\% \tag{1-3}$$

实际计算时，可以近似地用测定值 X 代替分母中的真值 μ_0，δ 越大，测定值 X 偏离真值越远，检测的准确度就越差。

相对于绝对误差而言，相对误差更能反映检测结果的准确性。

3. 误差的来源

（1）仪器误差。仪器误差是仪器设计所依据的理论不完善，或假设条件与实际检测情况不一致（方法误差）以及由于仪器结构不完善、仪器校正与安装不良（工具误差）所造成的误差。

在仪器上可能出现的误差主要有以下六种：

a. 零值误差。仪器零点未调整好，检测结果的绝对误差为一常数；

b. 校准误差。仪器刻度未校准，指示结果系统偏大或偏小，相对误差为一常数；

c. 非线性误差。仪器输入量与输出量之间不符合线性转换关系；

d. 迟滞误差。仪器输入量由小到大或由大到小，在同一检测点出现输出量的差异，或是仪器进程示值与回程示值之间的差异（进回程差）；

e. 示值变动性。对同一被测对象进行多次重复检测，检测结果的不一致性；

f. 温差和时差。温差指仪器在不同温度条件下，仪器性能的变化。时差是指仪器在相同检测条件下，仪器性能随时间的变化。

（2）环境条件误差。检测环境条件变化，如温湿度改变、电磁场影响、外来机械振动、电源干扰等所产生的误差。其中环境温湿度变化还会引起试样本身力学性能的变化。

（3）人员操作误差。由于检测人员操作方法不规范所造成的误差，包括读数视差等。

（4）试样误差。纺织材料被测对象总体很大，要检测出全部总体性质的真值是不可能的。由于总体中个体性质的离散性、取样方法不当、取样代表性不够和检测个体数不足等，都会产生试样误差。

试样误差是除仪器误差外，另外一个影响检测结果准确性的重要因素，它取决于试样量大小和抽样方法。

4. 误差的估计

按照绝对误差的定义：$\Delta X = X - \mu_0$，我们可以把它转化成式（1-4）：

$$\Delta X = X - \mu_0 = (\overline{X} - \mu_0) + (X - \overline{X}) = s + r \tag{1-4}$$

式中：$\overline{X}$ 为多次检测的平均值；$s = \overline{X} - \mu_0$ 为平均值与真值之间的偏差，即系统误差；$r = X - \overline{X}$ 是检测值围绕平均值的波动（离散），即随机误差。也就是说，绝对误差是由系统误差和随机误差两部分组成的。

这是误差的直接表示方法，当然我们也可以间接表示和估计误差。

（1）准确度。准确度是检测结果中系统误差与随机误差的综合，表示检测结果与真值的一致程度（$X-\mu_0$）。准确度反映了检测各类误差的综合，误差大，准确度就低。一切检测的试验设计及数据的统计处理都是为了提高试验的准确度。

（2）正确度。正确度表示检测结果中系统误差的大小，是检测结果接近于"真值"的程度，即多次检测值的算术平均值与"真值"的相符程度（$\bar{X}-\mu_0$）。它是在规定条件下检测的所有系统误差的综合，系统误差大，正确度就低。

（3）精密度。精密度表示检测结果中随机误差的大小，即在一定条件下多次检测结果彼此相符的程度（$X-\bar{X}$）。随机误差越小，检测的精密度就越高。

精密度可以用重复性和复现性表示。

重复性是指在同一实验室内由同一操作者，在相同试验条件和较短时间间隔内，用同一台仪器，相同的试验方法，对同一试样进行试验结果的一致性检验。

当把重复性试验中的试样保持不变（即同一试样），而其他条件发生一项或几项改变，就成了复现性。即：（或/和）在不同实验室，（或/和）由不同操作者，（或/和）不同仪器，（或/和）不同的试验方法，（或/和）在间隔时间较长后，对同一试样进行试验结果的一致性检验。

通过重复性、复现性试验，达到考察反映检测技术、检测方法的精密度。

5. 误差与不确定度

测量误差是测量结果减去被测量的真值。误差是一个确定的值，是客观存在的测量结果与真值之差。但由于真值往往不知道，故误差无法准确得到。提到误差，我们会联想到另外一个词——不确定度（测量不确定度的简称）。其实，误差与不确定度是两个不同的概念，不应混淆或误用。

（测量）不确定度是表征合理赋予被测量之值的分散性，与测量结果相联系的参数。在测量结果的完整表述中，应包括（测量）不确定度。不确定度可以是标准差或其倍数，或是说明了置信水准的区间的半宽。以标准差表示的不确定度称为标准不确定度。以标准差的倍数表示的不确定度称为扩展不确定度。测量不确定度是说明测量分散性的参数，由人们经过分析和评定得到，因而与人们的认识程度有关。测量结果可能非常接近真值（即误差很小），但由于认识不足，评定得到的不确定度可能较大。也可能测量误差实际上较大，但由于分析估计不足，给出的不确定度却偏小。因此，在进行不确定度分析时，应充分考虑各种影响因素，并对不确定度的评定加以验证。测量误差与测量不确定度的主要区别见表1–2。

表1–2 测量误差与测量不确定度的主要区别

序号	测量误差	测量不确定度
1	有正号或负号的量值，其值为测量结果减去被测量的真值	无符号的参数，用标准差或标准差的倍数或置信区间的半宽表示

序号	测量误差	测量不确定度
2	表明测量结果偏离真值	表明被测量值的分散性
3	客观存在，不以人的认识程度而改变	与人们对被测量、影响量及测量过程的认识有关
4	由于真值未知，往往不能准确得到，当用约定真值代替真值时，可以得到其估计值	可以由人们根据试验、资料、经验等信息进行评定，从而可以定量确定
5	按性质可分为随机误差和系统误差两类，按定义随机误差和系统误差都是无穷多次测量情况下的理想概念	不确定度分量评定时一般不必区分其性质，若需要区分时应表述为："由随机效应引入的不确定度分量"和"由系统效应引入的不确定度分量"
6	已知系统误差的估计值时可以对测量结果进行修正，得到已修正的测量结果	不能用不确定度对测量结果进行修正，在已修正测量结果的不确定度中应考虑修正不完善而引入的不确定度

　　测量标准装置的不确定度是指测量标准所提供的（或复现的）标准量值的不确定度。用测量标准进行检定或校准时，标准装置引入的不确定度仅是测量结果的不确定度分量之一。当测量标准装置由多台仪器及其配套设备组成时，其不确定度由测量方法及所用仪器等对给出的标准量值有影响的各不确定度分量合成得到，一般用扩展不确定度表示。测量标准装置的不确定度可以用向高一等级测量标准溯源的方法进行检定，或用与多台同类标准装置比对的方法进行验证。

　　测量仪器的特性可以用最大允许误差、示值误差等术语描述。在技术规范、规程中规定的测量仪器允许误差的极限值，称为"最大允许误差"或"允许误差限"。它是制造厂对某种型号仪器所规定的示值误差的允许范围，而不是某一台仪器实际存在的误差。测量仪器的最大允许误差可在仪器说明书中查到，用数值表示时有正负号，通常用绝对误差、相对误差、引用误差或它们的组合形式表示。测量仪器的最大允许误差不是测量不确定度，但可以作为测量不确定度评定的依据。

　　测量仪器的示值与对应输入量的约定真值之差，为测量仪器的示值误差。对于实物量具，示值就是其标称值。通常用高一等级测量标准所提供的或复现的量值作为约定真值（常称校准值或标准值）。在检定工作中，当测量标准给出的标准值的扩展不确定度为被检仪器最大允许误差的 $1/3 \sim 1/10$ 时，且被检仪器的示值误差在规定的最大允许误差内，则可判为合格。

二、异常值处理

　　在试验结果数据中，有时会发现个别数据比其他数据明显过大或过小，这种数据称为异常值。异常值的出现可能是被检测总体固有随机变异性的极端表现，它属于总体的一部分；也可能是由于试验条件和试验方法的偏离所产生的后果；或是由于观测、计算、记录中的失误而造成的，它不属于总体。

　　异常值的处理应按国家标准 GB/T 4883—1985《数据的统计处理和解释　正态样本异常值的判断和处理》、GB/T 6379—1986《测试方法的精密度　通过实验室间试验确定标准测试方法的重复性和再现性》等来进行，一般有以下四种处理方式：

①异常值保留在样本中，参加其后的数据分析；

②剔除异常值，即把异常值从样本中排除；

③剔除异常值，并追加适宜的测试值计入；

④找到实际原因后修正异常值。

判断异常值首先应从技术上寻找原因，如技术条件、观测、运算是否有误，试样有否异常，如确信是不正常原因造成的应舍弃或修正，否则可以用统计方法判断。对于检出的高度异常值应舍弃，一般检出异常值可根据问题的性质决定取舍。

三、数值修约

按 GB/T 8170—2008 数值修约规则执行。其总原则是"四舍六入五考虑，五后非零应进一，五后皆零视前位，五前为偶应舍去，五前为奇则进一，整数修约原则同，不要连续做修约"。

思考题

项目1思考题

参考答案

1. 何谓标准、标准化？

2. 试述质量监督的三种基本形式。

3. 产品质量的含义是什么？

4. 按其性质来分，标准可分为哪几类？试简要说明。

5. 解释下列标准的完整含义。

FZ/T 20017—2010《毛纱试验方法》

GB/T 17759—2018《本色布布面疵点检验方法》

GB 1103.1—2012《棉花　第1部分：锯齿加工细绒棉》

GB 18401—2010《国家纺织产品基本安全技术规范》

GB/T 2912.1—2009 mod ISO 14184-1：1998《纺织品　甲醛的测定　第1部分：游离和水解的甲醛（水萃取法）》

GB/T 24001—2016 idt ISO 14001：2015《环境管理体系　规范及使用指南》

6. 在纺织品检测中，抽样方法主要有哪几种？

7. 纺织品检测中的大气条件怎样？为何要进行调湿、预调湿？

项目 2　纤维质量检验

☞ 教学目标

知识目标：掌握纺织纤维的种类、性能、品质。

能力目标：能进行纺织纤维鉴别、检测、评定，并能举一反三。

纤维检验是研究纤维性能、纤维标准、检测方法和测试手段的一门应用技术。它和纤维材料、纤维生产、纺织工程等有着极为密切的联系。

细度很细，直径一般为几微米到几十微米，而长度比直径大百倍、千倍以上的细长物质称为纤维。可以用来制造纺织品的纤维称为纺织纤维。纺织纤维必须具有一定的物理和化学性质，以满足工艺和使用时各方面的要求。如：纺织纤维必须具有一定强力、拉伸能力、弹性、耐磨性、抱合力和摩擦力等。纺织纤维还应具有一定的化学稳定性和良好的染色性等。对特种工业用纺织纤维还有特殊要求，如航空服用纤维的抗静电性；渔网用纤维的耐海水性；防弹衣用纤维的高强度性能等。纺织纤维分类如图 2-1 所示。

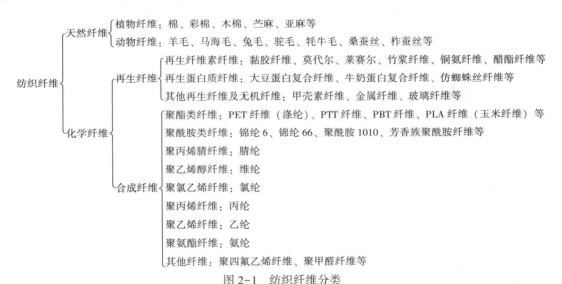

图 2-1　纺织纤维分类

子项目 2-1　棉纤维检验

子项目 2-1
PPT

【工作任务】

某纺纱厂送来一批原棉检验任务，要求对这批棉纤维进行检验，并出具检测报告单。

【工作要求】

1. 在个体学习，查阅相关资料与标准的基础上，采用小组讨论的方式，制订工作计划，写出实施方案。

2. 在老师的指导下，学生在纺织品检测实训中心，以小组为单位（人人参与），按照标准规范，进行棉纤维检验。

3. 完成各项目检测报告。

4. 小组互查评判结果，教师点评。

【知识点】

一、棉花品种

从棉纤维的长度和线密度来看，可分为：

1. 细绒棉

细绒棉又称陆地棉。纤维细度（1.54~2.0dtex）和长度（23~33mm）中等，色洁白或乳白，有丝光，可用于纺制11~100tex（60~6英支）的细纱。细绒棉占世界棉纤维总产量的85%，也是目前我国主要栽种的棉种（占93%）。

2. 长绒棉

长绒棉又称海岛棉。纤维特长（一般为33~45mm，最长可达64mm），细（1.18~1.43dtex）而柔软，色乳白或淡黄，富有丝光，品质优良，是生产10tex以下棉纱的原料。现生产长绒棉的国家主要有埃及、苏丹、美国、摩洛哥以及中亚各国等。新疆等部分地区是我国长绒棉的主要生产基地。

二、棉花的初加工

棉花初加工即轧花，是对籽棉（棉田摘得的棉花）进行的加工。它是指通过轧花机的作用，清僵排杂，实现棉纤维与棉籽的分离。轧花机所生产出来的棉纤维称为皮棉。皮棉经分级打包后运往棉纺厂加工，成为棉纺厂的原料。籽棉经轧花后，得到的皮棉重量占原来籽棉重量的百分率称为衣分率，一般为30%~40%。轧花机有锯齿机和皮辊机两种，作用原理不同，因此得到的皮棉类型有锯齿棉和皮辊棉之分。

1. 锯齿棉

采用锯齿轧棉机得到的皮棉称为锯齿棉。锯齿机是棉花加工的主要设备。它的工作原理是利用几十片圆锯片的高速旋转，对籽棉上的纤维进行钩拉，通过间隙小于棉籽的肋条的阻挡，使纤维与棉籽分离。锯齿机上有专门的除杂设备，因此锯齿棉含杂较少。由于锯齿机钩拉棉籽上短纤维的概率较小，故锯齿棉短绒率较低，纤维长度整齐度较好。但锯齿机作用剧烈，容易损伤较长纤维，也容易产生轧工疵点，使平均长度稍短，棉结、索丝和带纤维籽屑较多。又由于轧花时纤维是被锯齿钩拉下来的，所以皮棉呈蓬松分散状态。锯齿轧花产量高，大型轧花厂都用锯齿机轧花，棉纺厂使用的细绒棉大多也为锯齿棉。

2. 皮辊棉

采用皮辊轧棉机轧得的皮棉称为皮辊棉。皮辊机的工作原理是利用表面毛糙的皮辊的摩擦作用，带住籽棉纤维从上（定）刀与皮辊的间隙通过时，依靠下（动）刀向上的冲击力，使棉纤维与棉籽分离。由于皮辊机设备小，缺少除杂机构，所以皮辊棉含杂较多。皮辊机具有长短纤维一起轧下的作用特点，因此皮辊棉短绒率较高，纤维长度整齐度稍差。但也有人认为，排除短绒不考虑的话，皮辊棉较锯齿棉长度整齐度为好。皮辊机作用较缓和，不易损伤纤维，轧工疵点也较少，但有黄根。由于皮辊机是靠皮辊与上刀、下刀的作用进行轧花的，所以皮辊棉成条块状。皮辊棉可较多地用于纺精梳纱品种。皮辊轧花产量低，由于纤维损伤小，长绒棉一般用皮辊轧花。

三、锯齿加工细绒棉质量要求

按国家标准 GB 1103.1—2012《棉花　第 1 部分：锯齿加工细绒棉》执行。

1. 颜色级

颜色级即棉花颜色的类型和级别。类型依据黄色深度确定，级别依据明暗程度确定。

（1）颜色级划分。依据棉花黄色深度将棉花划分为白棉（颜色特征表现为洁白、乳白、灰白的棉花）、淡点污棉（颜色特征表现为白中略显阴黄或有淡黄点的棉花）、淡黄染棉（颜色特征表现为整体显阴黄或灰中显阴黄的棉花）、黄染棉（颜色特征表现为整体泛黄的棉花）4 种类型。依据棉花明暗程度将白棉分 5 个级别，淡点污棉分 3 个级别，淡黄染棉分 3 个级别，黄染棉分 2 个级别，共 13 个级别。白棉 3 级为颜色级标准级。颜色级用两位数字表示，第一位是级别，第二位是类型。其代号见表 2-1。

表 2-1　颜色级代号

级别	类型			
	白棉	淡点污棉	淡黄染棉	黄染棉
1 级	11	12	13	14
2 级	21	22	23	24
3 级	31	32	33	
4 级	41			
5 级	51			

颜色级文字描述见表 2-2。颜色级文字描述对应的籽棉形态是籽棉"四分"（分摘、分晒、分存、分售）的依据。

表 2-2　颜色级文字描述

颜色级	颜色特征	对应的籽棉形态
白棉一级	洁白或乳白，特别明亮	早、中期优质白棉，棉瓣肥大，有少量的一般白棉
白棉二级	洁白或乳白，明亮	早、中期好白棉，棉瓣大，有少量雨锈棉和部分的一般白棉

续表

颜色级	颜色特征	对应的籽棉形态
白棉三级	白或乳白，稍亮	早、中期一般白棉和晚期好白棉，棉瓣大小都有，有少量雨锈棉
白棉四级	色白略有浅灰，不亮	早、中期失去光泽的白棉
白棉五级	色灰白或灰暗	受到较重污染的一般白棉
淡点污棉一级	乳白带浅黄，稍亮	白棉中混有雨锈棉、少量僵瓣棉，或白棉变黄
淡点污棉二级	乳白带阴黄，显淡黄点	白棉中混有部分早、中期僵瓣棉或少量轻霜棉，或白棉变黄
淡点污棉三级	灰白带阴黄，有淡黄点	白棉中混有部分中、晚期僵瓣棉或轻霜棉，或白棉变黄、霉变
淡黄染棉一级	阴黄，略亮	中、晚期僵瓣棉、少量污染棉和部分霜黄棉，或淡点污棉变黄
淡黄染棉二级	灰黄，显阴黄	中、晚期僵瓣棉、部分污染棉和霜黄棉，或淡点污棉变黄、霉变
淡黄染棉三级	暗黄，显灰点	早期污染僵瓣棉、中、晚期僵瓣棉、污染棉和霜黄棉，或淡点污棉变黄、霉变
黄染棉一级	色深黄，略亮	比较黄的籽棉
黄染棉二级	色黄，不亮	较黄的各种僵瓣棉、污染棉和烂桃棉

（2）颜色级实物标准。部分颜色级实物标准如图2-2所示，具体参见相关标准。

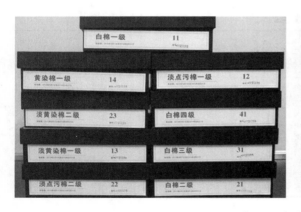

图2-2　部分实物标准

2. 轧工质量

即籽棉经过加工后，皮棉外观形态粗糙程度及所含疵点种类的多少。

（1）轧工质量划分。根据皮棉外观形态粗糙程度、所含疵点种类及数量的多少，轧工质量分好、中、差三档，分别用P1、P2、P3表示。

（2）轧工质量分档条件（表2-3）。

表 2-3 轧工质量分档条件

轧工质量分档	外观形态	疵点种类及程度
好	表面平滑，棉层蓬松、均匀，纤维纠结程度低	带纤维籽屑少，棉结少，不孕籽、破籽很少，索丝、软籽表皮、僵片极少
中	表面平整，棉层较均匀，纤维纠结程度一般	带纤维籽屑多，棉结较少，不孕籽、破籽少，索丝、软籽表皮、僵片很少
差	表面不平整，棉层不均匀，纤维纠结程度较高	带纤维籽屑很多，棉结稍多，不孕籽、破籽较少，索丝、软籽表皮、僵片少

（3）轧工质量参考指标（表 2-4）。

表 2-4 轧工质量参考指标

轧工质量分档	索丝、僵片、软籽表皮/（粒/100g）	破籽、不孕籽/（粒/100g）	带纤维籽屑/（粒/100g）	棉结/（粒/100g）	疵点总粒数/（粒/100g）
好	≤230	≤270	≤800	≤200	≤1500
中	≤390	≤460	≤1400	≤300	≤2550
差	>390	>460	>1400	>300	>2550

注 1. 疵点包括索丝、软籽表皮、僵片、破籽、不孕籽、带纤维籽屑及棉结七种。
2. 轧工质量参考指标仅作为制作轧工质量实物标准和指导棉花加工企业控制加工工艺的参考依据。
3. 疵点检验按 GB/T 6103 执行。

（4）轧工质量实物标准。参见相关标准。

3. 长度

长度以 1mm 为级距，分级如下：

25mm，包括 25.9mm 及以下；

26mm，包括 26.0~26.9mm；

27mm，包括 27.0~27.9mm；

28mm，包括 28.0~28.9mm；

29mm，包括 29.0~29.9mm；

30mm，包括 30.0~30.9mm；

31mm，包括 31.0~31.9mm；

32mm，包括 32.0mm 及以上。

28mm 为长度标准级。棉花手扯长度实物标准根据纤维快速测试仪测定的棉花上半部平均长度结果定值。

4. 马克隆值

马克隆值分三个级，即 A、B、C 级。B 级分为 B1、B2 两档，C 级分为 C1、C2 两档。B 级为马克隆值标准级。马克隆值分级分档见表 2-5。

表2-5 马克隆值分级分档

分级	分档	范围
A级	A	3.7~4.2
B级	B1	3.5~3.6
	B2	4.3~4.9
C级	C1	3.4及以下
	C2	5.0及以上

5. 回潮率

棉花公定回潮率为8.5%，棉花回潮率最高限度为10.0%。

6. 含杂率

棉花标准含杂率为2.5%。

7. 断裂比强度

断裂比强度分档及代号见表2-6。

表2-6 断裂比强度分档及代号

分档	代号	断裂比强度/（cN/tex）
很强	S1	≥31.0
强	S2	29.0~30.9
中等	S3	26.0~28.9
差	S4	24.0~25.9
很差	S5	<24.0

注　断裂比强度是在3.2mm隔距，HVI校准棉花标准（HVICC）校准水平下的测试结果。

8. 长度整齐度指数

长度整齐度指数分档及代号见表2-7。

表2-7 长度整齐度指数分档及代号

分档	代号	长度整齐度指数/%
很高	U1	≥86.0
高	U2	83.0~85.9
中等	U3	80.0~82.9
低	U4	77.0~79.9
很低	U5	<77.0

9. 危害性杂物

即混入棉花中的硬杂物和软杂物，如金属、砖石及异性纤维等。

（1）采摘、交售、收购和加工棉花中的要求。

①在棉花采摘、交售、收购和加工中严禁混入危害性杂物。

②采摘、交售棉花，禁止使用易产生异性纤维的非棉布口袋，禁止用有色的或非棉线、绳扎口。

③收购、加工棉花时，发现混有金属、砖石、异性纤维［混入棉花中的非棉纤维和非本色棉纤维，如化学纤维、毛发、丝、麻、塑料膜、塑料绳、染色线（绳、布、块）等］及其他危害性杂物的，必须挑拣干净后方可收购、加工。

（2）成包皮棉异性纤维含量。成包皮棉异性纤维含量（从样品中挑拣出的异性纤维的重量与被挑拣样品重量之比，用 g/t 表示）分档及代号见表 2-8。

表 2-8　成包皮棉异性纤维含量分档及代号

分档	代号	成包皮棉异性纤维含量/（g/t）
无	N	0.00
低	L	<0.30
中	M	0.30~0.70
高	H	>0.70

10. 棉花质量标识

棉花质量标识按棉花主体颜色级（按批检验时，占有 80% 及以上的颜色级，其余颜色级仅与其相邻，且类型不超过 2 个，级别不超过 3 个）、长度级、主体马克隆值级顺序标示。质量标识代号如下：

颜色级代号：按颜色级代号标示；

长度级代号：25mm 至 32mm，用 25，…，32 标示；

马克隆值级代号：A、B、C 级分别用 A、B、C 标示。

如：白棉三级，长度 28mm，主体马克隆值级 B 级，质量标识为：3128B；

淡点污棉二级，长度 27mm，主体马克隆值级 B 级，质量标识为：2227B。

四、皮辊加工细绒棉质量要求

按国家标准 GB 1103.2—2012《棉花　第 2 部分：皮辊加工细绒棉》执行。

1. 品级

（1）品级划分。根据棉花的成熟程度、色泽特征、轧工质量，棉花品级分为七个级，即一至七级。三级为标准级。

（2）品级条件。棉花品级条件见表 2-9。品级条件也是籽棉"四分"（分摘、分晒、分存、分售）的依据。

（3）品级条件参考指标（表 2-10）。

（4）品级实物标准。具体参见相关标准。

表 2-9　品级条件

品级	籽棉	皮辊棉		
		成熟程度	色泽特征	轧工质量
一级	早、中期优质白棉，棉瓣肥大，有少量一般白棉和带淡黄尖、黄线的棉瓣，杂质很少	成熟好	色洁白或乳白，丝光好，稍有淡黄染	黄根、杂质很少
二级	早、中期好白棉，棉瓣大，有少量轻雨锈棉和个别半僵棉瓣，杂质少	成熟正常	色洁白或乳白，有丝光，有少量淡黄染	黄根、杂质少
三级	早、中期一般白棉和晚期好白棉，棉瓣大小都有，有少量雨锈棉和个别僵瓣棉，杂质稍多	成熟一般	色白或乳白，稍见阴黄，稍有丝光，淡黄染、黄染稍多	黄根、杂质稍多
四级	早、中期较差的白棉和晚期白棉，棉瓣小，有少量僵瓣或轻霜、淡灰棉，杂质较多	成熟稍差	色白略带灰、黄，有少量污染棉	黄根、杂质较多
五级	晚期较差的白棉和早、中期僵瓣棉，杂质多	成熟较差	色灰白带阴黄，污染棉较多，有糟绒	黄根、杂质多
六级	各种僵瓣棉和部分晚期次白棉，杂质很多	成熟差	色灰黄，略带灰白，各种污染棉、糟绒多	杂质很多
七级	各种僵瓣棉、污染棉和部分烂桃棉，杂质很多	成熟很差	色灰暗，各种污染棉、糟绒很多	杂质很多

表 2-10　品级条件参考指标

品级	成熟系数 ≥	断裂比强度/（cN/tex） ≥	轧工质量	
			黄根率/% ≤	毛头率/% ≤
一级	1.6	30	0.3	0.4
二级	1.5	28	0.3	0.4
三级	1.4	28	0.5	0.6
四级	1.2	26	0.5	0.6
五级	1.0	26	0.5	0.6

注　断裂比强度为 3.2mm 隔距，HVI 校准棉花标准（HVICC）校准水平下的测试结果。

2. 含杂率

棉花标准含杂率为 3.0%。

3. 长度、马克隆值、回潮率、断裂比强度、长度整齐度指数、危害性杂物相关要求
与锯齿棉相同。

4. 棉花质量标识

棉花质量标识按棉花类型、主体品级（按批检验时，占 80% 及以上的品级，其余品级仅与其相邻）、长度级、主体马克隆值级顺序标示。质量标识代号如下：

品级代号：一级至七级，用 1，…，7 标示；

长度级代号：25mm 至 32mm，用 25，…，32 标示；

马克隆值级代号：A、B、C 级分别用 A、B、C 标示；

皮辊棉代号：在质量标示符号下方加横线"__"表示。

如：四级皮辊白棉，长度 30mm，主体马克隆值级 B 级，质量标识为：430B；

五级皮辊灰棉，长度 28mm，主体马克隆值级 C 级，质量标识为：G528C。

【任务实施】

一、锯齿加工细绒棉检验

1. 抽样

（1）抽样原则。抽样应具有代表性；抽样分籽棉抽样和成包皮棉抽样。

（2）籽棉抽样。

①收购籽棉抽样。采取多点随机取样方法。1t 及以下抽取 1 个样品；1t 以上、5t 及以下抽取 3 个样品；5t 以上、10t 及以下抽取 5 个样品；10t 以上抽取 7 个样品。每个样品不少于 1.5kg。

②籽棉大垛抽样。采取在不同方位、多点、多层随机取样方法，取样深度不低于 30cm。以垛为单位抽样，抽样数量：10t 及以下大垛抽 3 个样品；10t 以上、50t 及以下大垛抽 5 个样品；50t 以上大垛抽 7 个样品。每个样品不少于 1.5kg。

（3）成包皮棉抽样。

①按批抽样。

a. 重量检验抽样。含杂率抽样按每 10 包（不足 10 包的按 10 包计）抽 1 包，从每个取样棉包压缩面开包后，去掉棉包表层棉花后再均匀取样，形成一个总重量不少于 600g 的含杂率检验实验室样品。再往棉包内层于距棉包外层 10cm～15cm 处，抽取回潮率检验样品约 100g，装入密封容器内密封，形成回潮率检验批样。

b. 品质检验抽样。按每 10 包（不足 10 包的按 10 包计）抽 1 包，从每个取样棉包压缩面开包后，去掉棉包表层棉花，抽取完整成块样品约 300g，形成品质检验批样。

品质检验和重量检验同时进行的，则含杂率样品可从品质检验批样中抽取，回潮率样品按照重量检验抽样中的规定执行。

成包皮棉严禁在包头抽取样品。

c. 成包前检验抽样。棉花加工单位可以从总集棉主管道观察窗抽样。在整批棉花的成包过程中，每 10 包（不足 10 包的按 10 包计）抽样一次。每次随机抽取约 300g 样品供回潮率、颜色级、轧工质量、长度、马克隆值和含杂率检验。每次再随机抽取不少于 2kg 样品，合并后作为该批棉花异性纤维含量的检验批样。

②逐包抽样。逐包抽样仅适用于 I 型棉包。

使用专用取样装置，在每个棉包的两个压缩面中部，分别切取长 260mm、宽 105mm 或 124mm、重量不少于 125g 的切割样品。

取样时，将每个切割样品按层平均分成两半，其中一个切割样品中对应棉包外侧的一半，另一个切割样品中对应棉包内侧的一半，合并形成一个检验用样品，剩余的两半合并形成棉花加工单位留样。棉花样品应保持原切取的形状、尺寸，即样品为长方形且平整不乱。

③棉花交易时的异性纤维抽样。棉花交易时，要求对批量交易成包皮棉异性纤维进行定量或定性检验的，可由交易有关方面协商确定具体的抽样方法和抽样数量。

2. 品质检验

（1）颜色级检验。颜色级检验分感官检验和纤维快速测试仪检验。

颜色级感官检验按以下方法执行：对照颜色级实物标准结合颜色级文字描述确定颜色级；颜色级检验应在棉花分级室进行，分级室应符合 GB/T 13786—1992 标准；逐样检验颜色级。检验时，正确握持棉样，使样品表面密度和标准表面密度相似，在实物标准旁进行对照确定颜色级，逐样记录检验结果。

颜色级纤维快速测试仪检验，按 GB/T 20392—2006 对抽取的检验用样品逐样检验。

检验结果计算。按批检验时，计算批样中各颜色级的百分比（结果修约到一位小数）。有主体颜色级的，要确定主体颜色级；无主体颜色级的，确定各颜色级所占百分比。逐包检验时，逐包出具反射率、黄色深度、颜色级检验结果。

（2）轧工质量检验。依据轧工质量实物标准结合轧工质量分档条件感官确定轧工质量档次。轧工质量检验应在棉花分级室进行，分级室应符合 GB/T 13786—1992 标准。

逐样检验轧工质量。检验时，正确握持棉样，使样品表面密度和标准表面密度相似，在实物标准旁进行对照确定轧工质量档次，逐样记录检验结果。

按批检验时，计算批样中轧工质量各档次的百分比（结果修约到一位小数）。

逐包检验时，逐包出具轧工质量档次检验结果。

（3）长度检验。棉花长度检验分手扯尺量法检验和纤维快速测试仪检验，以纤维快速测试仪检验为准。

棉花手扯长度实物标准作为校准手扯尺量长度的依据。用手扯尺量法检验时，按 GB/T 19617—2007 执行，并经常采用棉花手扯长度实物标准进行校准。

使用纤维快速测试仪检验时，按 GB/T 20392—2006 执行。

检验结果计算。按批检验时，计算批样中各试样长度的算术平均值及各长度的百分比。长度平均值对应的长度级定为该批棉花的长度级。逐包检验时，逐包出具长度值检验结果。

长度检验结果修约到一位小数。

（4）马克隆值检验。按批检验时，按 GB/T 6498—2008 或 GB/T 20392—2006 逐样测试马克隆值。根据马克隆值分别确定各个试验样品的马克隆值级及档次。计算批样中各马克隆值级所占百分比，其中百分比最大的马克隆值级定为该批棉花的主体马克隆值级；计算批样中各档百分比及各档平均马克隆值。

逐包检验时，采用纤维快速测试仪检验，按 GB/T 20392—2006 执行。逐包出具马克隆值、相应值级及档次检验结果。

马克隆值结果修约到一位小数。

（5）异性纤维含量检验。异性纤维含量检验仅适用于成包皮棉，采用手工挑拣方法。

棉花加工单位对成包前抽取的异性纤维检验批样进行检验，其结果作为该批样所对应的棉包的异性纤维含量检验结果。

异性纤维含量检验结果保留两位小数。

（6）断裂比强度检验。断裂比强度按 GB/T 20392—2006 逐样进行检验。

按批检验时，计算批样中各档百分比及各档平均值。

逐包检验时，逐包出具断裂比强度值和档次检验结果。

断裂比强度检验结果保留一位小数。

（7）长度整齐度指数检验。长度整齐度指数按 GB/T 20392—2006 逐样进行检验。

按批检验时，计算批样中各档百分比及各档平均值。

逐包检验时，逐包出具长度整齐度指数和档次检验结果。

长度整齐度指数检验结果保留一位小数。

3. 重量检验

（1）含杂率检验。收购时可机检或估验，估验结果应经常与 GB/T 6499—2012 的检验结果对照。对估验结果有异议时，以 GB/T 6499—2012 的检验结果为准。

成包皮棉含杂率检验按 GB/T 6499—2012 执行。

含杂率检验结果修约到一位小数。

（2）回潮率检验。回潮率检验按 GB/T 6102.1—2006 或 GB/T 6102.2—2012 执行。对检验结果有异议时，以 GB/T 6102.1 为准。回潮率检验结果修约到一位小数。

（3）籽棉折合皮棉的公定重量检验。每份试样称量 1kg。籽棉试样用锯齿衣分试轧机轧花，要求不出破籽，将轧出的皮棉称量，称量结果都精确到 1g。

籽棉公定衣分率按照式（2-1）计算，结果保留一位小数。

$$L_0 = \frac{G}{G_0} \times \frac{(100-Z) \times (100+R_0)}{(100-Z_0) \times (100+R)} \times 100\% \qquad (2-1)$$

式中：L_0——籽棉公定衣分率，%；

　　　G——从籽棉试样轧出的皮棉重量，g；

　　　G_0——籽棉试样重量，g；

　　　Z——轧出皮棉实际含杂率，%；

　　　Z_0——皮棉标准含杂率，%；

　　　R_0——棉花公定回潮率，%；

　　　R——轧出皮棉实际回潮率，%。

一个以上试样时，以每个试样籽棉公定衣分率的算术平均值作为籽棉平均公定衣分率，结果保留一位小数。

籽棉折合皮棉的公定重量按式（2-2）计算，结果保留一位小数。

$$W_L = L \times W_0 \qquad (2-2)$$

式中：W_L——籽棉折合皮棉的公定重量，kg；

　　　W_0——籽棉重量，kg；

　　　L——相应籽棉公定衣分率，%。即一个试样时为 L_0，一个以上试样时为各试样的平均公定衣分率。

（4）成包皮棉公定重量检验。逐包或多包称量成包皮棉毛重。称量毛重的衡器精度不低于1‰。称量时，应尽量接近衡器最大量程。

根据批量大小，从批中抽取有代表性的棉包2~5包，开包称取包装物重量，计算单个棉包包装物的平均重量，修约到0.01kg。

按式（2-3）计算每批棉花净重，修约到0.001t。

$$W_2 = (W_1 - N \times M)/1000 \qquad (2-3)$$

式中：W_2——批棉花净重，t；

W_1——批棉花毛重，kg；

N——批棉花棉包数量；

M——单个棉包包装物平均重量，kg。

按式（2-4）计算每批棉花的公定重量，修约到0.001t。

$$W = W_2 \times \frac{(100-\overline{Z}) \times (100+R_0)}{(100-Z_0) \times (100+\overline{R})} \qquad (2-4)$$

式中：W——批棉花公定重量，t；

$\overline{Z}$——批棉花平均含杂率，%；

$\overline{R}$——整批棉花平均回潮率，%。

（5）数值修约。均按GB/T 8170—2008执行。

二、皮辊加工细绒棉检验

1. 抽样

同锯齿加工细绒棉。

2. 品质检验

（1）品级检验。以品级实物标准结合品级条件确定。品级检验应在棉花分级室进行，分级室应符合GB/T 13786—1992标准。逐样检验品级。检验时，手持棉样，压平、握紧，使棉样密度和品级实物标准密度相近，在实物标准旁进行对照确定品级，逐样记录检验结果。

计算批样中各品级的百分比（计算结果修约到1位小数）。有主体品级的，要确定主体品级，检验结果按主体品级和各相邻品级所占百分比出证；无主体品级的，按各品级所占百分比出证。逐包检验时，逐包出具品级检验结果。

（2）长度检验、马克隆值检验、异性纤维含量检验、断裂比强度检验、长度整齐度指数检验。同锯齿加工细绒棉。

3. 重量检验

同锯齿加工细绒棉。

子项目 2-2　麻纤维检验

【工作任务】

某纺纱厂送来一批苎麻纤维检验任务，要求对这批苎麻纤维进行检验。并出具检测报告单。

【工作要求】

1. 在个体学习，查阅相关资料与标准的基础上，采用小组讨论的方式，制订工作计划，写出实施方案。

2. 在老师的指导下，学生在纺织品检测实训中心，以小组为单位（人人参与），按照标准规范，进行麻纤维检验。

3. 完成各项目检测报告。

4. 小组互查评判结果，教师点评。

【知识点】

一、麻纤维概况

麻纤维是从各种麻类植物中取得的纤维的统称。有韧皮（茎）纤维（软质纤维）和叶脉纤维（硬质纤维）。韧皮纤维主要有苎麻、亚麻、大麻（汉麻）、罗布麻、黄麻、洋麻、苘麻（青麻）等。其中苎麻、罗布麻可单纤维纺纱，其他纤维用工艺纤维纺纱。叶脉纤维主要有剑麻、蕉麻、菠萝麻等。麻纤维的主要组成为纤维素（65%以上），并含有较多的半纤维素、木质素。

二、苎麻纤维

苎麻主要产于我国的长江流域，以湖北、湖南、江西出产最多，印度尼西亚、巴西、菲律宾等国也有种植。苎麻分白叶种苎麻和绿叶种苎麻两种。白叶种起源于我国，有"中国草"之称。绿叶种苎麻起源于东南亚（品质较差）。一般宿根苎麻一年能收获三次，三次收获的苎麻分别称为头麻（生长期约 90 天）、二麻（生长期约 50 天）、三麻（生长期约 70 天，9～10 月收割）。头麻最细，三麻次之，二麻最粗。二麻最长，头麻、三麻次之。综合而言，二麻品质最好，头麻次之，三麻最差。

苎麻是麻纤维中品质最好的纤维。它取自植物的韧皮部，苎麻植物收割后须经剥皮刮青才能得到丝状或片状的原麻（生麻），即商品苎麻。其初加工（脱胶）是从麻秆韧皮中提取纤维的过程。根据纺织加工的要求，脱胶后苎麻的残胶率应控制在 2% 以下，脱胶后的纤维称为精干麻（苎麻纺纱原料）。精干麻纤维平均细度约 0.5tex，单纤维平均长度约 60mm（20～250mm，最长可达 600mm），长度变异系数大，色白而富于光泽。

苎麻纤维横截面为椭圆形或扁平形，中腔呈椭圆形或不规则形，胞壁均匀，有时带有辐射状条纹。纵向呈圆筒形或扁平形，没有明显的转曲，纤维表面有时平滑，有时有明显的条纹，两侧常有结节。

苎麻纤维的强度和模量，在天然纤维中居于首位，伸长率低。且湿强大于干强。纤维硬挺，刚性大，在纺纱时纤维之间的抱合差，纱线毛羽多，手感粗硬。苎麻纤维的弹性回复性能差，织物不耐磨。其化学性质是耐碱不耐酸。

苎麻纤维的技术要求，按国家标准 GB/T 20793—2015 执行。

苎麻精干麻（苎麻原麻经脱胶后的纤维）分等按单纤维细度分为一等、二等、三等，低于三等为等外。分等规定见表 2-11。

表 2-11　分等规定

项目		一等	二等	三等
纤维	线密度 Tt/dtex	Tt≤5.56	5.56<Tt≤6.67	6.67<Tt≤8.33
	公制支数 N_m	N_m≥1800	1500≤N_m<1800	1200≤N_m<1500

注　Tt 和 N_m 表示测定值。

苎麻精干麻分级按外观品质和技术要求分为一级、二级、三级，低于三级为级外。外观品质见表 2-12，技术要求见表 2-13。

表 2-12　外观品质

级别	外观特征		分级符合率/%
	脱胶	疵点	
一级	色泽及脱胶均匀，纤维柔软松散，硬块、夹生、红根极少	斑疵、油污、铁锈、杂质、碎麻极少	一级≥90
二级	色泽及脱胶较均匀，纤维较柔软松散，硬块、夹生、红根较少	斑疵、油污、铁锈、杂质、碎麻较少	二级以上≥90
三级	色泽及脱胶稍差，纤维欠柔软松散，硬块、夹生、红根稍多	斑疵、油污、铁锈、杂质、碎麻稍多	三级以上≥90

表 2-13　技术要求

级别	束纤维断裂强度/ （cN/dtex）	残胶率/%	含油率/%	白度/度	pH
一级	≥4.50	≤2.50	0.60~1.00	≥50	6.0~8.5
二级	≥4.00	≤3.50	0.50~1.20		
三级	≥3.50	≤4.50	0.50~1.50		

以规定的外观品质条件和技术要求为定级依据，以其中最低的一项定级。

成包中精干麻的最高回潮率不得超过 13%。

各等级苎麻精干麻不允许掺夹杂物。

三、亚麻纤维

亚麻适宜在寒冷地区生长，俄罗斯、波兰、法国、比利时、德国等是主要产地，我国的东北地区及内蒙古等地也大量种植。纺织用的亚麻均为一年生草本植物。亚麻分纤维用、油用和油纤兼用三种，前者通称亚麻，后两者一般称为胡麻。纤维用亚麻又称长茎麻，茎高600～1250mm，是亚麻纺纱的主要原料；油用亚麻又称短茎麻，茎高 300～500mm，主要用麻籽榨油，纤维粗短、品质差；油纤兼用亚麻的特点介于前两者之间，茎高 500～700mm，纤维用于纺织，麻籽榨油食用。亚麻单纤维平均长度为 17～25mm，打成麻长度一般在 300～900mm。

亚麻品质较好。从亚麻茎中获取纤维的方法称为脱胶、浸渍或沤麻，得到的麻纤维称为打成麻。亚麻茎细，木质素不甚发达，从韧皮部制取纤维不能采用一般的剥制方法，主要用破坏麻茎中的黏结物质（如果胶等），使韧皮层中的纤维素物质与其周围组织成分分开，以获得有用的纺织纤维。打成麻是单纤维用剩余胶黏结的细纤维束（工艺纤维，截面含 10～20根单纤维）。亚麻纤维就是采用这种胶粘在一起的细纤维束纺纱。

质量要求按国家标准 GB/T 17345—2016 执行。

亚麻打成麻按感官品质、技术要求分为一等、二等、三等、四等、五等，其质量依次降低。亚麻打成麻各等感官品质见表 2-14。亚麻打成麻各等技术要求见表 2-15。

表 2-14 感官品质

等级	成条性	可挠性（柔软度）	密实度	整齐度	色泽		分等符合率/%		含草量根/kg
					雨露	温水			
一等	很好	柔软	很好	整齐，差值不大于100mm	银灰，光泽好	淡黄、淡褐或黄绿，光泽好	一等	≥80	0
二等					银灰，深灰，光泽好		二等及以上	≥80	
三等	较好	较柔软	较好		银灰、深灰或黑灰，有少量杂色，光泽较好	淡黄、淡褐或黄绿，光泽较好	三等及以上	≥80	≤0.5
四等							四等及以上	≥80	≤2.0
五等	差	较粗硬	差		杂色，光泽差	杂色，光泽差	五等及以上	≥80	

表 2-15 技术要求

等级	强力/N		分裂度/公支	长度/mm	含杂率/%
	雨露	温水			
一等	≥280	≥260	≥280	≥550	≤2.0
二等	≥260	≥230			
三等	≥220	≥210	≥240	≥500	
四等	≥190	≥170	≥180		
五等	≥160	≥140		≥400	

亚麻打成麻以强力、分裂度、长度、含杂率、感官品质最低项定等。

亚麻打成麻公定回潮率为12.0%，最高回潮率不得超过16.0%。

亚麻打成麻各等加工不足麻率最高不得超过1.0%。

【任务实施】

一、苎麻检验

1. 抽样

（1）抽样数量。抽样数量按每一交货批（同品种、同等级、同一加工工艺为一批）包数而定。2包及以下者取1包，5包及以下者取2包，10包及以下者取3包，25包及以下者取4包，350包及以下者取5包，350包以上者取6包。

（2）取样方法。按GB/T 5881—1986执行。

2. 检验

（1）单纤维细度检验。按GB/T 5884—1986执行。

（2）束纤维断裂强度检验。按GB/T 5882—1986执行。

（3）残胶率检验。按GB/T 5889—1986执行。

（4）白度检验。在混合均匀并整理后的麻样中，随机抽取一定质量的试样2份，每个试样测量20次。检验方法按GB/T 5885—1986执行。

（5）回潮率检验。在麻把中迅速随机抽取试样3份，每个试样质量约50g。检验方法按GB/T 9995执行。

（6）pH检验。按GB/T 7573—2009执行。

（7）含油率检验。

①原理。试样在脂肪抽取器中用石油醚进行萃取，然后使萃取溶剂蒸发，得到油脂质量，从而求出含油脂量对试样干质量的百分比。

②仪器设备。脂肪抽取器，接收烧瓶为250mL；分析天平，分度值为0.1mg；恒温水浴锅；恒温烘箱，级保持温度（105±3）℃；干燥器，装有变色硅胶；称量器皿、定性滤纸。

③试剂。石油醚（化学纯或分析纯）。

④操作步骤。称量约5g的试样3份，分别放于已知质量的称量瓶中，烘至恒重。取出迅速放于干燥器中冷却，称量并记录。将称量后试样放于250mL脂肪抽取器内（水浴温度70～90℃），试样高度应低于溢流口10～15mm，底瓶中加入150mL石油醚（沸点60～90℃），在恒温下进行抽取，控制回流速度为4～6次/h，从提取液开始滴落计时，抽取3h。完成后，取出试样，在通风柜内风干，放入已知质量的称量瓶中，烘至恒重。取出迅速放入干燥器中冷却，称量并记录。

⑤计算。按式（2-5）分别计算每个样品的含油率，以3个样品含油率的算术平均值作为该批麻的含油率。

$$Q = \frac{M_1 - M_2}{M_1} \times 100\% \tag{2-5}$$

式中：Q——含油率；

M_1——样品测定前干重，g；

M_2——样品测定后干重，g。

（8）外观品质检验。将随机抽取的精干麻麻包打开，逐把对照标准样品进行检验，分出一级、二级、三级。将各级麻分别称量，并记录。

按式（2-6）计算麻把分级符合率。

$$H = \frac{M_3}{M_4} \times 100\%　\qquad (2-6)$$

式中：H——分级符合率；

$\quad\ M_3$——分级麻把质量，kg；

$\quad\ M_4$——麻把总质量，kg。

（9）公量检验。公量检验以批为单位，每批称重并记录毛重。根据批量大小，按抽样数量规定的取样数量，称取包装物的质量，计算单个麻包包装物的平均质量，修约至两位小数。

按式（2-7）计算每批麻纤维净重，修约至小数点后三位小数。

$$M = \frac{M_5 - M_6 \times N}{1000}　\qquad (2-7)$$

式中：M——净重，t；

$\quad\ M_5$——毛重，kg；

$\quad\ M_6$——单个麻包包装物平均质量，kg；

$\quad\ N$——麻包数量。

按式（2-8）计算每批麻纤维公量，修约至小数点后三位小数。

$$M_0 = M \times \frac{100 + R_0}{100 + R}　\qquad (2-8)$$

式中：M_0——公量，t；

$\quad\ M$——净重，t；

$\quad\ R_0$——苎麻公定回潮率，$R_0 = 12\%$；

$\quad\ R$——苎麻实测回潮率，%。

（10）数值修约。试验结果数值修约按 GB/T 8170—2008 执行。计算值的数字修约保留小数位数规定见表 2-16。

表 2-16　计算值的数字修约位数规定

项目	保留小数位数
单纤维细度/dtex（公支）	2（整数）
束纤维断裂强度/（cN/dtex）	2
残胶率/%	2
含油率/%	2
白度/度	整数
pH	1

二、亚麻检验

1. 抽样

（1）抽样数量。抽样数量同苎麻。

（2）取样方法。

①从麻包中随机抽取 28 捆麻，其中 14 捆作为试验样品，其余 14 捆作为备样。

②从 2 捆样品中抽取质量约 50g 的回潮率试样 2 个，现场称量或密封；另取 2 捆，抽取质量不少于 100g 的含杂率试样 2 个；剩余的 10 捆作为感官品质、强力、长度、分裂度、加工不足麻率和含草量试样。从每捆麻中随机抽取 3 束，每束质量约 10g，共 30 束，作为强力试样。从每捆麻中随机抽取 1 束，每束质量约 10g，共 10 束作为分裂度试样。

2. 检验

（1）回潮率检验。按 GB/T 9995—1995 执行。

（2）长度检验。

①仪器和工具。钢卷尺（分度值为 1mm）。

②程序及计算。测量每捆麻从纤维根部到 80% 的纤维能达到的长度。以 10 捆麻检验长度的算术平均值为检验结果。

（3）加工不足麻率和含草量。

①仪器和工具。台秤（感量 5g）；天平（感量 0.01g）。

②程序及计算。称量每捆麻的质量。捡出其中加工不足麻和草。称量加工不足麻，计算草的根数。

按式（2-9）计算加工不足麻率。

$$L = \frac{m_1}{m_2} \times 100\% \qquad (2-9)$$

式中：L——加工不足麻率；

　　m_1——加工不足麻质量，kg；

　　m_2——试样总质量，kg。

按式（2-10）计算含草量。

$$I = \frac{n}{m_2} \qquad (2-10)$$

式中：I——含草量，根/kg；

　　n——草根数，根；

　　m_2——试样总质量，kg。

（4）含杂率检验。

①杂质分析机法。

a. 仪器及工具。天平（感量 0.01g）；亚麻杂质分析机。

b. 程序及计算。称取质量约 100g 试样两个。根部朝前分两次均匀喂入杂质分析机，并随时挑出麻束内较大的杂质、草等。将杂质箱内的杂质和手拣杂质合并称量。

按式（2-11）计算含杂率。以两次试验的算术平均值作为结果。杂质分析机法为仲裁检验方法。

$$Z = \frac{m_5}{m_4} \times 100\% \tag{2-11}$$

式中：Z——试样的含杂率；

m_5——试样的杂质质量，g；

m_4——试样的质量，g。

②手检法。

a. 仪器及工具。天平（感量 0.01g）；镊子。

b. 程序及计算。

粗检：称取质量约 100g 试样两个，在光面平板上摊平理直，手握根、梢，轻轻抖动，尽量使杂质落下。捡出杂质中正常纤维，称量杂质质量。

细检：在粗检后的试样中随机抽取 20~30g 纤维称量。用镊子剔除杂质，称量杂质质量。

按式（2-12）计算含杂率。以两次试验的算术平均值作为结果。

$$Z_0 = \left[\frac{m_7}{m_6} + \frac{m_9}{m_8} \left(1 - \frac{m_7}{m_6} \right) \right] \times 100\% \tag{2-12}$$

式中：Z_0——含杂率；

m_7——粗检杂质质量，g；

m_9——细检杂质质量，g；

m_6——粗检试样质量，g；

m_8——细检试样质量，g。

（5）强力检验。

①仪器和工具。束纤维强力机：夹持距离 100mm，下降速度 120mm/min；定长切断器：长度 270mm，精度 ±0.01mm；定重天平：420mg，感量 ±0.01g。

②程序及计算。从每束麻中各取质量约 5g 的试样，共 30 个。用定长切断器切取试样中段。将切好的麻束在标准温湿度环境中平衡 24h。拿住麻束的一端 70~80mm 处，沿着麻束顺势捋去短、乱纤维；同样再整理另一端。将整理好的麻束称取 420mg。

关闭束纤维强力机的制动扳手，将麻束的一端绕在上夹持器上，拧紧螺母。拉直麻束，使夹持器间的麻束张力均匀一致，拧紧螺母，松开制动扳手，测试。

按式（2-13）计算强力。

$$F = \frac{\sum\limits_{i=1}^{30} F_i}{30} \tag{2-13}$$

式中：F_i——每束纤维强力值，N；

F——平均强力值，N。

（6）分裂度检验。

①仪器和工具。扭力天平：感量0.02mg；切断器：10mm±0.01mm；梳子：10根/10cm；镊子。

②程序及计算。从每束麻中抽取约5g的试样，共10个。剪取每束试样中段约100mm。从每束试样中抽取部分纤维。梳理试样，清除麻束中的游离纤维。切取试样，称量约5mg。

按下述方法记录纤维根数：一根纤维上分裂若干纤维，其长度在5mm以上的，逐根记录；大于5mm的纤维记作一根。

按式（2-14）计算分裂度。以10次试验的算术平均值作为试验结果。

$$N = L_0 \times \frac{n}{m_{10}} \qquad (2-14)$$

式中：N——分裂度，公支；

L_0——中段纤维长度，mm；

n——纤维根数，根；

m_{10}——中段纤维质量，mg。

（7）分等符合率检验。

①仪器和工具。台秤：感量5g。

②程序及计算。依据感官品质，对照标准样品逐捆评定等级，并称量。

按式（2-15）计算分等符合率。

$$H = \frac{m_{11}}{m_{12}} \times 100\% \qquad (2-15)$$

式中：H——分等符合率；

m_{11}——各等试样质量，kg；

m_{12}——试样总质量，kg。

（8）公量检验。公量检验以批为单位，每批称重并记录毛重。根据批量大小，按抽样数量规定的取样数量，称取包装物的质量，计算单个麻包包装物的平均质量，修约至两位小数。

按式（2-16）计算每批麻纤维净质量。

$$m_{13} = \frac{m_{14} - m_{15} \times N}{1000} \qquad (2-16)$$

式中：m_{13}——净质量，t；

m_{14}——整包质量，kg；

m_{15}——单个麻包包装物平均质量，kg；

N——麻包数量。

按式（2-17）计算每批麻纤维公量。

$$m_{16} = m_{13} \times \frac{100 + R_0}{100 + R} \qquad (2-17)$$

式中：m_{16}——公量，t；

m_{13}——净质量，t；

R_0——亚麻打成麻公定回潮率，%；

R——亚麻打成麻实测回潮率，%。

（9）数值修约。试验结果数值修约按 GB/T 8170—2008 执行。计算值的数字修约保留小数位数规定见表 2-17。

表 2-17　计算值的数字修约位数规定

项目	保留小数位数	项目	保留小数位数
强力/N	整数	含草量/（根/kg）	1
分裂度/公支	整数	含杂率/%	1
长度/mm	整数	回潮率/%	1
感官分等符合率/%	整数	公量/t	2
加工不足麻率/%	1		

子项目 2-3　毛纤维检验

子项目 2-3
PPT

【工作任务】

某纺纱厂送来一批羊毛纤维的检验任务，要求对这批羊毛纤维进行检验，并出具检测报告单。

【工作要求】

1. 在个体学习，查阅相关资料与标准的基础上，采用小组讨论的方式，制订工作计划，写出实施方案。

2. 在老师的指导下，学生在纺织品检测实训中心，以小组为单位（人人参与），按照标准规范，进行毛纤维检验。

3. 完成各项目检测报告。

4. 小组互查评判结果，教师点评。

【知识点】

一、毛纤维的种类

毛纤维的种类很多，按其性质和来源，主要纺织用毛绒纤维见表 2-18。

表 2-18　主要纺织用动物纤维

动物名称	绵羊	山羊	兔	牦牛	羊驼
纤维名称	羊毛	山羊绒（绒山羊）	安哥拉兔毛	牦牛绒	羊驼绒
		马海毛（安哥拉山羊）	其他兔毛（长毛兔）		羊驼毛

在纺织用毛绒类纤维中羊毛所用数量最多，所以除羊毛外，可用于纺织的其他动物毛纤维称为特种动物毛。

二、羊毛

羊毛是绵羊毛的简称，国产羊毛的品种主要有改良毛与土种毛两大类，饲养地区主要分布在新疆、内蒙古、西藏等地。世界上饲养规模最大的国家为澳大利亚，产毛量占世界总量的30%左右。其次为新西兰、俄罗斯、阿根廷、乌拉圭、南非、美国、英国等。绵羊品种中最有名的是美利奴（Merino）羊，是细羊毛的主要品种。

羊毛原毛纤维集合体是一种含杂较多的天然纤维集合体。其中来自羊体的杂质主要是羊毛脂、羊汗和羊皮屑；来自自然外界的杂质主要是沙土和植物质；来自人为的杂质主要是油漆、沥青和包装袋纤维等。其自然形态并非直线，而是沿长度方向有自然卷曲。一般以1cm的卷曲数来表示羊毛卷曲的程度（称为卷曲度，有弱卷曲、中卷曲和强卷曲之分）。工业生产中习惯把羊毛加工过程分为初加工和深加工两个阶段。初加工阶段包括从原毛到洗净毛的各个生产工序，其工艺流程为：原毛→选毛→开毛→洗毛→炭化→洗净毛。

羊毛纤维的主要组成物质是不溶性蛋白质（角朊），其较耐酸不耐碱。纤维截面从外向里由鳞片层、皮质层和髓质层组成。细羊毛无髓质层，其结构如图2-3所示。

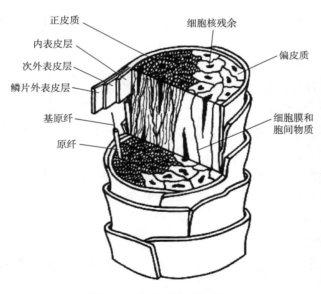

图 2-3　细羊毛的结构模型

细羊毛纤维的鳞片呈圈节状排列（环状覆盖），排列紧密，对外来光线反射小，光泽柔和；粗羊毛纤维的鳞片呈瓦块状或龟裂状排列，鳞片较稀，易紧贴毛干，纤维表面光滑，光泽强。鳞片层的主要作用是保护羊毛不受外界条件的影响而引起性质变化。同时，鳞片层的存在使羊毛纤维具有了特殊的缩绒性。羊毛纤维的皮质层在鳞片层的里面，是羊毛的主要组成部分，也是决定羊毛物理化学性质的基本物质。髓质层是由结构松散和充满空气的角朊细胞组成，有髓质层的羊毛纤维保暖性较好。髓质层的存在使羊毛纤维强度、弹性、卷曲、染色性等变差，纺纱工艺性能降低。品质优良的羊毛纤维一般没有髓质层。

按纤维类型，毛纤维分为同质毛和异质毛。同质毛是由同一类型毛纤维组成的羊毛；异质毛是由不同类型毛纤维组成的羊毛。

技术要求按国家标准 GB 1523—2013《绵羊毛》执行。

（1）同质羊毛按型号、规格分类（表 2-19）。

表 2-19　同质羊毛按型号、规格分类

型号	规格	考核指标						
		平均直径范围/μm	长度			粗腔毛或干死毛根数百分数/%≤	疵点毛质量分数/%≤	植物性杂质含量/%≤
			毛丛平均长度/mm≥	最短毛丛长度/mm≥	最短毛丛个数百分数/%≤			
YM/14.5	A	≤15.0	70					1.0
	B		65					
	C		50					
YM/15.5	A	15.1～16.0	70					1.0
	B		65					1.5
	C		50					
YM/16.5	A	16.1～17.0	72					1.0
	B		65					1.5
	C		50					
YM/17.5	A	17.1～18.0	74	40	2.5	粗腔毛 0	0.5	1.0
	B		68					1.5
	C		50					
YM/18.5	A	18.1～19.0	76					1.0
	B		68					1.5
	C		50					
YM/19.5	A	19.1～20.0	78					1.0
	B		70					1.5
	C		50					
YM/20.5	A	20.1～21.0	80					1.0
	B		72					1.5
	C		55					

型号	规格	平均直径范围/μm	长度			粗腔毛或干死毛根数百分数/% ≤	疵点毛质量分数/% ≤	植物性杂质含量/% ≤
			毛丛平均长度/mm ≥	最短毛丛长度/mm ≥	最短毛丛个数百分数/% ≤			
YM/21.5	A	21.1~22.0	82					1.0
	B		74					1.5
	C		55					
YM/22.5	A	22.1~23.0	84					1.0
	B		76					1.5
	C		55	50	3.0	粗腔毛 0		
YM/23.5	A	23.1~24.0	86					1.0
	B		78					1.5
	C		60					
YM/24.5	A	24.1~25.0	88					1.0
	B		80					1.5
	C		60					
YM/26.0	A	25.1~27.0	90				2.0	1.0
	B		82					1.5
	C		70	60				
YM/28.0	A	27.1~29.0	92					1.0
	B		84					1.5
	C		70					
YM/31.0	A	29.1~33.0	110		4.5	干死毛 0.3		1.0
	B		90					1.5
YM/35.0	A	33.1~37.0	110					
	B		90	70				1.0
YM/41.5	A	37.1~46.0	110					1.5
	B		90					
YM/50.5	A	46.1~55.0	110					1.0
	B		90					1.5
YM/55.1	A	≥55.1	60	—	—	干死毛 1.5		—
	B		40	—	—	干死毛 5.0		—

（2）异质羊毛技术要求。

①改良羊毛技术要求（表 2-20）。

表 2-20　改良羊毛技术要求

等别	毛丛平均长度/mm	粗腔毛或干死毛根数百分数/%
改良一等	≥60	≤1.5
改良二等	≥40	≤5.0

②土种羊毛。按相关标准执行。

（3）主观评定羊毛的型号、规格时，可跨上下各一档，如有争议则以客观检验结果为准。

（4）毛丛强度介于 25～20N/ktex 的为弱节毛，低于 20N/ktex 的为严重弱节毛。

（5）净毛率按照实际检测结果标注。

（6）边肷毛质量分数≤1.5%。

（7）花毛应单独包装，并加以说明。

（8）散毛及边肷毛应单独包装，并加以说明。

（9）头腿尾毛、草刺毛及其他有使用价值的疵点毛，分别单独包装，并加以说明。

（10）印记毛、重度污染毛应捡出，单独包装，并加以说明。

三、山羊绒

山羊绒简称羊绒，在世界市场上称为"开司米"（Cashmere）。有"软黄金""纤维的钻石""纤维王子""白色的云彩""白色的金子"等美誉。羊绒有白绒、紫绒、青绒、红绒之分，其中以白绒最珍贵。一只绒山羊每年产无毛绒（除去杂质后的净绒）200～500g。世界上产羊绒的国家，主要有中国、蒙古国、伊朗、阿富汗等，此外印度、俄罗斯、巴基斯坦、土耳其等国也有少量生产。目前，世界羊绒年产量在 14000～15000t（我国羊绒年产量约为10000t，主要产地在内蒙古、西藏、新疆、宁夏、甘肃、陕西、河北等）。

山羊绒由鳞片层和皮质层组成，没有髓质层。鳞片边缘光滑平坦，呈环状覆盖，间距较大。截面为圆形，纤维平均直径为 14.5～16.5μm，平均长度大多为 30～45mm，纤维细长、均匀、柔软，弹性好，光泽柔和，强度高，是毛纺工业的高档原料。用山羊绒制成的产品，轻薄柔软，保暖性好，舒适贴体，美观高雅。

相关要求按国家标准 GB 18267—2013 执行。

四、马海毛

安哥拉山羊所产的毛在商业上称 Mohair，译作"马海毛"，原产于土耳其的安哥拉省。Mohair 一词源于阿拉伯文，意为"似蚕丝的山羊毛织物"。马海毛以白色为主，也有少数棕色、驼色。具有蚕丝般的光泽，光滑的表面，柔软的手感，其制品外观高雅、华贵，色深且鲜艳，不易沾染灰尘，洗后不易毡缩，是高档夏冬季面料的原料。马海毛的形态与长羊毛相似，毛长 120～150mm，直径为 10～90μm。马海毛的皮质层几乎都是由正皮质细胞组成的，纤维很少卷曲。马海毛的鳞片扁平、宽大，紧贴毛干，重叠程度少，因而具有丝一般的光泽，且不易毡缩。此外，马海毛的强度、弹性也较好，但对化学试剂的反映不如羊毛敏感。南非、美国、土耳其是当今世界马海毛的三大主要生产国。目前，我国陕西、四川、山西和内蒙古等地也有马海毛产出。马海毛是珍稀的特种动物纤维，国际上公认以马海毛作为有光山羊毛的专称。

马海毛多用于织制高档提花毛毯、长毛绒和顺毛大衣呢等产品。将少量白色马海毛混入黑色羊毛织成的银枪大衣呢，银光闪闪，独具风格。

相关要求按国家标准 GB/T 16254—2008 执行。

五、兔毛

兔毛分普通兔毛和安哥拉兔毛两种，以安哥拉兔毛质量较好。安哥拉兔毛色白，长度长，光泽好。我国的兔毛产量一直占世界总产量的 90% 左右，年收购量达到 8000~10000t，其中 90% 左右供出口。浙江、山东、安徽、江苏、河南等 5 省是我国养兔最多的省份。兔毛由绒毛和粗毛两种纤维组成，兔毛长度一般在 25~45mm。绒毛细度 5~30μm，粗毛细度 30~100μm。绒毛的截面呈非正规圆形或多角形，粗毛呈腰圆形、椭圆形或哑铃形。兔毛的绒毛和粗毛都有髓质层，绒毛的毛髓呈单列断续状或窄块状，粗毛的毛髓层较宽，呈多列梯状。兔毛具有轻、软、暖、吸湿性好的特点。不必经过洗毛，即可纺纱，其纤维抱合力差，强度较低，单独纺纱有一定困难。

相关要求按国家标准 GB/T 13832—2009 执行。

【任务实施】

一、取样

1. 取样方法

（1）品质样品的扦取。品质样品采用开包方式扦取，在毛包两端和中间部位分别随机扦取能够代表本批羊毛品质的样品。

（2）批样的扦取。用于检验的毛包应逐包过磅并钻芯。钻芯方向应平行于毛包打包方向或垂直于套毛堆叠方向，钻孔深度应大于毛包长度的 50%，钻孔点距离毛包边缘应大于 75mm。所有钻芯样品应在 8h 内称取质量，精确至 0.1g。应去除钻芯样品中的所有包装材料，并将钻芯样品放入密闭的容器内。称取的批样样品质量记作 W。

（3）子样的扦取。批样称取质量后进行混样，混样可采用机械和人工两种方法进行。待样品充分混合均匀后进行分样。将批样平铺在工作台上，铺成的样品厚度在 30~60mm，可用两分法、四分法等将样品分成 16 等份，再从每份中随机扦取样品 200g，共 5 个子样。也可用多点取样方法，即在铺好的样品上均匀找好 20 个点进行取样，再将样品翻转使其反面朝上，均匀找好 20 个点进行取样，直至样品质量为 200g，共 5 个子样。其余部分作为备样保存。

将扦取的子样和剩余样品称取质量，精确至 0.1g。5 个子样质量和剩余样品质量相加得到的质量为 W_h。W/W_h 为子样质量修正系数。

2. 取样数量

（1）品质样品。每20包取1包，从中取出不少于1kg样品。不足20包按20包计。100包以上每增加30包增取1包，不足30包按30包计。每批样品总质量不少于15kg。将所取的羊毛品质样品称计质量，记作W_p。

（2）批样。钻芯扦取的批样总质量不少于1200g。

（3）子样。扦取的子样质量为200g。

二、检验

1. 纤维直径

在收购环节可采取主观方法判定。如有争议，则以客观检验结果为准。

2. 毛丛自然长度

按GB/T 6976进行检验。

3. 毛丛强度

按GB/T 27629进行检验。

4. 粗腔毛或干死毛含量

按GB/T 14270进行检验。

5. 疵点毛和边肷毛

将所取的羊毛品质样品平铺在工作台上，从中分拣出疵点毛和边肷毛，分别称取质量并分别记作W_c和W_k。

按式（2-18）计算疵点毛质量分数：

$$C = \frac{W_c}{W_p} \times 100\% \qquad (2-18)$$

式中：C——疵点毛质量分数（精确至0.01）；

W_c——疵点毛质量，kg（精确至0.01kg）；

W_p——全批羊毛品质样品质量，kg（精确至0.1kg）。

按式（2-19）计算边肷毛质量分数：

$$K = \frac{W_k}{W_p} \times 100\% \qquad (2-19)$$

式中：K——边肷毛质量分数（精确至0.01）；

W_k——边肷毛质量，kg（精确至0.01kg）；

W_p——全批羊毛品质样品质量，kg（精确至0.1kg）。

三、净毛率、净毛公量

1. 去除包装物和捆扎物后的羊毛质量

全批货物的毛包均应称计毛包质量（精确至0.01kg），并扣除包装物和捆扎物质量。

按式（2-20）计算货物去除包装物和捆扎物后的羊毛质量。

$$W_n = W_g - W_t \tag{2-20}$$

式中：W_n——去除包装物和捆扎物后的羊毛质量，kg（精确至 0.1kg）；

W_g——毛包过磅总质量，kg（精确至 0.1kg）；

W_t——包装物和捆扎物质量，kg（精确至 0.1kg）。

2. 子样的洗涤和烘干

（1）仪器和用具。洗毛设备用洗毛槽，有效容量 10L 以上或能满足检测要求，并附有双层铜丝网夹底（100 目/25mm）和适宜的排水系统；离心脱水机；非离子型洗涤剂，浓度 0.3%~0.4%；烘箱（附有最小分度值 0.01g 的箱内天平和恒温控制装置）；强制式快速烘干器。

（2）试验步骤。

①洗涤子样。漂洗（水温 35~45℃，1min）；洗涤（水温 52℃±3℃，3min）；漂洗（水温 35~45℃，1.5min）；洗涤（水温 52±3℃，3min）；漂洗（水温 35~45℃，1.5min）；漂洗（水温 35~45℃，1.5min）。

洗涤后应收集筛网上的短毛及所有杂质，用洗涤分离法去除泥沙和其他外来杂质，将收集的短毛和植物性杂质合并至子样内。如洗涤时有羊毛纤维和植物性杂质的散失，需对损失进行修正。散失的羊毛纤维和植物性杂质的平均损失不得大于洗涤子样质量的 0.3%。

②烘干子样。将洗涤后的子样脱水，放入 105℃±2℃ 烘箱内烘至恒重。称重精确至 0.01g。如在非标准大气下进行烘干，则样品的质量应进行温湿度修正，修正系数参见标准 GB 1523 附录中的表 B.1 和 B.2。在箱外称重，应进行浮力和对流修正。测定浮力和对流效应影响的方法参见该标准中的附录 B。

3. 乙醇萃取物、灰分、植物性杂质和总碱不溶物含量

（1）乙醇萃取物。

a. 仪器设备和试剂。索氏萃取器；恒温水浴锅；恒温烘箱；分析天平，最小分度值 0.001g；乙醇（分析纯，浓度不低于 94%）。

b. 试验步骤。从每份洗净烘干的子样中随机称取 5g 试样一份，试样质量按规定进行修正。将试样用过滤纸包好后放入浸抽器内，下接已烘至恒重的蒸馏瓶，注入溶剂，将蒸馏瓶置于水浴锅中，使溶剂蒸发上升，冷凝回流，每次测试的回流总次数不少于 20 次。萃取完毕后，取出试样，回收溶剂，然后将蒸馏瓶放入 105℃±2℃ 烘箱内进行烘干，烘至恒重。

c. 乙醇萃取物含量计算［式（2-21）］。

$$E_i = \frac{(G_2 - G_1)}{G_3} \times 100\% \tag{2-21}$$

式中：E_i——乙醇萃取物含量（精确至 0.01）；

G_2——萃取后蒸馏瓶的质量，g（精确至 0.001g）；

G_1——萃取前蒸馏瓶的质量，g（精确至 0.001g）；

G_3——试样绝干质量，g（精确至 0.001g）。

（2）灰分。

a. 仪器设备。高温炉；坩埚（50mL）；分析天平（最小分度值 0.001g）。

b. 试验步骤。从每份洗净烘干的子样中随机称取 10g 试样一份，试样质量按规定进行修正。将试样放入已烘至恒重的坩埚内，在煤气灯上加热，尽量去除挥发性物质，再将坩埚移入高温炉，在 750℃±50℃ 的温度下灼烧，直至所有含碳物质全部灰化为止。取出坩埚，放在干燥器内，冷却到室温，然后进行称量，称至恒重。

c. 灰分含量计算［式（2-22）］。

$$A_i = \frac{(G_5 - G_4)}{G_6} \times 100\% \tag{2-22}$$

式中：A_i——灰分含量（精确至 0.01）；

G_4——灼烧前坩埚质量，g（精确至 0.001g）；

G_5——灼烧后坩埚质量，g（精确至 0.001g）；

G_6——试样绝干质量，g（精确至 0.01g）。

（3）植物性杂质和总碱不溶物含量。

a. 仪器设备和试剂。坩埚（50mL，30mL）；分析天平（最小分度值 0.001g）；氢氧化钠溶液（浓度 10%）；高温炉。

b. 试验步骤。从每份洗净烘干的子样中随机称取 40g 试样一份（应避免其矿物质含量发生任何变化），试样质量按规定进行修正。将试样浸于 600mL 煮沸的 10% 氢氧化钠溶液中，停止加热，连续搅拌 3min。将溶液倾入 40 目筛网中过滤，反复用清水冲洗残余物，直至溶液呈中性。目视手动分拣残余物中各种植物性杂质和其他碱不溶物。将残余物放在表面皿内，置于 105℃±2℃ 烘箱内烘 3h，并分别称其烘干质量，然后将残余物放入已称至恒重的坩埚内，再灼烧测定灰分含量。按表 2-21 的修正系数进行计算。

表 2-21　不同种类碱不溶物的修正系数

碱不溶物的种类	符号	修正系数
草籽、碎草屑	F_1	1.40
螺旋草刺	F_2	1.20
硬头草籽和枝梗	F_3	1.03
皮块片	F_4	2.00
其他碱不溶物	F_5	1.05

c. 植物性杂质、硬头草籽和枝梗、总碱不溶物含量计算［式（2-23）～式（2-25）］。

$$V_i = \frac{100}{M_i} \times \sum_{i=1}^{3} F_i M_j \left(1 - \frac{A_1}{M}\right) \tag{2-23}$$

$$H_i = \frac{100}{M} \times F_3 M_3 \left(1 - \frac{A_1}{M}\right) \tag{2-24}$$

$$T_i = \frac{100}{M_i} \times \sum_{i=1}^{5} F_i M_j \left(1 - \frac{A_1}{M}\right) \tag{2-25}$$

式中：V_i——植物性杂质含量，%（精确至 0.01）；

H_i——硬头草籽和枝梗含量，%（精确至 0.01）；

T_i——总碱不溶物含量，%（精确至 0.01）；

M_i——试样绝干质量，g（精确至 0.001g）；

M_3——硬头草籽和枝梗绝干质量；

F_i——不同种类碱不溶物的修正系数（$i=1，2，3，4，5$）；

M_j——不同种类碱不溶物绝干质量（$j=1，2，3，4，5$），g（精确至 0.001g）；

M——回收碱不溶物试样绝干质量，g（精确至 0.001g）；

A_1——回收总碱不溶物灰分的绝干总质量，g（精确至 0.001g）。

d. 全批植物性杂质基、硬头草刺和枝梗基计算 [式（2-26）、式（2-27）]。

$$V_{mh} = \frac{W_h}{W} \times \frac{\sum(P_i V_i)}{\sum W_i} \tag{2-26}$$

$$H = \frac{W_h}{W} \times \frac{\sum(P_i H_i)}{\sum W_i} \tag{2-27}$$

式中：V_{mh}——全批植物性杂质基，%（精确至 0.01）；

W_h——5 个子样质量和剩余样品质量相加得到的质量，g（精确至 0.01g）；

W——批样样品质量，g（精确至 0.01g）；

P_i——各洗净子样绝干质量，g（精确至 0.01g）；

V_i——各洗净子样的植物性杂质含量，%（精确至 0.01）；

H——全批硬头草刺和枝梗基含量，%（精确至 0.01）；

H_i——各洗净子样的硬头草刺和枝梗基含量，%（精确至 0.01）；

W_i——从混合钻芯样品中扦取各子样的质量，g（精确至 0.01g）。

e. 毛基计算 [式（2-28）、式（2-29）]。

$$B_i = \frac{P_i}{W_i}(100 - E_i - A_i - T_i) \tag{2-28}$$

$$B = \frac{W_h}{W} \times \frac{\sum(B_i W_i)}{\sum W_i} \tag{2-29}$$

式中：B_i——各子样的毛基，%（精确至 0.01）；

B——全批毛基，%（精确至 0.01）。

每批至少测试两份或三份子样，如果试验极差超过表 2-22 中的允许极差，按表中规定加测子样，最后以所有子样的算术平均值作为结果表示（%）。

表 2-22 毛基试验允许误差

平均毛基/%	试验的子样数						
	原始试验		原始试验加上加测试样数				
	2	3	3	4	5	6	7
≤40.0	2.7	3.2	4.5	4.9	5.2	5.4	5.6
40.1~45.0	2.1	2.5	3.5	3.9	4.1	4.3	4.4
45.1~50.0	1.7	2.0	2.8	3.1	3.3	3.4	3.6
50.1~55.0	1.4	1.7	2.4	2.6	2.8	2.9	3.0
55.1~60.0	1.2	1.4	2	2.2	2.4	2.5	2.5
60.1~65.0	1.0	1.2	1.7	1.8	2.0	2.1	2.1
≥65.1	0.9	1.1	1.5	1.6	1.7	1.8	1.8

f. 洗净率、净毛率、洗净毛量、净毛公量计算［式（2-30）~式（2-33）］。

$$Y = (B + V_{mh}) \times \frac{100}{97.73} \times \frac{100 + R}{100} \qquad (2-30)$$

$$J = \frac{B \times 100}{97.73} \times \frac{100 + R}{100} \qquad (2-31)$$

$$W_c = W_n \times Y \qquad (2-32)$$

$$W_j = W_n \times J \qquad (2-33)$$

式中：Y——洗净率,%（精确至 0.01）；

$\quad J$——净毛率,%（精确至 0.01）；

$\quad R$——公定回潮率,%（精确至 0.01）；

$\quad W_c$——洗净毛质量，kg（精确至 0.1kg）；

$\quad W_n$——全批到货检验净质重，kg（精确至 0.1kg）；

$\quad W_j$——净毛公量，kg（精确至 0.1kg）。

g. 洗净毛量盈亏率、净毛量盈亏率计算。如为到货验收，则按式（2-34）、式（2-35）计算洗净毛量盈亏率、净毛量盈亏率。

$$S_0 = \frac{W_c - W_v}{W_v} \times 100\% \qquad (2-34)$$

$$S_j = \frac{W_j - W_u}{W_u} \times 100\% \qquad (2-35)$$

式中：S_0——洗净毛量盈亏率（精确至 0.01）；

$\quad S_j$——净毛量盈亏率（精确至 0.01）；

$\quad W_v$——发票洗净毛量，kg（精确至 0.1kg）；

$\quad W_u$——发票净毛量，kg（精确至 0.1kg）。

4. 直径检验

（1）投影显微镜法。

①仪器设备。显微投影仪；纤维切片器；载玻片，长×宽为 25mm×75mm；盖玻片，厚度为 0.17mm，长×宽为 22mm×22mm；载物介质，有适当的黏性，吸水率为零，温度在 20℃时折射率在 1.43~1.53。

②样品制备。从至少两份已洗净烘干的子样中随机分别扦取等量的毛纤维，如果是两份子样，其每份质量为 15g；如果是三份子样，则每份质量为 10g，组成 30g 的试样并进行充分混合。

③检验。按 GB/T 10685 进行检验。

（2）气流仪法。

①仪器和用具。毛型气流仪，定压式；毛型杂质分析机；分析天平，最小分度值为 0.001g。

②样品制备。从至少两份已洗净烘干的子样中随机分别扦取等量的毛纤维，如果是两份子样，其每份质量为 15g；如果是三份子样，则每份质量为 10g，组成 30g 的试样。

将样品用毛型杂质分析机开松、除杂后进行预调湿，在低温烘箱中烘至回潮率 10% 以下，再放入标准大气下平衡 6h 后，随机称取 2.500g±0.004g 试样，至少两份。

③试验步骤。

a. 校正仪器水平，使液管内弯面和平视的目视水平与仪器上刻线（零位）相切。

b. 用镊子夹住试样，再用压锤棒短的一端将试样均匀地装入仪器试样筒内，插入压筒后，缓缓开启气流阀，使气流通过样品而被吸入，压力计水柱逐渐下降，直至液管的液面与目视水平和标线一致。

c. 目视对准转子的顶端，读出气流最高时的表示值，精确至 1mm，记下读数，转动控制按钮，让转子回复到零点。

d. 用镊子从试样筒中取出试样，稍加整理使其蓬松，但不得遗漏纤维，翻转后重新装入试样筒内。

重复 b、c，记下同一试样的第二个读数。

读取气流高度值（mm），查得相应对照表中的微米（μm）值。

④试验次数和计算。使用同一台气流仪：每批至少测试两份试样，分别读出 4 个读数。若 4 个读数的极差大于表 2-23 中规定的允许误差，则加测一份试样。若 6 个读数的极差仍大于表中的允差范围，再加测三份试样，以 6 个试样读数的算术平均值作为该批纤维平均直径结果（精确至 0.1μm）。

表 2-23　使用同一台气流仪试验允许误差

纤维平均直径/μm	测试 2 个试样允许误差/μm	测试 3 个试样允许误差/μm
<26	0.3	0.4
≥26	0.4	0.6

使用两台气流仪：每批至少测试两份试样，分别读出 4 个读数。若 4 个读数的极差大于表 2-24 中规定的允许误差，则加测两份试样（每台仪器各测一份试样）。若 8 个读数的极差仍大于表中的允差范围，再加测两份试样，以 6 个试样读数的算术平均值作为该批纤维平均直径结果（精确至 0.1μm）。

表 2-24　使用两台气流仪试验允许误差

纤维平均直径/μm	测试 2 个试样允许误差/μm	测试 4 个试样允许误差/μm
<26	0.3	0.5
≥26	0.4	0.7

气流仪的标定参照标准 GB 1523—2013 附录 C 的方法进行。

当羊毛直径在 17.0μm 以下、37.0μm 以上时不宜使用气流仪进行测试。

（3）光学纤维直径分析仪法（OFDA 法）。按 GB/T 21030—2007 进行检验。

（4）激光纤维直径分析仪法。按 GB/T 35935—2018 进行检验。

5. 质量争议时的检验

当发生质量争议时，应使用与原检验方法相同的检验方法进行检验。

6. 试验数据的修约

按 GB/T 8170—2008 进行。

子项目 2-4　化学纤维检验

子项目 2-4
PPT

【工作任务】

今接到某纺纱厂送来一批涤纶短纤维的检验任务，要求对这批涤纶短纤维进行检验，并出具检测报告单。

【工作要求】

1. 在个体学习，查阅相关资料与标准的基础上，采用小组讨论的方式，制定工作计划，写出实施方案。

2. 在老师的指导下，学生在纺织品检测实训中心，以小组为单位（人人参与），按照标准规范，进行涤纶短纤维检验。

3. 完成各项目检测报告。

4. 小组互查评判结果，教师点评。

【知识点】

一、化学纤维分类

化学纤维是指用天然的或合成的聚合物为原料，经过化学方法和机械加工制成的纤维。根据所用原料的不同，化学纤维可分为再生纤维（包括再生纤维素纤维和再生蛋白质纤维）

和合成纤维；按照化学纤维的形态特征，可分成长丝（包括单丝、复丝和变形丝）和短纤维两大类。

二、常见化学纤维

1. 黏胶纤维

黏胶纤维是再生纤维素纤维，它是从纤维素原料（如棉短绒、木材、芦苇、甘蔗渣等）中提取纯净的纤维素，经过烧碱、二硫化碳处理后制备成纺丝溶液，用湿法纺丝制得。

不同的原料和纺丝工艺，可以制得普通黏胶纤维、富强黏胶纤维（高湿模量）和高强力黏胶纤维（较高的强力和耐疲劳性能）等。普通黏胶纤维的截面呈锯齿形皮芯结构，纵向有平直沟槽。富强黏胶纤维为全芯层结构，高强力黏胶为全皮层结构，截面呈圆形。

黏胶纤维吸湿性及染色性能好，其化学组成与棉相似，较耐碱而不耐酸，但耐酸碱性均较棉差。富强黏胶纤维具有良好的耐酸碱性。

2. 天丝纤维

天丝纤维是指采用溶剂纺丝技术生产的新型纤维素纤维，英文表述主要有 Tencel 和 Lyocell。

天丝纤维的原材料和生产工艺环保、产品可被生物降解，且具有棉的柔软性；涤纶的高强力；毛的保暖性等优良的力学性能和服用性能，所以被誉为高科技绿色纤维。其强度（干：4.0~4.4cN/dtex）略低于涤纶，但明显高于棉和黏胶纤维，伸长（干：14.16%，湿：16.18%）适中，湿强高（湿：3.4~3.8cN/dtex），比黏胶纤维有了明显的改善。模量较高，水洗尺寸稳定性良好，吸湿性较高，吸湿能力约为棉纤维的两倍。纤维横截面为圆形或椭圆形，其制品光泽优美，手感柔软，悬垂性好，飘逸性好。但纤维在湿热的条件下容易变硬，抱合性能差，纯纺会出现成卷困难、成网差，成纱毛羽较多等问题。

3. 竹浆纤维

竹浆纤维（竹黏胶），是以竹子为原材料，做成浆，然后将浆做成浆粕再湿法纺丝制成纤维，其制作加工过程基本与黏胶纤维相似，属再生纤维素纤维。

竹浆纤维具有较好的吸湿透气性、舒适性，具有棉的柔软感，丝绸的滑爽感，亲肤性优良；具有较高的初始模量、抗起球和抗皱性；具有天然抗菌、防螨、防臭、防紫外线性能（但比竹原纤维有明显下降）；具有较好的染色均匀性，染色后色泽亮丽鲜艳；具有可生物降解性和不耐酸碱性。另一种化学纤维，即竹炭纤维，是选用纳米级竹炭微粉，经过特殊工艺加入黏胶纺丝液中，再经纺丝工艺制成的纤维产品。

4. 大豆蛋白纤维

大豆蛋白纤维属于再生植物蛋白纤维，以榨过油的大豆豆粕为原料，利用生物工程技术，从大豆粕中提取蛋白高聚物（球蛋白）后，改性成线性蛋白，添加功能性助剂，与氰基等高聚物共聚制成纺丝液（蛋白质含量约50%），用湿法纺丝工艺纺成。

　　大豆蛋白纤维生产过程环保，纤维干强 4.2cN/dtex，湿强 3.9cN/dtex，有着羊绒般的柔软手感，蚕丝般的柔和光泽，棉的保暖性和良好的亲肤性等优良性能，免烫、洗可穿效果好。还有明显的抑菌功能，被誉为"新世纪的健康舒适纤维"。

5. 牛奶蛋白纤维

　　牛奶蛋白纤维是一种新型动物蛋白纤维，也称酪素纤维、牛奶丝、牛奶纤维。它以牛乳作为基本原料，经过脱水、脱油、脱脂、分离、提纯，成为一种具有线型大分子结构的乳酪蛋白，加入揉合剂制成牛奶浆，再与丙烯腈接枝共聚，经湿法纺丝成纤、固化、牵伸、干燥、卷曲、定形、短纤维切断（长丝卷绕）而成。

　　牛奶丝比棉、丝强度高，比羊毛防霉、防蛀、耐穿、耐洗、易贮藏，具有天然持久的广谱抑菌功能。但由于 100kg 牛奶只能提取 4kg 蛋白质，制造成本高，至今无法大量推广使用。

6. 聚乳酸纤维（PLA 纤维）

　　聚乳酸纤维是以玉米、小麦等淀粉原料经发酵、聚合、抽丝而制成，是绿色环保纤维，有着生物相容性和可降解性；高耐热性和高强度；纺织、染色等加工性能好；服用性好（对人体健康、安全、舒适；具有悬垂性、滑爽性、吸湿性、透气性、耐热性、抗紫外线；手感柔软、光滑，质地轻）；优越的保温性等优良特性。

7. 甲壳素纤维

　　甲壳素纤维是利用虾皮蟹壳加工成天然生物高分子，制成甲壳素纤维。在制取时，对虾蟹甲壳粉末，先去除碳酸钙（用 3%～5% 的盐酸水溶液浸泡），后去除蛋白质（用 3%～5% 的稀碱溶液浸泡），得到灰分在 0.2% 以下的甲壳素粉末。将此粉末溶于氨基溶液，得到含有 10% 甲壳素的黏稠纺丝液，喷丝细流通过乙醇溶液即凝固成丝，经水洗烘干而成。

　　甲壳素纤维对人体无害、无刺激，具有天然的生理活性，用甲壳素纤维制成的纺织品，可防治皮肤病，能杀菌、防臭、吸汗保湿、穿着十分舒适，属绿色环保纤维。

8. 聚酯纤维（涤纶）

　　（1）PET 纤维。聚对苯二甲酸乙二酯纤维（普通涤纶），其截面呈圆形，纵向光滑平直。纤维的强度高，弹性回复性能好，热稳定性较好，对酸、一般的有机溶剂、氧化剂较稳定，耐弱碱。涤纶的模量高，仅次于麻纤维，弹性优良。其织物尺寸稳定，挺括抗皱，保形性好。耐磨性好，仅次于锦纶。耐光性较好，仅次于腈纶。耐霉、耐虫蛀性能好。但存在吸湿性差、染色性能差、容易积聚静电、可纺性差、织物易起毛起球等缺点。

　　（2）PBT 纤维。聚对苯二甲酸丁二酯纤维（新型涤纶）。具有良好的尺寸稳定性和很好的弹性（弹性不受温度影响），手感柔软，吸湿性、耐磨性和纤维卷曲性好。具有较好的染色性能。具有优良的耐化学药品性和耐光性、耐热性。

　　（3）PTT 纤维。聚对苯二甲酸丙二酯纤维（弹性涤纶）。PTT 纤维的各项力学性能指标都优于 PET，兼有涤纶和锦纶的特性，伸长性接近氨纶。具有防污性能好、易于染色、手感柔软、富有弹性、易干、挺括等特性。将来 PTT 纤维有可能逐步替代涤纶和锦纶成为大型纤维。

9. 聚酰胺纤维（锦纶、尼龙）

锦纶以长丝为主，少量的短纤维主要用于和棉、毛或其他化纤混纺。锦纶长丝大量用于变形加工制造弹力丝，作为机织或针织原料。

锦纶一般采用熔体法纺丝制得，其截面和纵面形态与涤纶相似。强度高、伸长能力强，弹性好。锦纶的耐磨性和耐疲劳性是常见纤维中最好的（其耐磨性为棉纤维的10倍、羊毛的20倍、黏胶纤维的50倍）。其吸湿能力是合成纤维中较好的。锦纶纤维耐碱不耐酸，模量低，抗皱性差，织物保形性差，软耐光性差。

10. 聚丙烯腈纤维（腈纶）

聚丙烯腈纤维的截面一般为圆形或哑铃形，纵向平滑或有1~2根沟槽，其内部存在孔洞结构。吸湿性优于涤纶，染色性较好。腈纶的化学稳定性较好（浓硫酸、浓硝酸、浓磷酸中会溶解，浓碱、热稀碱中会发黄）。耐光性是常见纤维中最好的。强度比涤纶、锦纶低，断裂伸长率与涤纶、锦纶相似。其织物的尺寸稳定性较差，耐磨性较差。

11. 聚丙烯纤维（丙纶）

丙纶纤维是由丙烯聚合而成，熔体法纺丝。其截面与纵面形态与涤纶、锦纶相似。强度、模量较高，与涤纶接近，耐磨性、弹性、化学稳定性好，有良好的抗腐蚀性及酸碱的抵抗能力。丙纶几乎不吸湿，但有独特的芯吸作用，水蒸气可通过毛细管进行传递。丙纶染色性较差，不易上染。玻璃化温度低，热定形效果不稳定，耐光性能较差，易老化。

12. 聚乙烯醇纤维（维纶）

维纶是聚乙烯醇的部分羟基经缩甲醛化处理，经湿法纺丝制得。截面呈腰圆形，皮芯结构，纵向平直有1~2根沟槽。维纶的吸湿能力是常见合成纤维中最好的，对一般的有机溶剂抵抗力强，且不易腐蚀，不霉不蛀。耐碱不耐酸。耐磨、耐光、抗老化性较好，保暖性好。但染色性能较差，一般皮层吸色浅，芯层深，容易造成染色不匀。弹性回复性能较差，织物保形性不及涤纶与丙纶。

13. 聚氨酯系纤维（氨纶）

氨纶是一种高弹性纤维。氨纶的截面形态呈豆形、圆形，纵向表面有不十分清晰的骨形条纹。强度为橡胶丝的3倍以上。有较好的化学稳定性，其耐酸、耐碱性能较好，耐油、耐汗水、不虫蛀、不霉、在阳光下不变黄。纤维的耐磨性优良，但吸湿能力、染色性能较差。

14. 差别化纤维

差别化纤维一般是指经过化学或物理方法，得到不同于常规纤维的化学纤维。主要有：

（1）异形纤维。异形纤维是指改变喷丝孔形状而获得截面不是圆形的纤维。截面不同性能不同，扁平状横截面的纤维，其产品表面丰满、光滑，具有干爽感。十字形和H形截面的纤维（4条和2条沟槽），沟槽具有毛细作用，其产品可迅速导湿排汗。三角形截面的纤维，具有蚕丝般闪耀的光泽。五角形截面的纤维，其产品光泽柔和，有毛型感。中空截面纤维，透气透湿性能好，质轻蓬松、保暖性好。

（2）复合纤维。复合纤维又称共轭纤维，是指在同一纤维截面上有两种或两种以上的聚合物或者性能不同的同种聚合物的纤维。有双组分和多组分复合纤维，以及并列型、皮芯型、多层型、放射型和海岛型等分布形式。充分利用各组分高聚物的特性，可生产出具有很多优良性能的复合纤维。

（3）超细纤维。单丝线密度在 0.33dtex 以下的称为超细纤维（细特纤维也称微细纤维，单丝线密度值 0.33～1.1dtex），细特和超细纤维质地柔软，抱合力好，光泽柔和，织物的悬垂性好，纤维比表面积大，产品较丰满、保暖性好、吸湿性能好。

此外还有易染纤维、阻燃纤维等。

【任务实施】

按以下标准执行。

GB/T 3291.1—1997《纺织　纺织材料性能和试验术语　第 1 部分：纤维和纱线》；

GB/T 3291.3—1997《纺织　纺织材料性能和试验术语　第 3 部分：通用》；

GB/T 4146.1—2020《纺织品　化学纤维　第 1 部分：属名》；

GB/T 4146.2—2017《纺织品　化学纤维　第 2 部分：产品术语》；

GB/T 4146.3—2011《纺织品　化学纤维　第 3 部分：检验术语》；

GB/T 6503—2017《化学纤维　回潮率试验方法》；

GB/T 6504—2017《化学纤维　含油率试验方法》；

GB/T 8170—2008《数据修约规则和极限数值的表示和测定》；

GB/T 14334—2006《化学纤维　短纤维取样方法》；

GB/T 14335—2008《化学纤维　短纤维线密度试验方法》；

GB/T 14336—2008《化学纤维　短纤维长度试验方法》；

GB/T 14337—2008《化学纤维　短纤维拉伸性能方法》；

GB/T 14338—2008《化学纤维　短纤维卷曲性能试验方法》；

GB/T 14339—2008《化学纤维　短纤维疵点试验方法》；

GB/T 14342—2015《化学纤维　短纤维比电阻试验方法》；等。

涤纶短纤维按国家标准 GB/T 14464—2017 执行。

子项目 2-5　纤维鉴别

子项目 2-5
PPT

【工作任务】

某公司送来纤维原料样品，要求鉴别其品种，纱线样品要求鉴别纤维成分及其含量，并出具检测报告单。

【工作要求】

1. 在个体学习，查阅相关资料与标准的基础上，采用小组讨论的方式，制订工作计划，写出实施方案。

2. 在老师的指导下，学生在纺织品检测实训中心，以小组为单位（人人参与），按照标准规范，分别用手感目测法、燃烧法、显微镜法、化学溶解法、药品着色法等方法，进行鉴别操作。

3. 安全、规范使用仪器及化学药剂，做好场地的清洁整理工作。

4. 完成检测报告。

5. 小组互查评判结果，教师点评。

【知识点】

一、纺织纤维的分类

纺织纤维一般分为天然纤维和化学纤维两大类。

天然纤维主要包括植物纤维（如棉、麻等）、动物纤维（如桑蚕丝、绵羊毛、山羊绒等）、矿物纤维（如石棉）。化学纤维主要包括再生纤维［再生纤维素纤维（如黏胶纤维、Modal 纤维、Tencel 纤维、竹浆纤维等），再生蛋白质纤维（如大豆纤维、牛奶纤维等）］；合成纤维（如涤纶、腈纶、锦纶、丙纶等）、无机纤维（如碳纤维、玻璃纤维、金属纤维、陶瓷纤维等）。

二、纤维的鉴别方法

纤维的鉴别主要根据纤维内部结构特点、外观形态特征、化学与物理性能等差异来进行。其步骤是先判断纤维的大类，区分出天然纤维素纤维、天然蛋白质纤维和化学纤维，再进一步判断具体品种，并做最后验证，据此鉴别出纤维种类。这一过程为定性分析。若是混纺产品，则还须在此基础上再进一步确定其混纺比例，这属定量分析。

常用的鉴别方法有手感目测、显微镜观察法、燃烧法、化学溶解法、药品着色法等。

一般情况下纤维定性鉴别，先采用显微镜法将待测纺织材料进行大致分类，再采用燃烧法、溶解法等一种或几种方法进一步确定，合成纤维或新型改性纤维可选用熔点法或红外吸收光谱法最终确定待测纺织材料的种类。其原则是：一看、二烧、三溶解。

纺织纤维系统鉴别的方法程序如图 2-4 所示。

当鉴别的试样是织物时，则需从织物中抽出经、纬纱，然后将纱线分离成单纤维。当鉴别的试样是纱线时，则直接将其分离成单纤维。一般可先用显微镜法来判断，再用燃烧法验证。或者先用燃烧法判断出大类（纤维素纤维、蛋白质纤维、合成纤维），再用显微镜法、化学溶解法等加以确认。对于有些疑难的纤维，则需采用多种鉴别法相结合的办法来进行鉴别。

做定量分析时，对待测纺织材料经定性鉴别后，根据材料的性质，选择合适的分析方法。宜首选物理拆分法，第二选化学溶解法。如果物理拆分法和化学分析法都不适用，则选用显微镜法。实际分析时可将三种方法综合起来灵活运用。其原则：首选物理拆分法；不宜超过"二次溶解"，尽量避免测试误差叠加；优先选择剩余纤维 d 值（修正值）为 1.00 的溶解方法。纤维一般检测流程如图 2-5 所示（或 1-1 与 1-2 先后次序对换）。

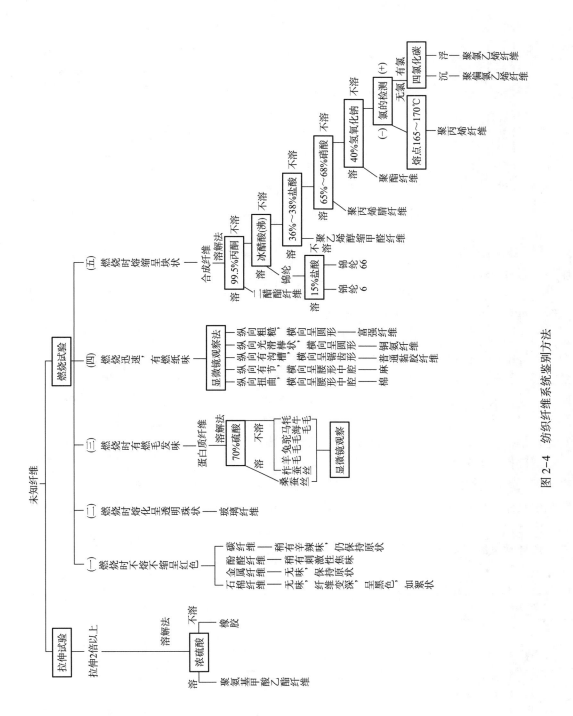

图 2-4　纺织纤维系统鉴别方法

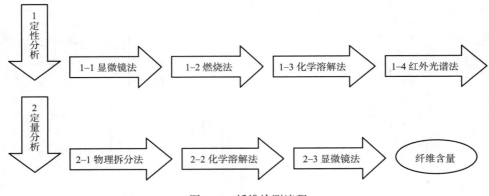

图 2-5　纤维检测流程

【任务实施】

一、手感目测法

手感目测法是根据纤维的外观形态、色泽、手感及弹性等特征来区分纤维，此法适用于呈散纤维状态的纺织原料。天然纤维中棉、麻、毛属于短纤维，它们的纤维长短差异都很大，长度整齐度也差。棉纤维比苎麻纤维和其他麻类的工艺纤维、毛纤维均短而细，常附有各种棉籽壳等细小杂质；麻纤维手感较粗硬，有凉爽感；羊毛纤维卷曲而富有弹性，手感柔软滑糯温暖；蚕丝是长丝，长而纤细，手感滑软，具有特殊的光泽。因此，呈散纤维状态的棉、麻、毛、丝很易区分。化学纤维长度、细度都较均匀，无杂质，光泽强，只有黏胶纤维的产品干、湿态强力差异大；氨纶丝具有非常大的弹性。利用这些特征，就可将它们区别开来。其他化学纤维，其外观特征较为相似，用手感目测法难以区分。

把待检样品分别排放在照度良好的背光检测室工作台上，学生以小组为单位，分别用手、眼、耳、鼻等感觉器官，来感知纤维的外观形态、色泽、手感及弹性等特征。着重用眼睛反复观察对比，用手拉扯、抓捏、压放，确定样品的纤维类型和品种。将鉴别结果填入报告单（表 2-25）。

几种常见纤维的手感目测特征如表 2-26 所示。

表 2-25　手感目测法测试结果记录与分析报告单

试样编号	手感	目测	结论
001			
002			
003			
004			
005			

表 2-26　几种常见纤维的手感目测特征

纤维名称	手感	目测
棉	柔软、干爽	粗细不匀、柔软、长度较短、有卷曲
苎麻、亚麻	凉爽、坚韧、硬挺	粗硬
蚕丝	挺爽、光滑	纤细长丝、光泽明亮柔和
羊毛	温暖、有弹性	粗细不匀、有卷曲
涤纶	凉感、有弹性、光滑、滑溜	色泽淡雅
锦纶	凉感、有弹性、光滑、滑溜	色泽鲜艳
丙纶	有弹性、光滑、蜡状感	色泽差
腈纶	有弹性、光滑、干爽	人造毛感强

二、燃烧法

燃烧法是鉴别纺织纤维的一种快速而简便的方法，尤其适合鉴别纱线和织物中的纤维。它是根据纤维的化学组成及燃烧特征的不同，从而粗略地区分出纤维的大类，但很难从燃烧法得知确切的纤维品种。燃烧法特别适用于纤维的初鉴别过程。通过燃烧，可将纤维大致分为蛋白质纤维、纤维素纤维和合成纤维等几大类。对于合成纤维还可根据纤维在靠近、接触和离开火焰等各个燃烧阶段的燃烧特征、气味及灰烬来判定其种类。用燃烧法鉴别纤维仅适用于区分大类。

燃烧法适用于单一成分的纤维、纱线和织物，一般不适用于混纺的纤维、纱线和织物。此外，纤维或织物经过阻燃、抗菌或其他功能性整理后，其燃烧特征也将发生变化，须予以注意。

1. 工作场所

燃烧检测室，通风条件良好，工作台阻燃。

2. 检测器具

酒精灯、镊子、放大镜、剪刀等。

3. 观察纤维燃烧特征时的要点

（1）纤维慢慢靠近火焰时，是否发生收缩及熔融现象。

（2）纤维在火焰中燃烧的难易程度以及火焰的颜色及大小、燃烧的速度、是否产生烟雾及烟雾的颜色以及有无爆鸣声。

（3）燃烧时的气味。若烧纸味或烧草木灰味，则有纤维素纤维；若烧毛发臭味，则有蛋白质纤维。

（4）离开火焰时，是否有延燃或阴燃的情况。

（5）纤维燃烧后剩余物的颜色及状态（灰分或固体），是否易捻碎等。第一类是完全燃烧的灰烬，其特征是松、软、少、无规则形态，颜色为灰黑色或灰白色，如纤维素纤维中的棉、麻、黏胶纤维、莱赛尔、莫代尔、竹浆纤维等；第二类是未完全燃烧的残渣，其特征为硬、脆、形状规则，颜色为黑色，如蛋白质纤维中羊毛、蚕丝、牛奶蛋白纤维、大豆纤维、甲壳素纤维等；第三类是熔融性的高聚凝固体，其特征是硬块、硬球，颜色大部分为黑色、黑褐色、咖啡色、乳白色等，如合成纤维中的涤纶、维纶、锦纶、丙纶等。

学生以小组为单位，在纺织实训中心标准书目或纺织品检测资源库中查阅燃烧法的相关标准（FZ/T 01057.2—2007），以此为依据，在待检样品中分别取少量纤维用手捻成细束状，用镊子挟住放在火焰上燃烧，分别观察纤维的燃烧状态（纤维接近火焰、在火焰中、离开火焰时所产生的各种不同现象）和燃烧时产生的气味、熄灭后留下的灰烬等方面的特征来判别纤维（不能确切判断时，可结合显微镜法、化学溶解法等方法来判别验证）。将鉴别结果填入报告单（表2-27）。

表2-27　燃烧法测试结果记录与分析报告单

试样编号	燃烧特征描述					结论
	接近火焰	在火焰中	离开火焰	燃烧气味	残渣特征	
001						
002						
003						
004						
005						

几种常见纤维的燃烧特征如表2-28所示。

表2-28　几种常见纤维的燃烧特征

纤维名称	接近火焰	在火焰中	离开火焰	燃烧气味	残渣特征
棉、麻、黏胶纤维、莫代尔	软化，不熔、不缩	迅速燃烧，不熔融	继续迅速燃烧	烧纸味	灰烬少；灰黑色絮状（棉），灰白色絮状（麻），浅灰色（黏胶纤维、莫代尔）
天丝、竹浆纤维	不熔、不缩	迅速燃烧，有响声（竹纤维轻微响声）	继续迅速燃烧	烧纸味	灰烬少；灰色（天丝），黑色（竹浆纤维）
蚕丝、羊毛	熔并卷曲，软化收缩	羊毛：冒烟、卷缩、燃烧。蚕丝：卷曲，燃烧缓慢	燃烧缓慢，有时自灭	烧毛发臭味	羊毛：灰烬多，黑色块状，易捏碎。蚕丝：灰烬呈黑色颗粒状，易捏碎
涤纶	软化熔缩	熔融燃烧	熔融燃烧，熔液滴落	略带芳香气味	灰烬呈黑色球状，不易压碎
锦纶	软化收缩	卷缩熔融，燃烧缓慢	停止燃烧，自熄	略带芹菜味	浅褐色透明球状，不易压碎

纤维名称	接近火焰	在火焰中	离开火焰	燃烧气味	残渣特征
腈纶	软化收缩，微熔发焦	熔融燃烧	继续燃烧，但燃烧速度缓慢	类似烧煤焦油的鱼腥味	灰烬呈黑褐色块状，易压碎
丙纶	软化熔缩	熔融缓慢，冒黑色浓烟，熔液滴落	继续燃烧，有时自熄	类似烧石蜡的气味	灰烬呈块状，蜡状颜色，不易压碎
氨纶	软化熔缩	边熔边烧，冒黑浓烟	立即熄灭，不能延燃	刺激性氯气味	黑褐色块状，不易压碎
大豆纤维	熔并卷曲	立即燃烧	继续燃烧冒黑烟	烧毛发臭味	松而脆的黑色焦炭状
牛奶蛋白纤维	熔缩	卷曲，熔化，燃烧	继续燃烧有时自灭	烧毛发臭味	黑色，基本松脆，但有极微量硬块
甲壳素纤维	熔缩	像烧铁丝一样发红	自灭	有明显焦味	细而柔的灰黑絮状
聚乳酸纤维（PLA）	熔缩	熔融燃烧	熔融燃烧液态下落	无特殊气味	呈淡黄色胶状物

三、显微镜法

显微镜观察法是借助放大 500～600 倍的显微镜观察纤维纵向和截面形态来识别纤维。天然纤维有其独特的形态特征，如羊毛的鳞片、棉纤维的天然转曲、麻纤维的横节竖纹、蚕丝的三角形截面等。故天然纤维的品种较易区分。化学纤维中黏胶纤维截面为带锯齿边的圆形，有皮芯结构，可与其他纤维相区别。但截面呈圆形的化学纤维，如涤纶、腈纶、锦纶等，在显微镜中就无法确切区别，只能借助其他方法加以鉴别。由于化学纤维的飞速发展，异形纤维种类繁多，在显微镜观测中必须特别注意，以防混淆。所以用显微镜对纤维进行初步鉴别后，还必须进一步验证。复合纤维、混抽纤维等，由于纤维中具有两种以上不同的成分或组分，利用显微镜观察，配合进行切片和染色等，可以先确定是双组分、多组分或混抽纤维，再用其他方法进一步鉴别。

显微镜观察法适用于鉴别常规的天然纤维及部分再生纤维素纤维，不适用于经特殊整理加工的天然纤维，如丝光棉等；不能准确区分多数再生纤维素纤维，如铜氨纤维、莫代尔纤维、莱赛尔纤维、竹浆纤维等；不能准确区分多数合成纤维，因为多数常规的合成纤维横截面和纵向形态特征相同，即横截面形态为规则的圆形，纵向形态为规则圆柱体（或柱体带黑点）。

1. 工作场所

显微镜检测室，通风条件良好。

2. 检测器具

生物显微镜、哈氏切片器、载玻片、盖玻片、刀片、玻璃棒、火棉胶、液状石蜡、小螺丝刀、镊子、黑绒板、挑针等。

学生以小组为单位，在纺织实训中心标准书目或纺织品检测资源库中查阅显微镜法的相关标准（FZ/T 01057.3—2007），以此为依据，在待检样品中分别取一定量的纤维。将纤维放在显微镜下观察其纵向表面的形态特征，制成切片后观察其横截面形态特征，然后根据纤维所特有的形态来判别（表面形态相同的合成纤维不能用显微镜法加以区分）。将鉴别结果填入报告单（表2-29）。

表2-29　显微镜法测试结果记录与分析报告单

试样编号	纵向形态		横截面形态		结论
	图形	描述	图形	描述	
001					
002					
003					
004					
005					

几种常见纤维的结构形态如表2-30所示。

表2-30　常见纤维的结构形态

纤维种类	纵向形态	横截面形态
棉	扁平带状、有天然转曲	腰圆形、有中腔
苎麻	横节竖纹	腰圆形，有中腔，有放射状裂纹
亚麻	横节竖纹	多角形，中腔较小
黄麻	横节竖纹	多角形，中腔较大
大麻	横节竖纹	不规则圆形或多角形，内腔呈线形、椭圆形、扁平形
绵羊毛	鳞片大多呈环状或瓦状	近似圆形或椭圆形，有的有毛髓
山羊绒	鳞片大多呈环状，边缘光滑，间距较大，张角较小	多为较规则的圆形
兔毛	鳞片大多呈斜条状，有单列或多列毛髓	绒毛为非圆形，有一个髓腔；粗毛为腰圆形，有多个髓腔
桑蚕丝	平滑	不规则三角形
柞蚕丝	平滑	扁平的不规则三角形，内部有毛细孔
黏胶纤维	多根沟槽	锯齿形、有皮芯结构
醋酯纤维	1~2根沟槽	梅花形
腈纶	平滑或1~2根沟槽	圆形或哑铃形
维纶	1~2根沟槽	腰圆形、皮芯结构
氨纶	表面暗深、不清晰骨形条纹	不规则，有圆形、蚕豆形等
氯纶	平滑	近似圆形
涤纶、锦纶、丙纶等	平滑	圆形

四、药品着色法

药品着色法是根据化学组成不同的各种纤维对某种化学药品有着不同的着色性能，由此来鉴别纤维的品种。它适用于未染色纤维、纯纺纱线和纯纺织物。试样制备时，散纤维应不少于 0.5g；纱线试样不小于 10cm；织物试样不小于 1cm²。进行着色试验时，首先将纤维试样浸入热水浴中轻轻搅拌 10min，使其浸透；然后将浸透的试样放入煮沸的着色剂中煮沸 1min，立即取出，用水充分冲洗，晾干，将着色后的试样与已知纤维的着色情况及标准色卡对照比较，鉴别试样类别。

1. 工作场所

化学分析室，通风条件良好。

2. 检测器具

酒精灯、烧杯、试管、试管夹、玻璃棒、表面皿、镊子等。

学生以小组为单位，在纺织实训中心标准书目或纺织品检测资源库中查阅药品着色法的相关标准（FZ/T 01057.7—2007），以此为依据，在待检样品中分别取一定量的纤维，进行着色分析，将结果填入报告单（表 2-31）。

表 2-31　药品着色法测试结果记录与分析报告单

试样序号	结果描述		结果
	着色后实物试样	着色描述	
001			
002			
003			
004			
005			

3. 着色剂

鉴别纤维的着色剂有多种，下面对碘—碘化钾溶液和 1 号着色剂进行介绍。

（1）碘—碘化钾溶液。将碘 20g 溶解于 100mL 的碘化钾饱和溶液中，把纤维浸入溶液中 0.5~1 min，取出后水洗干净，根据着色不同，判别纤维品种。

（2）1 号着色剂。1 号着色剂配方如下：

　　　　分散黄 SE-6GFL　　　3.0g

　　　　阳离子红 X-GFL　　　2.0g

　　　　直接耐晒蓝 B2RL　　　8.0g

　　　　蒸馏水　　　　　　　1000g

使用时将配好的原液稀释 5 倍。

几种纺织纤维的着色反应见表 2-32。

表2-32　几种纺织纤维的着色反应

纤维种类	碘—碘化钾溶液	1号着色剂
天然纤维素纤维	不染色	蓝色
蛋白质纤维	淡黄	棕色
黏胶纤维	黑蓝青	
醋酯纤维	黄褐	橘色
聚酯纤维	不染色	黄色
聚酰胺纤维	黑褐	绿色
聚丙烯腈纤维	褐色	褐色
聚丙烯纤维	不染色	

五、化学溶解法

化学溶解法，是根据各种纤维的化学组成不同，在各种化学溶液中的溶解性能各异的原理来鉴别纤维的。此法适用于各种纺织材料，包括已染色的和混纺的纤维、纱线和织物。利用该方法时必须注意以下几点。

①要准确鉴别出纤维的种类，必须严格控制试验条件，按规定进行试验，其结果方能可靠。用溶解法鉴别纤维时，必须清楚纤维的溶解性能不仅与试剂的种类，还与试剂的浓度、溶解时的温度、作用的时间、条件等有关。

②适用常规纺织纤维，不适用改性的天然或化学纤维，如砂洗牛仔面料（砂洗时纤维已经受损降解，溶解性能已经改变），超细纤维组成的仿桃皮绒面料（超细纤维比表面积显著增加，纤维与溶剂接触的机会增加，使其溶解性能改变）。

③不适用两组分的复合纤维，容易误判，如涤锦并列型复合纤维、涤锦皮芯型复合纤维等。

1. 工作场所

化学分析室，通风条件良好，工作台耐酸碱。

2. 检测器具

酒精灯、烧杯、试管、试管夹、玻璃棒、表面皿、真空泵、锥形瓶、苷锅、水浴锅等。化学试剂：盐酸、硫酸、氢氧化钠、甲酸、间甲酚、二甲基甲酰胺等。

3. 测试过程

学生以小组为单位，在纺织实训中心标准书目或纺织品检测资源库中查阅化学溶解法的相关标准（FZ/T 01057.4—2007），以此为依据，在待检样品中分别取一定量的纤维，进行溶解分析，将结果填入报告单（表2-33）。

表 2-33　化学溶解法测试结果记录与分析报告单

试样编号	化学试剂						结果
	37%盐酸	70%硫酸	5%氢氧化钠	88%甲酸	99%冰乙酸	次氯酸钠（有效氯浓度≥5.2%）	
001							
002							
003							
004							
005							
备注							

几种常见纤维的化学溶解性能见表 2-34。对于混纺产品，先定性鉴别，后定量分析。

表 2-34　几种常见纤维的化学溶解性能

纤维品种	化学试剂											
	37%盐酸		70%硫酸		5%氢氧化钠		88%甲酸		99%冰乙酸		次氯酸钠（有效氯浓度≥5.2%）	
	24~30℃	煮沸	24~30℃	煮沸	24~30℃	煮沸	24~30℃	煮沸	24~30℃	煮沸	24~30℃	煮沸
棉、麻	I	P	S	S_0	I	I	I	I	I	I	I	P
黏胶纤维	S	S_0	S	S_0	I	I	I	I	I	I	I	P
竹浆纤维	S_0	S_0	S	S_0	I	I	I	I	I	I	I	S
天丝	P	S_0	S_0	S_0	I	I	I	I	I	I	I	S_0
莫代尔	S	S_0	S	S_0	I	I	I	I	I	I	I	I
羊毛	I	P	I	S_0	I	S_0	I	I	I	I	S	S_0
蚕丝	P	S	S_0	S_0	I	S_0	I	I	I	I	S	S_0
大豆纤维	P	P	P	S_0	I	I	I	S（浑浊）	I	I	P_{SS}	P
牛奶纤维	I	I	P	S_0	I	I（紫红色絮状）	I	S（浑浊）	I	I	I（略有气泡）	P_{SS}（有浑浊细粒）
甲壳素纤维	△	S_0	P	S_0	I	I	P（糊状）	S_0	I	I	P	S/P
聚乳酸纤维	I	I	P_{SS}	S_0	I	P	I	S_0	I	S_0	I	I
涤纶	I	I	I	P	I	I	I	I	I	I	I	I
锦纶	S_0	S_0	S	S_0	I	I	S_0	S_0	I	S_0	I	I
腈纶	I	I	S	S_0	I	I	I	I	I	I	I	I
丙纶	I	I	I	□	I	I	I	I	I	I	I	I
氨纶	I	I	I	I	I	I	I	S_0	I	S	S	I

注　1. S_0：立即溶解；S：溶解；P：部分溶解；P_{SS}：微溶；I：不溶解；□：块状；△：膨润。
　　2. 溶解条件：常温 5min；煮沸 3min。

4. 双组分纤维混纺含量的测定

测定双组分纤维混纺含量的方法很多，以化学法为主，此外，还有密度法、显微镜法、染色法等。

化学法的原理是将经过预处理的试样用一种适当的溶剂溶去一种纤维，再将剩余（未溶）纤维烘干、称重，计算未溶纤维的净干含量百分率。化学法不适用于某些属于同一类别的纤维混纺产品，如麻/棉，羊毛/兔毛等。

显微镜法是用于测定同一类别的纤维混纺产品，如麻/棉，羊毛/兔毛等混纺含量的主要方法。利用纤维细度综合分析仪，按 GB/T 16988—2013《特种动物纤维与绵羊毛混合物含量的测定》、FZ/T 30003—2009《麻棉混纺产品定量分析方法　纤维投影法》等标准测定。麻/棉混纺产品纤维含量也可用染色法测定。

（1）棉与涤纶（或丙纶）混纺产品定量分析。

①原理。用75%硫酸溶解棉，剩下涤纶或丙纶，从而使两种纤维分离。

②试剂。75%硫酸［700mL 浓硫酸（$\rho=1.84$g/mL）慢慢加入 350mL 水中，冷却至室温后，再加水至1L。硫酸浓度范围允许在73%~77%（质量分数）］；稀氨溶液［取 80mL 浓氨水（$\rho=0.880$g/mL），用水稀释至 1L］。

③预处理。取试样 5g 左右，用石油醚和水萃取（去除非纤维物质）。将试样放在索氏萃取器中，用石油醚萃取 1h（至少循环 6 次），待石油醚挥发后，试样先在冷水中浸泡 1h，再在65℃±5℃的水中浸泡（100mL 水/1g 试样），并搅拌，1h 后，挤干、抽吸、晾干。

④操作。取预处理的试样至少 1g，将其剪成适当长度，放在已知重量的称量瓶内，用快速八篮烘箱（温度 105℃±3℃）或红外线将其烘至恒重，记录重量。将试样放入带塞三角烧瓶中，每克试样加入 100mL 75%硫酸，搅拌浸湿试样，并摇动烧瓶（温度 40~45℃），棉纤维充分溶解 30min 后，用已知重量的玻璃滤器过滤，将剩余的纤维用少量同温同浓度硫酸洗涤 3 次（洗时用玻璃棒搅拌），再用同温度的水洗涤 4~5 次，并用稀氨溶液中和 2 次，然后用水洗至用指示剂检查呈中性为止。以上每次洗后都需用真空抽吸排液。最后烘干、称重，计算结果。

（2）羊毛与棉（或亚麻、苎麻、黏胶纤维、腈纶、涤纶、锦纶、丙纶）混纺产品含量分析。

①原理。用 2.5%氢氧化钠溶解羊毛，分别剩余棉、苎麻、黏胶纤维、维纶、腈纶、涤纶、锦纶或丙纶，使两种纤维分离。

②试剂。2.5%氢氧化钠溶液［取氢氧化钠 25.7g，溶于水中调至 1L，此时 $\rho=1.026$g/mL（20℃）］；稀醋酸溶液（取 5mL 冰醋酸加蒸馏水稀释至 1L）。

③预处理。同前面棉与涤纶（或丙纶）混纺产品定量分析时的预处理。

④操作。取预处理的试样至少 1g，将其剪成适当长度，放在已知重量的称量瓶内，用快速八篮烘箱（温度 105℃±3℃）或红外线将其烘至恒重，记录重量。将试样放入三角烧瓶中，每克试样加入 100mL 2.5%氢氧化钠溶液，在沸腾水浴上搅拌，羊毛充分溶解 20min 后，用已知重量的玻璃滤器过滤。剩余的纤维用同温同浓度的氢氧化钠溶液洗涤 2~3 次，再用 40~50℃

水洗 3 次，用稀醋酸溶液中和。然后水洗至用指示剂检查呈中性为止。以上每次洗后都需用真空抽吸排液。最后烘干、称重，计算结果。

5. 三组分纤维混纺产品的定量分析。

三组分纤维混纺产品有四种溶解方案。

（1）取两只试样，第一只试样将 A 纤维溶解，第二只试样将 B 纤维溶解，分别对未溶部分称重，从第一只试样的溶解失重，得到 A 纤维的质量，算出百分比；从第二只试样的溶解失重，得到 B 纤维的质量，算出百分比；C 纤维的百分比可以从差值中求出。

（2）取两只试样，第一只试样将 A 纤维溶解，第二只试样将 A 纤维和 B 纤维溶解。对第一只试样未溶残渣称重，根据其溶解失重，得到 A 纤维的质量，算出百分比；称出第二只试样的未溶残渣，即 C 纤维的质量，算出百分比；B 纤维的百分比可以从差值中求出。

（3）取两只试样，将第一只试样中 A 纤维和 B 纤维溶解，第二只试样中，将 B 纤维和 C 纤维溶解，则未溶残渣分别为 A 纤维和 C 纤维。利用上述计算方法可得所有纤维混纺比。

（4）取一只试样，先将其中一组分（A 纤维）溶解去除，则未溶残渣为另二组分（B 纤维、C 纤维），经称重后，从溶解失重，可算出溶解组分（A 纤维）的百分比。再将残渣中的一种组分溶解掉（B 纤维），称出未溶部分，根据溶解失重，可得第二种溶解组分（B 纤维）的质量，从而可算得所有纤维的混纺比。

最终，将混纺织物纤维定性/定量分析测试结果填入表 2-35 所示表单中。

表 2-35　混纺织物纤维定性/定量分析测试结果单

检验编号＿＿＿＿＿＿＿＿＿＿＿＿＿＿		来样单位＿＿＿＿＿＿＿＿＿＿＿＿＿＿	
样品品名/规格＿＿＿＿＿＿＿＿＿＿＿		样品编号/色别＿＿＿＿＿＿＿＿＿＿＿	
定性分析： □FZ/T 01057　□AATCC 20A □ASTM D276	定性方法：□显微镜法 □燃烧法 □化学溶解法 □其他 定性结果：		
定量分析： □GB/T 2910　□FZ/T 01048　　□FZ/T 01095　□ISO 1833　□AATCC 20A　□ASTM D629			
主要试剂		试验条件	
剩余纤维（1）		溶解纤维（2）	
		第一份试样	第二份试样
试样绝干重/g			
坩埚绝干重/g			
坩埚+纤维（1）绝干重/g			
纤维（1）绝干重/g			
纤维（1）绝干含量/%			
纤维（1）平均绝干含量/%			
纤维（2）平均绝干含量/%			
公定回潮率下平均含量/%	纤维（1）		
	纤维（2）		

	续表
GB/ISO 常用纤维的公定回潮率，括号内为 ASTM D629 标准回潮率/% 毛织物：15.0（13.0）；精梳毛纱：16.0；粗梳毛纱、羊绒纱、兔毛：15.0；蚕丝：11.0（9.4）； 棉织物：8.5（7.4）；棉纱线：8.5；麻：12.0；黏胶纤维：13.0（13.3）；醋酯：7.0；涤纶：0.4； 锦纶：4.5；腈纶：2.0；氨纶：1.3；丙纶：0	
注　1. 计算结果修约至小数点后一位数 　　2. 去除非纤维物质的预处理：□有　□无 　　3. 预处理方法 　　4. 使用仪器设备：□____烘箱，NO____ 　　　　　　　　　□分析天平，NO____	附样
试验日期	审核日期

思考题

项目 2 思考题
参考答案

1. 锯齿棉品质检验包括哪几方面内容？
2. 锯齿棉、皮辊棉分别如何标示质量标识？
3. 羊毛纤维直径检验主要有哪些方法？
4. 化学纤维检验主要有哪些标准？
5. 简述纤维特克斯、旦尼尔、公制支数、英制支数的定义及其换算关系。
6. 简述纤维定性分析和定量分析的流程。
7. 简述棉与涤纶混纺产品定量分析方法。
8. 简述棉与羊毛混纺产品定量分析方法。
9. 简述三组分纤维混纺产品定量分析方法。

项目 3　纱线质量检验

🖎 **教学目标**

知识目标：掌握纱线品质指标、性能检验和评定方法。

能力目标：能进行纱线性能检验和品质评定。

子项目 3-1　棉本色纱的质量检验

子项目 3-1
PPT

【工作任务】

今接到某公司送来棉本色纱样品，要求检验产品质量等级，并出具检测报告单。

【工作要求】

1. 在个体学习，查阅相关资料与标准的基础上，采用小组讨论的方式，制订工作计划，写出实施方案。

2. 在老师的指导下，学生在纺织品检测实训中心，以小组为单位（人人参与），按照标准规范，进行棉本色纱的质量检验。

3. 完成检测报告。

4. 小组互查评判结果，教师点评。

【知识点】

纱线质量等级评定是考核纺纱厂产品质量和贯彻"优质优价""优质优用"原则所必需的检验，以此分析和提高纱线质量，也是产品验收中质量评定的依据。纱线的质量通常包括两方面，一是内在质量；二是外观质量。内在质量主要考核纱线的强度及其均匀度等；外观质量主要考核纱线的粗细均匀度及纱线的疵点等。

一、产品分类、标记

棉本色纱线的产品规格以不同生产工艺、线密度分类。

棉本色纱线的生产工艺过程和原料代号用英文字母表示，C 为棉（普梳棉）代号，JC 为精梳棉代号。

棉本色纱线用代号标记时，应在线密度前标明纱线的生产工艺过程代号、原料代号，在线密度后标明用途代号及卷装形式。如：线密度为 14.8tex 普梳棉本色纱筒子纱，应写为：C14.8tex D；线密度为 14.8tex 精梳棉本色 2 股绞线，用于经纱，应写为：JC14.8tex×2 TR。

二、技术要求

按国家标准 GB/T 398—2018 执行。

1. 项目

（1）棉本色单纱技术要求包括线密度偏差率、线密度变异系数、单纱断裂强度、单纱断裂强力变异系数、条干均匀度变异系数、千米棉结（+200%）、十万米纱疵等七项指标。

（2）棉本色股线技术要求包括线密度偏差率、线密度变异系数、单线断裂强度、单线断裂强力变异系数、捻度变异系数等五项指标。

2. 分等规定

（1）同一原料、同一工艺连续生产的同一规格的产品作为一个或若干检验批。

（2）产品质量等级分为优等品、一等品、二等品，低于二等品为等外品。

（3）棉本色纱线质量等级根据产品规格，以考核项目中最低一项进行评等。

3. 要求

（1）普梳棉本色单纱技术要求按表3-1规定，普梳棉本色股线技术要求按表3-2规定。

表3-1　普梳棉本色纱的技术要求及试验方法标准

公称线密度/tex	等级	线密度偏差率/%	线密度变异系数/% ≤	单纱断裂强度/（cN/tex）≥	单纱断裂强力变异系数/% ≤	条干均匀度变异系数/% ≤	千米棉结（+200%）/（个/km）≤	十万米纱疵/（个/10⁵m）≤
8.1~11.0	优	±2.0	2.2	15.6	9.5	16.5	560	10
	一	±2.5	3.0	13.6	12.5	19.0	980	30
	二	±3.5	4.0	10.6	15.5	22.0	1300	—
11.1~13.0	优	±2.0	2.2	15.8	9.5	16.5	560	10
	一	±2.5	3.0	13.8	12.5	19.0	980	30
	二	±3.5	4.0	10.6	15.5	22.0	1300	—
13.1~16.0	优	±2.0	2.2	16.0	9.5	16.0	460	10
	一	±2.5	3.0	14.0	12.5	18.5	820	30
	二	±3.5	4.0	11.0	15.5	21.5	1090	—
16.1~20.0	优	±2.0	2.2	16.4	8.5	15.0	330	10
	一	±2.5	3.0	14.4	11.5	17.5	530	30
	二	±3.5	4.0	11.4	14.5	20.5	710	—
20.1~30.0	优	±2.0	2.2	16.8	8.0	14.5	260	10
	一	±2.5	3.0	14.8	11.0	17.0	320	30
	二	±3.5	4.0	11.8	14.0	20.0	370	—
30.1~37.0	优	±2.0	2.2	16.5	8.0	14.0	170	10
	一	±2.5	3.0	14.5	11.0	16.5	220	30
	二	±3.5	4.0	11.5	14.0	19.5	290	—
37.1~60.0	优	±2.0	2.2	16.5	7.5	13.5	70	10
	一	±2.5	3.0	14.5	10.5	15.5	130	30
	二	±3.5	4.0	11.5	13.5	18.5	200	—

公称线密度/tex	等级	线密度偏差率/%	线密度变异系数/% ≤	单纱断裂强度/(cN/tex) ≥	单纱断裂强力变异系数/% ≤	条干均匀度变异系数/% ≤	千米棉结(+200%)/(个/km) ≤	十万米纱疵/(个/10^5m) ≤
60.1~85.0	优	±2.0	2.2	16.0	7.0	13.0	70	10
	一	±2.5	3.0	14.0	10.0	15.5	130	30
	二	±3.5	4.0	11.0	13.0	18.5	200	—
85.1 及以上	优	±2.0	2.2	15.6	6.5	12	70	10
	一	±2.5	3.0	13.6	9.5	14.5	130	30
	二	±3.5	4.0	10.6	12.5	17.5	200	—
试验方法标准		GB/T 4743—2009 GB/T 398—2018		GB/T 3916—2013		GB/T 3292.1—2015		FZ/T 01050—1997

表 3-2 普梳棉本色股线的技术要求及试验方法标准

公称线密度/tex	等级	线密度偏差率/%	线密度变异系数/% ≤	单线断裂强度/(cN/tex) ≥	单线断裂强力变异系数/% ≤	捻度变异系数/% ≤
8.1×2~11.0×2	优	±2.0	1.5	16.6	7.5	5.0
	一	±2.5	2.5	14.6	10.5	6.0
	二	±3.5	3.5	11.6	13.5	—
11.1×2~20.0×2	优	±2.0	1.5	17.0	7.0	5.0
	一	±2.5	2.5	15.0	10.0	6.0
	二	±3.5	3.5	12.0	13.0	—
20.1×2~30.0×2	优	±2.0	1.5	17.6	7.0	5.0
	一	±2.5	2.5	15.6	10.0	6.0
	二	±3.5	3.5	12.6	13.0	—
30.1×2~60.0×2	优	±2.0	1.5	17.4	6.5	5.0
	一	±2.5	2.5	15.4	9.5	6.0
	二	±3.5	3.5	12.4	12.5	—
60.1×2~85.0×2	优	±2.0	1.5	16.8	6.0	5.0
	一	±2.5	2.5	14.8	9.0	6.0
	二	±3.5	3.5	11.8	12.0	—
8.1×3~11.0×3	优	±2.0	1.5	17.2	5.5	5.0
	一	±2.5	2.5	15.2	8.5	6.0
	二	±3.5	3.5	12.2	11.5	—
11.1×3~20.0×3	优	±2.0	1.5	17.6	5.0	5.0
	一	±2.5	2.5	15.6	8.0	6.0
	二	±3.5	3.5	12.6	11.0	—
20.1×3~30.0×3	优	±2.0	1.5	18.2	4.5	5.0
	一	±2.5	2.5	16.2	7.5	6.0
	二	±3.5	3.5	13.2	11	—

公称线密度/tex	等级	线密度偏差率/%	线密度变异系数/% ≤	单线断裂强度/（cN/tex） ≥	单线断裂强力变异系数/% ≤	捻度变异系数/% ≤
试验方法标准		GB/T 4743—2009 GB/T 398—2018		GB/T 3916—2013		GB/T 2543.1—2015

（2）精梳棉本色单纱技术要求按表3-3规定，精梳棉本色股线技术要求按表3-4规定。

表3-3　精梳棉本色纱的技术要求及试验方法标准

公称线密度/tex	等级	线密度偏差率/%	线密度变异系数/% ≤	单纱断裂强度/（cN/tex） ≥	单纱断裂强力变异系数/% ≤	条干均匀度变异系数/% ≤	千米棉结（+200%）/（个/km） ≤	十万米纱疵/（个/10^5m） ≤
4.1~5.0	优	±2.0	2.0	18.6	12.0	16.5	160	5
	一	±2.5	3.0	15.6	14.5	19.0	250	20
	二	±3.5	4.0	12.6	17.5	22.0	400	—
5.1~6.0	优	±2.0	2.0	18.6	11.5	16.5	200	5
	一	±2.5	3.0	15.6	14.0	19.0	340	20
	二	±3.5	4.0	12.6	17.0	22.0	470	—
6.1~7.0	优	±2.0	2.0	19.8	11.0	15.0	200	5
	一	±2.5	3.0	16.8	13.5	17.5	340	20
	二	±3.5	4.0	13.8	16.5	20.5	480	—
7.1~8.0	优	±2.0	2.0	19.8	10.5	14.5	180	5
	一	±2.5	3.0	16.8	13.0	17.0	300	20
	二	±3.5	4.0	13.8	16.0	20.0	420	—
8.1~11.0	优	±2.0	2.0	18.0	9.5	14.5	140	5
	一	±2.5	3.0	16.0	12.0	17.0	260	20
	二	±3.5	4.0	13.0	15.0	19.5	380	—
11.1~13.0	优	±2.0	2.0	17.2	8.5	14.0	100	5
	一	±2.5	3.0	15.2	11.5	16.0	180	20
	二	±3.5	4.0	13.2	14.0	18.5	260	—
13.1~16.0	优	±2.0	2.0	16.6	8.0	13.0	55	5
	一	±2.5	3.0	14.6	10.5	15.0	85	20
	二	±3.5	4.0	12.6	13.5	17.0	110	—
16.1~20.0	优	±2.0	2.0	16.6	7.5	13.0	40	5
	一	±2.5	3.0	14.6	10.0	15.0	70	20
	二	±3.5	4.0	12.6	13.0	17.0	100	—
20.1~30.0	优	±2.0	2.0	17.0	7.0	12.5	40	5
	一	±2.5	3.0	15.0	9.5	14.5	70	20
	二	±3.5	4.0	13.0	12.5	16.5	100	—

续表

公称线密度/tex	等级	线密度偏差率/%	线密度变异系数/% ≤	单纱断裂强度/(cN/tex) ≥	单纱断裂强力变异系数/% ≤	条干均匀度变异系数/% ≤	千米棉结(+200%)/(个/km) ≤	十万米纱疵/(个/10^5m) ≤
30.1~36.0	优	±2.0	2.0	17.0	6.5	12.0	30	5
	一	±2.5	3.0	15.0	9.0	14.0	60	20
	二	±3.5	4.0	13.0	12.0	16.0	90	—
试验方法标准		GB/T 4743—2009 GB/T 398—2018		GB/T 3916—2013		GB/T 3292.1—2015		FZ/T 01050—1997

表 3-4　精梳棉本色股线的技术要求及试验方法标准

公称线密度/tex	等级	线密度偏差率/%	线密度变异系数/% ≤	单线断裂强度/(cN/tex) ≥	单线断裂强力变异系数/% ≤	捻度变异系数/% ≤
4.1×2~5.0×2	优	±2.0	1.5	19.8	9.0	5.0
	一	±2.5	2.5	16.8	11.5	6.0
	二	±3.5	3.5	13.8	14.0	—
5.1×2~6.0×2	优	±2.0	1.5	19.8	8.5	5.0
	一	±2.5	2.5	16.8	11.0	6.0
	二	±3.5	3.5	13.8	13.5	—
6.1×2~8.0×2	优	±2.0	1.5	20.6	8.0	5.0
	一	±2.5	2.5	17.6	10.5	6.0
	二	±3.5	3.5	14.6	13.0	—
8.1×2~11.0×2	优	±2.0	1.5	19.2	7.5	5.0
	一	±2.5	2.5	17.2	10.0	6.0
	二	±3.5	3.5	14.2	12.5	—
11.1×2~20.0×2	优	±2.0	1.5	17.8	7.0	5.0
	一	±2.5	2.5	15.8	9.5	6.0
	二	±3.5	3.5	13.8	12.0	—
20.1×2~36.0×2	优	±2.0	1.5	17.8	6.5	5.0
	一	±2.5	2.5	15.8	9.0	6.0
	二	±3.5	3.5	13.8	11.5	—
4.1×3~5.0×3	优	±2.0	1.5	20.6	6.5	5.0
	一	±2.5	2.5	17.6	9.0	6.0
	二	±3.5	3.5	14.6	11.5	—
5.1×3~6.0×3	优	±2.0	1.5	20.6	6.5	5.0
	一	±2.5	2.5	17.6	9.0	6.0
	二	±3.5	3.5	14.6	11.5	—
6.1×3~8.0×3	优	±2.0	1.5	21.4	6.0	5.0
	一	±2.5	2.5	18.4	8.5	6.0
	二	±3.5	3.5	15.4	11	—

续表

公称线密度/tex	等级	线密度偏差率/%	线密度变异系数/% ≤	单线断裂强度/(cN/tex) ≥	单线断裂强力变异系数/% ≤	捻度变异系数/% ≤
8.1×3~11.0×3	优	±2.0	1.5	20.0	5.5	5.0
	一	±2.5	2.5	18.0	8.0	6.0
	二	±3.5	3.5	15.0	10.5	—
11.1×3~20.0×3	优	±2.0	1.5	18.6	5.0	5.0
	一	±2.5	2.5	16.6	7.5	6.0
	二	±3.5	3.5	14.6	10.0	—
20.1×3~24.0×3	优	±2.0	1.5	18.6	4.5	5.0
	一	±2.5	2.5	16.6	7.0	6.0
	二	±3.5	3.5	14.6	9.5	—
试验方法标准		GB/T 4743—2009 GB/T 398—2018		GB/T 3916—2013		GB/T 2543.1—2015

（3）棉本色纱线其他要求。棉本色纱线外观质量黑板检验方法（新标准取消了单纱、股线黑板条干均匀度等黑板外观质量考核要求）由供需双方根据后道产品的要求协商确定，黑板板结粒数和黑板棉结杂质总粒数（参考值）参见标准 GB/T 398—2018 附录 A。

【任务实施】

按相关标准，结合本项目知识点实施。

子项目 3-2
PPT

子项目 3-2　涤棉混纺色纺纱的质量检验

【工作任务】

某公司送来涤棉混纺色纺纱样品，要求检验产品质量等级，并出具检测报告单。

【工作要求】

1. 在个体学习，查阅相关资料与标准的基础上，采用小组讨论的方式，制订工作计划，写出实施方案。

2. 在老师的指导下，学生在纺织品检测实训中心，以小组为单位（人人参与），按照标准规范，进行涤棉混纺色纺纱的质量检验。

3. 完成检测报告。

4. 小组互查评判结果，教师点评。

【知识点】

色纺纱（colored spun yarn）是指有色纤维纺成的纱线，一般是把两种及以上不同色泽和不同性能的纤维经过充分混合后纺制成的具有独特混色效果的纱线。不同颜色的纤维混纺纱织成的织物色彩自然，色调柔和，具有独特的朦胧、立体和麻点效果。色纺纱产品多用于生产针织面料与服装。

涤棉混纺色纺纱技术要求按 FZ/T 12016—2014 执行。

一、项目

涤棉混纺色纺纱技术要求包括单纱断裂强力变异系数、线密度变异系数、单纱断裂强度、线密度偏差率、条干均匀度变异系数、千米棉结（+200%）、明显色结、十万米纱疵、色牢度（耐皂洗、耐汗渍、耐摩擦）、纤维含量偏差、色差及安全性能要求。

二、分等规定

（1）同一原料、同一色号、同一工艺连续生产的同一规格的产品作为一个或若干检验批。

（2）产品质量等级分为优等品、一等品、二等品，低于二等品指标者为等外品。

（3）涤棉混纺色纺纱质量等级根据产品规格，以考核项目中最低一项进行评等，并按其结果评定涤棉混纺色纺纱的品等。

三、技术要求

（1）普梳涤棉混纺色纺纱技术要求按表 3-5 规定。

（2）精梳涤棉混纺色纺纱技术要求按表 3-6 规定。

（3）涤棉混纺色纺纱其他技术要求。涤棉混纺色纺纱色牢度要求按表 3-7 规定。

涤纶或棉纤维设计含量比例>15%时，产品纤维含量允许偏差为±3.0%，涤纶或棉纤维含量比例≤15%，纤维含量允许偏差为±2.0%，超过偏差范围该批产品为等外品。如：T/C 60/40 涤棉混纺色纺纱，允许含量为：57%～63%为涤纶，43%～37%为棉。

涤棉混纺色纺纱对来样色差低于 4 级为等外品。

产品安全性能应符合 GB 18401—2010 的要求。

表 3-5　普梳涤棉混纺色纺纱技术要求及试验方法标准

公称线密度/tex	等级	线密度偏差率/%	线密度变异系数/% ≤	单纱断裂强度/（cN/tex） ≥			单纱断裂强力变异系数/% ≤	条干均匀度变异系数/% ≤			千米棉结（+200%）/（个/km） ≤			明显色结粒/100m ≤	十万米纱疵/（个/10^5m） ≤
				涤纶含量				涤纶含量			涤纶含量				
				<20%	20%～50%	>50%		<20%	20%～50%	>50%	<20%	20%～50%	>50%		
8.1～11.0	优	±2.0	1.8	14.0	14.5	15.0	11.0	18.0	17.5	17.0	750	700	650	3	5
	一	±2.5	3.0	12.5	13.0	13.5	14.0	21.0	20.5	20.0	1700	1600	1500	8	15
	二	±3.0	4.5	11.0	11.5	12.0	17.0	24.0	23.5	23.0	2750	2650	2550	15	—
11.1～13.0	优	±2.0	1.8	14.5	15	15.5	10.5	17.5	17	16.5	650	600	550	3	5
	一	±2.5	3.0	13.0	13.5	14.0	13.5	20.5	20.0	19.5	1400	1300	1250	8	15
	二	±3.0	4.5	11.5	12.0	12.5	16.5	23.5	23.0	22.5	2200	2100	2000	15	—

公称线密度/tex	等级	线密度偏差率/%	线密度变异系数/% ≤	单纱断裂强度/(cN/tex) ≥ 涤纶含量			单纱断裂强力变异系数/% ≤	条干均匀度变异系数/% ≤ 涤纶含量			千米棉结（+200%）/(个/km) ≤ 涤纶含量			明显色结粒/100m ≤	十万米纱疵/(个/10⁵m) ≤
				<20%	20%~50%	>50%		<20%	20%~50%	>50%	<20%	20%~50%	>50%		
13.1~16.0	优	±2.0	1.8	14.5	15.0	15.5	10.0	17.0	16.5	16.0	500	450	400	3	5
	一	±2.5	3.0	13.0	13.5	14.0	13.0	20.0	19.5	19.0	1200	1100	1000	8	15
	二	±3.0	4.5	11.5	12.0	12.5	16.0	23.0	22.5	22.0	1650	1550	1480	15	—
16.1~20.0	优	±2.0	1.8	14.5	15.0	15.5	10.0	16.5	16.0	15.5	400	350	300	3	5
	一	±2.5	3.0	13.0	13.5	14.0	13.0	19.5	19.0	18.5	900	800	700	8	15
	二	±3.0	4.5	11.5	12.0	12.5	16.0	22.5	22.0	21.5	1400	1300	1200	15	—
20.1~31.0	优	±2.0	1.8	14.5	15.0	15.5	9.5	16.0	15.5	15.0	250	200	150	3	5
	一	±2.5	3.0	13.0	13.5	14.0	12.5	19.0	18.5	18.0	570	450	350	8	15
	二	±3.0	4.5	11.5	12.0	12.5	15.5	22.0	21.5	21.0	800	700	650	15	—
31.1~37.0	优	±2.0	1.8	14.5	15.0	15.5	9.0	15.5	15.0	14.5	100	70	50	3	5
	一	±2.5	3	13	13.5	14	12	18.5	18	17.5	240	180	120	8	15
	二	±3.0	4.5	11.5	12	12.5	15	21.5	21	20.5	470	350	300	15	—
37.1及以上	优	±2.0	1.8	14.0	14.5	15.0	8.5	15.0	14.5	14.0	80	60	40	3	5
	一	±2.5	3.0	12.5	13.0	13.5	11.5	18.0	17.5	17.0	160	140	100	8	15
	二	±3.0	4.5	11.0	11.5	12.0	14.5	21.0	20.5	20.0	320	270	200	15	—
试验方法标准	GB/T 4743—2009 FZ/T 12016—2016			GB/T 3916—2013				GB/T 3292.1—2008						FZ/T 10021—2013	FZ/T 01050—1997

表3-6 精梳涤棉混纺色纺纱技术要求及试验方法标准

公称线密度/tex	等级	线密度偏差率/%	线密度变异系数/% ≤	单纱断裂强度/(cN/tex) ≥ 涤纶含量			单纱断裂强力变异系数/% ≤	条干均匀度变异系数/% ≤ 涤纶含量			千米棉结（+200%）/(个/km) ≤ 涤纶含量			明显色结粒/100m ≤	十万米纱疵/(个/10⁵m) ≤
				<20%	20%~50%	>50%		<20%	20%~50%	>50%	<20%	20%~50%	>50%		
8.1~11.0	优	±2.0	1.8	16.0	16.5	17.0	10.5	15.5	15.0	14.5	150	125	100	3	3
	一	±2.5	3.0	14.5	15.0	15.5	13.5	18.5	18.0	17.5	400	350	300	5	10
	二	±3.0	4.5	13.0	13.5	14.0	16.5	22.5	22.0	21.5	600	550	500	10	—
11.1~13.0	优	±2.0	1.8	16.0	16.5	17.0	10.0	15.0	14.5	14.0	120	100	80	3	3
	一	±2.5	3.0	14.5	15.0	15.5	13.0	18.0	17.5	17.0	350	300	250	5	10
	二	±3.0	4.5	13.0	13.5	14.0	16.0	22.0	21.5	21.0	550	500	450	10	—

公称线密度/tex	等级	线密度偏差率/%	线密度变异系数/% ≤	单纱断裂强度/(cN/tex) ≥			单纱断裂强力变异系数/% ≤	条干均匀度变异系数/% ≤			千米棉结(+200%)/(个/km) ≤			明显色结粒/100m ≤	十万米纱疵/(个/10^5m) ≤
				涤纶含量				涤纶含量			涤纶含量				
				<20%	20%~50%	>50%		<20%	20%~50%	>50%	<20%	20%~50%	>50%		
13.1~16.0	优	±2.0	1.8	16.0	16.5	17.0	9.5	14.5	14.0	13.5	80	75	70	3	3
	一	±2.5	3.0	14.5	15.0	15.5	12.5	17.0	16.5	16.0	240	220	200	5	10
	二	±3.0	4.5	13.0	13.5	14.0	15.5	21.5	21.0	20.5	460	440	420	10	—
16.1~20.0	优	±2.0	1.8	15.5	16.0	16.5	9.5	14.0	13.5	13.0	70	60	50	3	3
	一	±2.5	3.0	14.0	14.5	15.0	12.5	16.5	16.0	15.5	200	180	150	5	10
	二	±3.0	4.5	12.5	13.0	13.5	15.5	21.0	20.5	20.0	350	320	300	10	—
20.1~31.0	优	±2.0	1.8	15.5	16.0	16.5	9.0	13.0	12.5	12.0	45	35	25	3	3
	一	±2.5	3.0	14.0	14.5	15.0	12.0	15.5	15.0	14.5	90	80	70	5	10
	二	±3.0	4.5	12.5	13.0	14.0	15.0	20.0	19.5	19.0	160	140	120	10	—
31.1~37.0	优	±2.0	1.8	15.5	16.0	16.5	8.5.0	12.0	11.5	11.0	30	20	10	3	3
	一	±2.5	3.0	14.0	14.5	15.0	11.5	15.0	14.5.0	14.0	40	30	20	5	10
	二	±3.0	4.5	12.5	13.0	13.5	14.5	19.0	18.5	18.0	60	50	40	10	—
37.1及以上	优	±2.0	1.8	15.5	16.0	16.5	8.0	11.0	10.5	10.0	15	10	5	3	3
	一	±2.5	3.0	14.0	14.5	15.0	11.0	14.5	14.0	13.5	25	20	15	5	10
	二	±3.0	4.5	12.5	13.0	13.5	14.0	18.5	18.0	17.5	40	30	20	10	—
试验方法标准		GB/T 4743—2013 FZ/T 12016—2014		GB/T 3916—2013				GB/T 3292.1—2008						FZ/T 10021—2013	FZ/T 01050—1997

表 3-7　涤棉混纺色纺纱色牢度的技术要求及试验方法标准

项目		优等品（级）	一等品（级）	二等品（级）	试验方法标准
耐皂洗色牢度 ≥	变色	4	3-4	3	GB/T 3921—2008 C（3）
	沾色	3-4	3	3	
耐汗渍色牢度 ≥	变色	4	3-4	3	GB/T 3922—2013
	沾色	3-4	3	3	
耐摩擦色牢度 ≥	干摩	4	3-4	3	GB/T 3920—2008
	湿摩	3（深色2~3）	2~3（深色2）	2~3（深色2）	

注　色别按 GB/T 4841.3—2006 分档，>1/12 标准深度为深色，≤1/12 标准深度为浅色。

【任务实施】

按相关标准，结合本项目知识点实施。

子项目 3-3　缝纫线的质量检验

【工作任务】

某公司送来涤纶缝纫线样品，要求检验其品质，并出具检测报告单。

【工作要求】

1. 在个体学习，查阅相关资料与标准的基础上，采用小组讨论的方式，制订工作计划，写出实施方案。

2. 在老师的指导下，学生在纺织品检测实训中心，以小组为单位（人人参与），按照标准规范，进行缝纫线的质量检验。

3. 完成检测报告。

4. 小组互查评判结果，教师点评。

子项目 3-3
PPT

【知识点】

缝纫线是指缝合纺织材料、塑料、皮革制品和缝订书刊等用的线。它必须具备可缝性、耐用性与外观质量。

一、缝纫线种类及性能

缝纫线的品种按其原料分为：天然纤维型（棉线、麻线、丝线）；化纤型（涤纶线、锦纶线、维纶线、腈纶线）；混合型（涤棉混纺线、涤棉包芯线）三类。

1. 天然纤维缝纫线

（1）棉缝纫线。以棉纤维为原料制成的缝纫线。强度较高，耐热性好，适于高速缝纫与耐久压烫，缺点是弹性与耐磨性较差。它又可分为无光线（或软线）、丝光线和蜡光线。棉缝线主要用于棉织物、皮革及高温熨烫衣物的缝纫。

（2）蚕丝线。用天然蚕丝制成的长丝线或绢丝线，有极好的光泽，其强度、弹性和耐磨性能均优于棉线，适于缝制各类丝绸服装、高档呢绒服装、毛皮与皮革服装等。我国古代常用蚕丝绣花线绣制精美的装饰绣品。

2. 合成纤维缝纫线

（1）涤纶缝纫线。涤纶缝纫线是目前主要的缝纫用线，以涤纶长丝或短纤维为原料制成。具有强度高、弹性好、耐磨、缩水率低、化学稳定性好的特点，主要用于牛仔、运动装、皮革制品、毛料及军服等的缝制。但涤纶缝纫线熔点低，在高速缝纫时易熔融，堵塞针眼，导致缝线断裂，故不适合过高速度缝合的服装。

（2）锦纶缝纫线。锦纶缝纫线由锦纶长丝或短纤维制造而成，分长丝线、短纤维线和弹力变形线三种，目前主要品种是锦纶长丝线。它的优点在于强伸度大、弹性好，其断裂长度高于同规格棉线 3 倍，因而适合于缝制化纤、呢绒、皮革及弹力等服装。锦纶缝纫线更大的优势在于透明缝纫线的发展，由于此线透明，和色性较好，因此减少和解决了缝纫配线的困难，发展前景广阔，不过限于目前市场上透明线的刚度太大，强度太低，线迹易浮于织物表面，加之其不耐高温，缝速不能过高，现主要用作贴花、摆边的缝制，而没有用于合缝。

（3）维纶缝纫线。由维纶纤维制成，其强度高，线迹平稳，主要用于缝制厚实的帆布、家具布、劳保用品等。

（4）腈纶缝纫线。由腈纶纤维制成，主要用作装饰线和绣花线，纱线捻度较低，染色鲜艳。

3. 混合缝纫线

（1）涤/棉缝纫线。主要采用 65% 的涤和 35% 的棉混纺而成。兼有涤和棉两者的优点，既能保证强度、耐磨、缩水率的要求，又能克服涤纶不耐热的缺陷，能适应高速缝纫。适用于全棉、涤/棉等各类服装。

（2）包芯缝纫线。以长丝为芯线，外包覆短纤维或长丝而制得的缝纫线。其强度取决于芯线，而耐磨与耐热取决于外包纱。包芯缝纫线弥补了长丝和短纤维缝纫线各自的缺陷，较大地提高了缝纫线的强度。因此适合于高速缝纫并需缝迹高强的服装。

缝纫线还可按卷装形式分成线圈、线管、线轴、线团、线球等；按用途分为缝纫用线、刺绣用线、工业用线等。

二、技术要求

缝纫线的技术要求按国家标准 GB/T 6836—2018 执行。

1. 项目

缝纫线的技术要求分为理化性能和外观质量。理化性能包括断裂强力、断裂强力变异系数、线密度偏差率、耐皂洗色牢度、耐摩擦色牢度、长度允许偏差、结头个数 7 项。测试长度时单线预加张力为（0.5±0.1）cN/tex；样品在测长器上每摇满 100m（线密度大于 100tex 时，每摇满 10m）后更换一个卷绕位置，依次类推，直至全部摇完为止，不足 1m 长的线单独测量；实测长度应以该试样的全部试验值的算术平均数表示，计算结果修约至一位小数。测量结头个数时，将全部试样在测长器上摇成绞线（可与长度试验用同一份试样），计点全部绞线上实际结头；单纱和初捻（即二次加捻线的第一次加捻）的结头不作结头计；结头个数以该试样全部试验值的算术平均数表示，修约至个位。外观质量包括表面结头、污渍、色差、色花、麻懈线、蛛网 6 项。

2. 分等规定

缝纫线质量等级分为优等品、一等品及合格品。

缝纫线理化性能按批评定，并以其中最低的一项评等；外观质量按个评定，按其中最低的一项评等。

缝纫线最终等级由理化性能的等级与外观质量的等级综合评定，按最低的一项来评定。

3. 涤纶缝纫线的理化性能

涤纶缝纫线拉伸性能要求按表 3-8 规定；涤纶缝纫线其他理化性能要求按表 3-9 规定。

表 3-8 涤纶缝纫线拉伸性能要求及试验方法

线密度/tex	英支	断裂强力/cN ≥			断裂强力变异系数/% ≤		
		优等品	一等品	合格品	优等品	一等品	合格品
29.5×2	20/2	2110	2010	1920	7.0	9.0	11.0
29.5×3	20/3	3320	3170	3020	6.5	8.5	10.5
29.5×4	20/4	4460	4260	4070	6.0	8.0	10.0
19.7×2	30/2	1400	1340	1280	7.5	9.5	11.5
19.7×3	30/3	2200	2090	1990	6.5	8.5	10.5
14.8×2	40/2	970	930	890	8.0	10.0	12.0
14.8×3	40/3	1460	1400	1340	7.0	9.0	11.0
11.8×2	50/2	760	720	680	8.5	10.5	12.5
11.8×3	50/3	1200	1140	1080	7.5	9.5	11.5
9.8×2	60/2	620	590	560	9.0	11.0	13.0
9.8×3	60/3	1000	950	900	8.0	10.0	12.0
9.1×3	65/3	760	730	680	8.0	10.0	12.0
8.4×3	70/3	710	680	650	8.5	10.5	12.5
7.4×2	80/2	390	370	350	9.5	11.5	13.5
7.4×3	80/3	640	610	590	8.5	10.5	12.5
试验方法		GB/T 3916—2013					

注 缝纫线线密度或股线未列出的产品，其断裂强力计算可参见标准 GB/T 3916—2013 附录 A。

表 3-9 涤纶缝纫线其他理化性能要求及试验方法

项目		优等品	一等品	合格品	试验方法
线密度偏差率/%	漂染	±13.0		±18.0	GB/T 4743—2009
	未漂染	±5.0		±10.0	
耐皂洗色牢度/级 ≥	变色	4~5	4	3	GB/T 3921—2008
	沾色	4~5	4	3	
耐摩擦色牢度/级 ≥	干摩擦	4	3-4	3	GB/T 3920—2008
	湿摩擦	4	3-4	3	
长度允许偏差率/% ≥	≤200m	-2.5	-2.5	-3.0	GB/T 4743—2009
	>200m	-2.0	-2.0	-2.5	
结头个数（包括面结）	≤500m	0	≤1	≤2	GB/T 4743—2009
	500m~1000m（含1000m）	≤1	≤2	≤3	
	1000m~5000m（含5000m）	≤2	≤3	≤4	
	>5000m	每增加1000m，允许增加1个结头（不足1000m按1000m计算）			

注 1. 定重产品换算成长度考核。

　　2. 面结为相当于结头的严重疵点。

4. 棉缝纫线的理化性能

普梳棉缝纫线拉伸性能要求按表 3-10 规定；精梳棉缝纫线拉伸性能要求按表 3-11 规定；棉缝纫线其他理化性能要求按表 3-12 规定。

表 3-10　普梳棉缝纫线拉伸性能要求及试验方法

线密度/tex	英支	断裂强力/cN ≥			断裂强力变异系数/% ≤		
		优等品	一等品	合格品	优等品	一等品	合格品
28.1×2	21/2	980	880	800	7.5	9.5	11.5
28.1×3	21/3	1460	1300	1180	7.0	9.0	11.0
28.1×4	21/4	1950	1750	1590	6.0	8.0	10.0
19.7×2	30/2	690	620	560	8.0	10.0	12.0
19.7×3	30/3	1050	950	870	6.5	8.5	10.5
14.8×2	40/2	520	480	440	8.0	10.0	12.0
14.8×3	40/3	780	720	660	7.5	9.5	11.5
14.8×4	40/4	1050	970	900	6.0	8.0	10.0
11.8×2	50/2	420	390	360	8.0	10.0	12.0
11.8×3	50/3	620	570	530	7.0	9.0	11.0
9.8×3	60/3	520	480	470	7.5	9.5	11.5
9.8×4	60/4	680	630	590	7.0	9.0	11.0
试验方法标准		GB/T 3916—2013					

注　1. 英制支数与特克斯换算系数为 590.5，如有其他要求以 tex 制为准。
　　2. 缝纫线线密度或股线未列出的产品，其断裂强力计算可参见标准 GB/T 3916—2013 附录 A。

表 3-11　精梳棉缝纫线拉伸性能要求及试验方法

线密度/tex	英支	断裂强力/cN ≥			断裂强力变异系数/% ≤		
		优等品	一等品	合格品	优等品	一等品	合格品
29.5×2	20/2	1240	1120	1000	7.0	9.0	11.0
29.5×3	20/3	1860	1690	1510	6.5	8.5	10.5
29.5×4	20/4	2460	2240	2000	5.5	7.5	9.5
19.7×2	30/2	870	780	710	7.0	9.0	11.0
19.7×3	30/3	1300	1180	1080	6.0	8.0	10.0
14.8×2	40/2	650	580	550	7.0	9.0	11.0
14.8×3	40/3	980	880	850	6.5	8.5	10.5
14.8×4	40/4	1300	1180	1080	6.0	8.0	10.0

线密度/tex	英支	断裂强力/cN ≥			断裂强力变异系数/% ≤		
		优等品	一等品	合格品	优等品	一等品	合格品
11.8×2	50/2	520	480	440	7.5	9.5	11.5
11.8×3	50/3	780	710	640	6.5	8.5	10.5
9.8×3	60/3	650	590	530	7.0	9.0	11.0
9.8×4	60/4	870	780	710	6.5	8.5	10.5
试验方法标准		GB/T 3916—2013					

注 1. 英制支数与特克斯换算系数为 590.5，如有其他要求以 tex 制为准。

　　2. 缝纫线线密度或股线未列出的产品，其断裂强力计算可参见标准 GB/T 3916—2013 附录 A。

表 3-12 棉缝纫线其他理化性能要求及试验方法

项目		优等品	一等品	合格品	试验方法
线密度偏差率/%	漂染	±10.0		±15.0	GB/T 4743—2009
	未漂染	±5.0		±10.0	
耐皂洗色牢度/级 ≥	原样变色	4	3-4	3	GB/T 3921—2008
	白布沾色	4	3-4	3	
耐摩擦色牢度/级 ≥	干摩擦	4	3-4	3	GB/T 3920—2008
	湿摩擦	3-4	3	2-3	
长度允许偏差率/% ≥	≤200	-2.0	-2.5	-3.0	GB/T 4743—2009
	200～1000m（含 1000m）	-1.5	-2.0	-2.5	
	1000～5000m（含 5000m）	-1.5	-2.0	-2.5	
	>5000m	-2.0	-2.0	-2.5	
结头个数 （包括面结）	≤500	0	≤1	≤2	GB/T 4743—2009
	500～1000m（含 1000m）	≤1	≤2	≤3	
	1000～2000m（含 2000m）	≤2	≤3	≤4	
	>2000m	每增加 1000m，允许增加 0.5 个 结头（不足 1000m 按 1000m 计算）			

注 1. 定重产品换算成长度考核。

　　2. 面结为相当于结头的严重疵点。

5. 外观质量要求

外观质量要求按表 3-13 规定。

表 3-13 外观质量的要求

项目	优等品	一等品	合格品
表面结头	不允许	允许 1 个	允许 2 个

项目		优等品	一等品	合格品
污渍	线圈形	（1）4 级及以上面积不超过 0.5cm² 或单根线不超过 1/4 圈 （2）4 级以下不允许	（1）3 级以上面积不超过 0.5cm² 或单根线不超过半圈 （2）2 级以上面积不超过 0.04cm² （3）2 级及以下不允许	（1）3 级以上面积不超过 1cm² 或单根线不超过半圈 （2）2 级以上面积不超过 0.08cm² （3）2 级及以下不允许
	宝塔形	（1）4 级及以上面积不超过 1cm² 或单根线不超过 4cm （2）4 级以下不允许	（1）3 级以上面积不超过 1cm² 或单根线不超过 5cm （2）2 级以上面积不超过 0.16cm² 或单根线不超过 3cm （3）2 级及以下面积不超过 0.01cm²	（1）3 级以上面积不超过 2cm² 或单根线不超过 16cm （2）2 级以上面积不超过 0.32cm² 或单根线不超过 6cm （3）2 级及以下面积不超过 0.02cm²
色差/级 ≥	按色卡或来样	4	3-4	3
	盒内个与个之间	4-5	4	3
色花/级 ≥		4	3-4	3
麻懈线		不允许	轻微者允许	不符合一等品要求
蛛网		大小头不允许跳线	纸芯线单头允许跳线 1 根，塔筒线小头允许跳线 1 根，每根跳线长度不超过半圈。大头不允许跳线	纸芯线单头允许跳线 2 根，塔筒线小头允许跳线 2 根，每根跳线长度不超过半圈。大头不允许跳线

注　表面结头为在产品表面或端面的股线结头或相当于结头的棉结。

检验时，采用室内北向自然光源，如光源不足，照度低于 400 lx 时，可用标准光源或近似 40W 正常青光日光灯在（70±10）cm 距离间补足照度。

外观质量检验中，污渍的深度按 GB/T 251—2008 评定，色差、色花按 GB/T 250—2008 评定，其余内容按目测评定。

6. 安全性能

产品安全性能应符合 GB 18401—2010 的要求。

【任务实施】

按相关标准，结合本项目知识点实施。

思考题

1. 测得 65/35 涤/棉纱 30 绞（每绞长 100m）的总干重为 53.4g，求它的特数、英制支数、公制支数和直径（棉纱线的 $W_k = 8.5\%$；涤纶纱线的 $W_k = 0.4\%$。混纺纱的 $\sigma = 0.88$g/cm³）。

2. 测得某批 55/45 涤/毛精梳双股线 20 绞（每绞长 50m）的总干重为 35.75g，求它的公制支数和特数。

3. 电容式条干均匀度仪测试纱条不匀中，波谱图对纱线生产质量控制有何作用？什么指标能反映企业质量的稳定性与可靠性？

4. 在 Y331 型纱线捻度机上测得某批 18tex 棉纱的平均读数为 550（试样长度为 500mm），求它的特数制平均捻度和捻系数。

5. 在 Y331 型纱线捻度机上测得某批 57/2 公支精梳毛线的平均读数为 360（试样长度为 500mm），求它的公制支数制平均捻度和捻系数。

6. 纯棉纱与纯毛纱的捻系数有无可比性？为什么？

7. 将 n 根特数分别为 Tt_1、Tt_2、…、Tt_n 的单纱合股加捻成股线，求股线的特数（不考虑捻缩）。

8. 对于涤棉混纺纱，从纱线强度角度考虑，混纺比如何选择比较合理？

9. 棉本色单纱和股线各考核哪几项技术指标？

10. 涤棉混纺色纺纱考核哪几项技术指标？

11. 缝纫线考核哪几项技术指标？

项目 3 思考题
参考答案

项目4　织物质量检验

☞ **教学目标**

知识目标：掌握织物的品质指标、质量检验方法。

能力目标：能进行织物性能检验、品质评定。

子项目4-1　织物的常规品质检验

【工作任务】

某公司送来棉织物样品，要求检验其品质，并出具检测报告单。

【工作要求】

子项目4-1
PPT

1. 在个体学习，查阅相关资料与标准的基础上，采用小组讨论的方式，制订工作计划，写出实施方案。

2. 在老师的指导下，学生在纺织品检测实训中心，以小组为单位（人人参与），按照标准规范，进行棉织物的质量检验。

3. 完成检测报告。

4. 小组互查评判结果，教师点评。

【知识点】

一、机织物的品质检验

1. 棉织物品质检验

（1）棉本色布品质检验。本色布是指以本色纱线为原料织造而成的供印染加工的织物。

棉本色布采用GB/T 406—2018《棉本色布》标准进行质量检验和评定。该标准规定了棉本色布的分类和标识；要求；试验和检验方法；检验规则；标志、包装、运输和贮存。适用于机织生产的棉本色布，不适用于大提花、割绒类织物和特种用布。

①分类和标识。棉本色布的产品品种、规格分类，根据用户需要，按GB/T 406—2018附录A执行。

棉本色布的产品标识应包括：经纱生产工艺 经纱线密度（tex）×纬纱生产工艺 纬纱线密度（tex），经密（根/10cm）×纬密（根/10cm），幅宽（cm），织物组织。例如：C14.8×JC9.8×2　374×370　158 平纹，C—普梳棉，JC—精梳棉，经纱线密度14.8tex，纬纱线密度9.8tex×2，经密374 根/10cm，纬密370 根/10cm，幅宽158cm，平纹组织。

②技术要求。

a. 项目。棉本色布要求分为内在质量和外观质量两个方面。内在质量包括织物组织、幅宽偏差率、密度偏差率、断裂强力偏差率、单位面积无浆干燥质量偏差率、棉结杂质疵点格率、棉结疵点格率7项，外观质量为布面疵点1项。

b. 分等规定。棉本色布的品等分为优等品、一等品、二等品，低于二等品的为等外品。

棉本色布的评等以匹为单位，织物组织、幅宽偏差率、布面疵点按匹评等，密度偏差率、单位面积无浆干燥质量偏差率、断裂强力偏差率、棉结杂质疵点格率、棉结疵点格率按批评等，以内在质量和外观质量中最低一项品等为该匹布的品等。

成包后棉本色布的长度按双方协议规定执行（注：通常每匹布以40m计）。

c. 内在质量。棉本色布内在质量分等规定见表4-1，棉结杂质疵点格率、棉结疵点分等规定及试验方法见表4-2。

表4-1　内在质量分等规定及试验方法

项目	标准		优等品	一等品	二等品	试验方法
织物组织	按设计规定		符合设计要求	符合设计要求	符合设计要求	
幅宽偏差率[a]/%	按产品规格		−1.0~+1.2	−1.0~+1.5	−1.5~+2.0	GB/T 4666—2009
密度偏差率[b]/%	按产品规格	经向	−1.2~+1.2	−1.5~+1.5	—	GB/T 4668—1995
		纬向	−1.0~+1.2	−1.0~+1.5	—	
单位面积无浆干燥质量偏差率/%	按设计标称值		−3.0~+3.0	−5.0~+5.0	−5.0~+5.0	GB/T 406—2018 C
断裂强力偏差率/%	按设计断裂强力	经向	≥−6.0	≥−8.0	—	GB/T 3923.1—2013
		纬向	≥−6.0	≥−8.0	—	

注　织物组织对照贸易双方确认样评定。

a 当幅宽偏差率超过+1.0%时，经密负偏差率不超过−2.0%。

b 幅宽、经纬向密度应保证成包后符合本表规定。

表4-2　棉结杂质疵点格率、棉结疵点格率分等规定及试验方法

织物总紧度/%			棉结杂质疵点格率*/%		棉结疵点格率*/%	
			优等品	一等品	优等品	一等品
精梳		70 以下	≤13	≤15	≤3	≤7
		70~85 以下	≤14	≤17	≤4	≤9
		85~95 以下	≤15	≤19	≤4	≤10
		95 及以上	≤17	≤21	≤6	≤11
半精梳			—	≤22	≤29	≤6	≤14
非精梳织物	细织物	65 以下	≤20	≤29	≤6	≤14
		65~75 以下	≤23	≤34	≤6	≤16
		75 及以上	≤26	≤37	≤7	≤18
	中粗织物	70 以下	≤26	≤37	≤7	≤18
		70~80 以下	≤28	≤41	≤8	≤19
		80 及以上	≤30	≤44	≤9	≤21

织物总紧度/%			棉结杂质疵点格率 */%		棉结疵点格率 */%	
			优等品	一等品	优等品	一等品
非精梳织物	粗织物	70 以下	≤30	≤44	≤9	≤21
		70~80 以下	≤34	≤49	≤10	≤23
		80 及以上	≤38	≤51	≤10	≤25
	全线或半线织物	90 以下	≤26	≤35	≤6	≤18
		90 及以上	≤28	≤39	≤7	≤19
试验方法标准			FZ/T 10006—2017			

注 1. 棉本色布按经、纬纱平均线密度分类，特细织物：9.8tex 及以下（60 英支及以上）；细织物：9.8~14.8tex（60~40 英支）；中粗织物：14.8~29.5tex（40~20 英支）；粗织物：29.5tex 以上（20 英支以下）。

2. 经、纬纱平均线密度 =（经纱线密度+纬纱线密度）÷2。

* 棉结杂质疵点格率、棉结疵点格率超过本表规定降到二等为止。

d. 外观质量。

（a）布面疵点允许评分数的规定。每匹布的布面疵点允许评分数的规定见表 4–3。

表 4–3　布面疵点允许评分数分等规定（单位：分/100m²）

优等品	一等品	二等品
≤18	≤28	≤40
检验方法标准	GB/T 17759—2018	

每匹布允许总评分按式（4–1）计算，按 GB/T 8170—2008 修约成整数。

$$A = a \times L \times W / 100 \tag{4-1}$$

式中：A——每匹布允许总评分，分/匹；

　　　a——布面疵点允许评分数，分/100m²；

　　　L——匹长，m；

　　　W——幅宽，m。

一匹布中所有疵点评分加和累计超过允许总评分为降等品。

（b）布面疵点处理的规定。0.5cm 以上的豁边、1cm 及以上的破洞、烂边、稀弄、不对接轧梭、2cm 以上的跳花 6 大疵点，应在织布厂剪去；金属杂物织入，应在织布厂挑除；凡在织布厂能修好的疵点应修好后出厂。

（c）假开剪和拼件的规定。假开剪的疵点应是评为 4 分或 3 分不可修织的疵点，假开剪后各段布都应是一等品；凡用户允许假开剪或拼件的，可实行假开剪和拼件，假开剪和拼件按二联匹不允许超过两处、三联匹及以上不允许超过三处；假开剪和拼件合计不允许超过 20%，其中拼件率不得超过 10%；假开剪位置应做明显标记。

（2）棉印染布品质检验。棉印染布是指经、纬向均使用棉纱线织造，经染整加工的机织物。

棉印染布质量检验采用 GB/T 411—2017《棉印染布》标准。该标准规定了棉印染布的术语和定义、分类、要求、试验方法、检验规则及标志和包装。适用于机织生产的各类漂白、染色和印花棉布。

①分类。棉印染布按品种、规格分类，产品的品种和规格根据客户合同和用户需要确定。棉印染布加工系数按 GB/T 411—2017 附录 A 执行。

②技术要求。

a. 项目。棉印染布的要求分为内在质量和外观质量两个方面。内在质量包括密度偏差率、单位面积质量偏差率、断裂强力、撕破强力、水洗尺寸变化率、色牢度和安全性能 7 项，外观质量包括幅宽偏差、色差、歪斜、局部性疵点和散布性疵点 5 类。

b. 分等规定。产品的品等分为优等品、一等品、二等品，低于二等品的为等外品。

棉印染布的评等，内在质量按批评等，外观质量按匹（段）评等。以内在质量和外观质量中最低一项品等作为该匹（段）布的品等。

在同一匹（段）布内，局部性疵点采用每百平方米允许评分的办法评定等级；散布性疵点按严重一项评等。

c. 内在质量。产品的安全性能应符合 GB 18401—2010 或 GB 31701—2015 的规定。内在质量评等应符合表 4-4 规定。

表 4-4　内在质量评等及试验方法

考核项目		优等品	一等品	二等品	试验方法标准
密度偏差率/%	经向	-3.0～+3.0	-4.0～+4.0	-5.0～+5.0	GB/T 4668—1995
	纬向	-2.0～+2.0	-3.0～+3.0	-4.0～+4.0	
单位面积质量偏差率/%	—		-5.0～+5.0		GB/T 4669—2008
断裂强力/N ≥	200g/m² 以上 经向		600		GB/T 3923.1—2013
	纬向		350		
	150g/m² 以上～ 200g/m² 经向		350		
	纬向		250		
	100g/m² 以上～ 150g/m² 经向		250		
	纬向		200		
撕破强力/N ≥	200g/m² 以上 经向		17.0		GB/T 3917.1—2009
	纬向		15.0		
	150g/m² 以上～ 200g/m² 经向		13.0		
	纬向		11.0		
	100g/m² 以上～ 150g/m² 经向		7.0		
	纬向		6.7		
水洗尺寸变化率/%	经向	-3.0～+1.0	-4.0～+1.5	-5.0～+2.0	GB/T 8628—2013 GB/T 8629—2017 (2A, F) GB/T 8630—2013
	纬向	-3.0～+1.0	-4.0～+1.5	-5.0～+2.0	

考核项目			优等品	一等品	二等品	试验方法标准
染色牢度/级 ≥	耐光	变色	4	3	3	GB/T 8427—2019 （方法 3）
	耐皂洗	变色	4	3-4	3	GB/T 3921— 2008 C3
		沾色	3-4	3-4	3	
	耐摩擦ᵃ,ᵇ	干摩	4	3-4	3	GB/T 3920—2008
		湿摩	3	3	2-3	
	耐汗渍	变色	3-4	3	3	GB/T 3922—2013
		沾色	3-4	3	3	
	耐热压	变色	4	4	3-4	GB/T 6152—1997
		沾色	4	3-4	3	

注　1. 单位面积质量在 100g/m² 及以下的断裂强力、撕破强力按供需双方协商确定。

　　2. 耐光色牢度有特殊要求，按供需双方协商确定。

a 耐湿摩擦色牢度深色一等品可降半级。

b 深、浅色程度按照 GB/T 4841.3 的规定，颜色大于 1/12 染料染色标准深度为深色，颜色小于或等于 1/12 染料染色标准深度为浅色。

d. 外观质量。

（a）外观质量要求。

幅宽偏差、色差、歪斜

这三项外观质量要求应符合表 4-5 中的规定。

表 4-5　幅宽偏差、色差、歪斜评等及试验方法

疵点名称和类别			优等品	一等品	二等品	试验方法标准
幅宽偏差/cm	幅宽 140cm 及以下		−1.0～+2.0	−1.5～+2.5	−2.0～+3.0	GB/T 4666—2009
	幅宽 140～240cm		−1.5～+2.5	−2.0～+3.0	−2.5～+3.5	
	幅宽 240cm 以上		−2.5～+3.5	−3.0～+4.0	−3.5～+4.5	
色差/级 ≥	原样	漂色布 同类布样	4	4	3～4	GB/T 250—2008 GB/T 251—2008
		漂色布 参考样	4	3～4	3	
		花布 同类布样	4	3～4	3	
		花布 参考样	4	3～4	3	
	左中右ᵃ	漂色布	4～5	4	3～4	
		花布	4	3～4	3	
	前后		4	3～4	3	
歪斜ᵇ/% ≤	花斜或纬斜		2.5	3.5	5.0	GB/T 14801—2009
	条格花斜或纬斜		2.0	3.0	4.5	

a 幅宽 240cm 以上品种左中右色差允许放宽半级。

b 歪斜以花斜或纬斜、条格花斜或纬斜中最严重的一项考核，幅宽 240cm 以上，歪斜允许放宽 0.5%。

局部性疵点

局部性疵点允许评分数的规定、每匹（段）布的局部性疵点允许评分数应符合表4-3规定。每匹（段）布的局部性疵点允许总评分按式（4-1）计算。

局部性疵点评分规定：局部性疵点评分应符合表4-6规定。1m评分不应超过4分；距边2.0cm以上的所有破洞（断纱3根及以上或者经纬各断1根且明显的、0.3cm以上的跳花）不论大小，均评4分；距边2.0cm及以内的破损性疵点评2分；难以数清、不易量计的分散斑渍，根据其分散的最大长度和宽度，参照表4-6分别量计、累计评分。

表4-6　局部性疵点评分

疵点长度	评分
疵点在8.0cm及以下	1分
疵点在8.0cm以上至16.0cm及以下	2分
疵点在16.0cm以上至24.0cm及以下	3分
疵点在24.0cm以上	4分

注　布面疵点具体内容见GB/T 406—2018的附录B，疵点名称说明见该标准的附录C。

局部性疵点评分说明：疵点长度按经向或纬向的最大长度量计；除破损和边疵外，距边1.0cm及以内的其他疵点不评分；评定布面疵点时，均以布匹正面为准，反面有通匹、散布性的严重疵点时应降一个等级。

散布性疵点

散布性疵点评等应符合表4-7规定。

表4-7　散布性疵点评等

疵点名称和类别	优等品	一等品	二等品
花纹不符、染色不匀	不影响外观	不影响外观	影响外观
条花	不影响外观	不影响外观	影响外观
棉结杂质、深浅细点	不影响外观	不影响外观	影响外观

注　花纹不符按用户确认样为准，印花布的布面疵点应根据对总体效果的影响程度评定。

（b）优等品疵点说明。优等品不应有下列疵点：单独一处评4分的局部性疵点；破损性疵点。

（c）一等品破损性疵点说明。一等品不应有破损性疵点。

e. 假开剪和拼件的规定。在优等品中不应假开剪。假开剪的疵点应是评为4分的疵点或评为3分的严重疵点，假开剪后各段布都应是一等品。凡用户允许假开剪或拼件的，可实行假开剪或拼件。距布端5m以内及长度在30m以下不应假开剪，最低拼件长度不低于10m；假开剪按60m不应超过2处，长度每增加30m，假开剪可相应增加1处。假开剪和拼件率合计不应超过20%，其中拼件率不超过10%。假开剪位置应做明显标记，附假开剪段长记录单。

（3）色织棉布品质检验。色织布是指采用染色纱线，结合组织结构、配色的变化及后整理工艺处理等织制而成的织物。

色织棉布质量检验采用 FZ/T 13007—2016《色织棉布》，该标准适用于鉴定服装、家纺类色织布（包括绒类织物）的品质。

①技术要求。

a. 质量要求。产品的质量分为内在质量和外观质量两个方面。内在质量包括单位面积质量、密度、水洗尺寸变化率、断裂强力、脱缝程度、撕破强力、色牢度（耐光、耐皂洗、耐汗渍、耐摩擦）和纤维含量；外观质量包括幅宽偏差、色差、纬斜、布面疵点。

b. 安全性能要求。产品的安全性能应符合 GB 18401—2010 的规定。

c. 分等规定。产品的品等分为优等品、一等品、合格品。

产品的评等，以内在质量和外观质量综合评定，按其中的最低等级定等。内在质量按批评等，外观质量按段（匹）评等。产品的内在质量要求见表4-8。产品的外观质量要求见表4-9。

表4-8　内在质量要求及试验方法

项目		优等品	一等品	合格品	试验方法
单位面积质量/% ≥		−3.0	−5.0		GB/T 4669—2008
密度（经纬向）/% ≥		−2.0	−3.0		GB/T 4668—1995
水洗尺寸变化率（经纬向）/%	非起绒织物	−2.5~+1.0	−3.0~+1.5	−4.0~+1.5	GB/T 8628—2013 GB/T 8629—2017（2A，F） GB/T 8630—2013
	起绒织物	−3.0~+1.0	−4.5~+1.5	−5.0~+1.5	
断裂强力（经纬向）/N ≥	非起绒织物	250			GB/T 3923.1—2013
	起绒织物	150			
脱缝程度（经纬向）/mm ≤		6.0			GB/T 13772.2—2018
撕破强力（经纬向）/N ≥	150g/m² 及以下	7.0			GB/T 3917.2—2009
	150g/m² 以上	12.0			
染色牢度/级 ≥	耐光	4	深色 4（浅色 3）	3	GB/T 8427—2019（方法 3）
	耐皂洗 变色	4	3-4	3	GB/T 3921—2008 C3
	耐皂洗 沾色	4	3-4	3	
	耐汗渍 变色	4	3-4	3	GB/T 3922—2013
	耐汗渍 沾色	4	3-4	3	
	耐摩擦 干摩	4	3-4	3	GB/T 3920—2008
	耐摩擦 湿摩	3-4	2-3（深色 2）		
纤维含量允差/%		按 GB/T 29862—2013 规定			GB/T 2910.1~2910.3—2009 FZ/T 01057.1~01057.7—2007 FZ/T 01057.8—2012 FZ/T 01057.9—2012

注　1. 稀薄型织物、免烫织物的断裂强力由供需双方另定。

　　2. 起绒织物、免烫织物撕破强力由供需双方另定。

　　3. 深色、浅色的分档参照染料染色标准深度卡区分：耐光色牢度≥1/12 为深色，<1/12 为浅色；耐摩擦色牢度≥2/1 为深色，<2/1 为浅色。

表4-9　外观质量要求及试验方法

项目		优等品	一等品	合格品	试验方法
幅宽偏差/cm　≥	幅宽140cm及以下	−1.0	−1.5	−2.0	GB/T 4666—2009
	幅宽140cm以上	−1.5	−2.0	−2.5	
色差/级　≥	左、中、右色差	4−5	4	4	GB/T 250—2008
	段（匹）前后色差	4	4	3−4	
	同包匹间色差	4	4	3−4	
	同批包间色差	3−4	3	3	
纬斜/%　≤	横条、格子织物	1.5	2.0	2.5	GB/T 14801—2009
	其他织物	2.0	3.0	4.0	
布面疵点/（分/100m²）　≤		20	30	40	FZ/T 13007—2016

优等品、一等品内不应存在一处评分为4分的破损性疵点或横档疵点；若存在一处评分为4分的破损性疵点或横档疵点，应具有假开剪标志（30m及以内允许1处，60m及以内允许2处，100m及以内允许3处）；布头两端3m内不允许存在1处评分为4分的明显疵点。

②布面疵点评分规定。

a. 布面疵点数评分规定。布面疵点数评分规定见表4-10。

表4-10　布面疵点评分方法

疵点分类		评分数			
		1	2	3	4
经向明显疵点		8cm及以下	8cm以上~16cm	16cm以上~24cm	24cm以上~100cm
纬向明显疵点		8cm及以下	8cm以上~16cm	16cm~半幅	半幅以上
横档疵点		—	—	—	严重
严重污渍		—	—	2.5cm及以下	2.5cm以上
破损性疵点（破洞、跳花）		—	—	0.5cm及以下	0.5cm以上
边疵	破边、豁边	经向每长8cm及以内	—	—	—
	针眼边（深入1.5cm以上）	每100cm	—	—	—
	卷边	每100cm	—	—	—

注　1. 棉结、棉点疵点由供需双方协定。

　　2. 无边组织的织物，边组织以0.5cm计。

b. 布面疵点每100m²布总评分计算。每100m²布总评分按式（4-2）计算，计算结果按GB/T 8170—2008修约到个数位。

$$A = \frac{a \times 100}{L \times W} \tag{4-2}$$

式中：A——100m²布总评分，分/100m²；

　　　a——段（匹）长疵点累计评分数，分；

　　　L——段（匹）长，m；

　　　W——约定幅宽，m。

　　c. 布面疵点的检验规定。用验布机检验时，采用日光型灯光，光源与布面距离为 1.0～1.2m，照度不低于 750 lx。验布机上验布板的角度为 45°。验布机速度一般为 15～20m/min。

　　用台板检验时，布段（匹）应平摊桌面上，检验人员的视线应正视布面，逐幅展开，速度一般掌握在 3～5m/min。采用日光型灯光，光源距桌面为 80～90cm，照度不低于 400 lx。

　　检验布面疵点时，以布的正面为准，但破损性疵点以严重一面为准。正反面难以区别的织物以严重一面为准。有两种疵点重叠在一起时，以严重一项评分。

　　d. 布面疵点的计量规定。疵点长度以经向或纬向最大长度计量。

　　条的计量方法：一个或几个经（纬）向疵点，宽度在 1cm 及以内的按一条评分；宽度超过 1cm 的每 1cm 为一条，其不足 1cm 的按一条计。

　　经向 1cm 内累计评分最多 4 分；在经向一条内连续或断续发生的疵点，长度超过 1m 的，其超过部分按表 4-10 再进行评分。

　　在一条内断续发生的疵点，在经（纬）向 8cm 及以内有 2 个以上的疵点，按连续长度测量评分。

2. 毛织品品质检验

　　（1）精梳毛织品品质检验。精梳毛织品质量检验采用 GB/T 26382—2011《精梳毛织品》标准。该标准适用于鉴定各类机织服用精梳纯毛、毛混纺（羊毛及其他动物纤维含量 30%以上）及交织品的品质。

　　精梳毛织品品质检验技术要求如下：

　　①安全性要求。精梳毛织品的基本安全技术要求应符合 GB 18401—2010 的规定。

　　②分等规定。精梳毛织品的质量等级分为优等品、一等品和二等品，低于二等品的降为等外品。

　　精梳毛织品的品等以匹为单位。按实物质量、内在质量和外观质量三项检验结果评定，并以其中最低一项定等。三项中最低品等有两项及以上同时降为二等品的，则直接降为等外品（织品净长每匹不短于 12m，净长 17m 及以上的可由两段组成，但最短一段不短于 6m。拼匹时，两段织物应品等相同，色泽一样）。

　　③实物质量评等。实物质量是指呢面、手感和光泽。凡正式投产的不同规格产品，应分别以优等品和一等品封样。对于来样加工，生产方应根据来样方要求，建立封样，并经双方确认，检验时逐匹比照封样评等。符合优等品封样者为优等品；符合或基本符合一等品封样者为一等品；明显差于一等品封样者为二等品；严重差于一等品封样者为等外品。

　　④内在质量的评等。内在质量的评等由物理指标和染色牢度综合评定，并以其中最低一项定等。物理指标按表 4-11 规定评等。染色牢度的评等按表 4-12 规定。"可机洗"类产品水洗尺寸变化率考核指标按表 4-13 规定。

表 4-11　物理指标要求及试验方法

项目		限度	优等品	一等品	二等品	试验方法
幅宽偏差/cm		不低于	-2.0	-2.0	-5.0	GB/T 4666—2009
平方米重量允差/%		—	-4.0～+4.0	-5.0～+7.0	-14.0～+10.0	FZ/T 20008—2015
静态尺寸变化率/%		不低于	-2.5	-3.0	-4.0	FZ/T 20009—2015
起球/级	绒面	不低于	3-4	3	3	GB/T 4802.1—2008
	光面		4	3-4	3-4	
断裂强力/N	$80^s/2×80^s/2$ 及单纬纱高于或等于$40^s/1$	不低于	147	147	147	GB/T 3923.1—2013
	其他		196	196	196	
撕破强力/N	一般精梳毛织品	不低于	15.0	10.0	10.0	GB/T 3917.2—2009
	$70^s/2×70^s/2$ 及单纬纱高于或等于$35^s/1$		12.0	10.0	10.0	
汽蒸尺寸变化率/%		—	-1.0～+1.5	-1.0～+1.5	—	FZ/T 20021—2012
落水变形/级		不低于	4	3	3	GB/T 26382—2011 B
脱缝程度/mm		不高于	6.0	6.0	8.0	FZ/T 20019—2006
纤维含量/%		按 GB/T 29862—2013 执行				GB/T 2910.1～2910.3—2009 GB/T 16988—2013 FZ/T 01026—2017

注　1. 双层织物连接线的纤维含量不考核。
　　　2. 休闲类服装面料的脱缝程度为 10mm。

表 4-12　染色牢度指标要求及试验方法（单位：级）

项目		限度	优等品	一等品	二等品	试验方法
耐光色牢度	≤1/12 标准深度（中浅色）	不低于	4	3	2	GB/T 8427—2019 （方法 3）
	>1/12 标准深度（深色）		4	4	3	
耐水色牢度	色泽变化	不低于	4	3-4	3	GB/T 5713—2013
	毛布沾色		4	3	3	
	其他贴衬沾色		4	3	3	
耐汗渍色牢度	色泽变化	不低于	4	3-4	3	GB/T 3922—2013
	毛布沾色		4	3-4	3	
	其他贴衬沾色		4	3-4	3	
耐熨烫色牢度	色泽变化	不低于	4	4	3-4	GB/T 6152—1997 GB/T 26382—2011 C35
	棉布沾色		4	3-4	3	
耐摩擦色牢度	干摩擦	不低于	4	3-4	3	GB/T 3920—2008
	湿摩擦		3-4	3	2-3	

项目		限度	优等品	一等品	二等品	试验方法
耐洗色牢度	色泽变化	不低于	4	3-4	3-4	GB/T 12490—2014 ("手洗" 类：A1S；"可机洗" 类：B1S)
	毛布沾色		4	4	3	
	其他贴衬沾色		4	3-4	3	
耐干洗色牢度	色泽变化	不低于	4	4	3-4	GB/T 5711—2015
	溶剂变化		4	4	3-4	

注 1. 使用 1/12 深度卡判断面料的 "中浅色" 或 "深色"。

2. "只可干洗" 类产品可不考核耐洗色牢度和耐湿摩擦色牢度。

3. "手洗" 和 "可机洗" 类产品可不考核耐干洗色牢度。

4. 未注明 "小心手洗" 和 "可机洗" 类的产品耐洗色牢度按 "可机洗" 类执行。

表 4-13 "可机洗" 类产品水洗尺寸变化率要求

项目		限度	优等品、一等品、二等品		试验方法
			西服、裤子、服装外套、大衣、连衣裙、上衣、裙子	衬衣、晚装	
松弛尺寸变化率/%	宽度	不低于	−3	−3	FZ/T 70009—2021
	长度		−3	−3	
洗涤程序			1×7A	1×7A	
总尺寸变化率/%	宽度	不低于	−3	−3	
	长度		−3	−3	
	边沿		−1	−1	
洗涤程序			3×5A	5×5A	

⑤外观质量的评等。外观疵点按其对服用性能的影响程度与出现状态不同，分局部性外观疵点和散布性外观疵点两种，分别予以结辫和评等。

局部性外观疵点，按其规定范围结辫，每辫放尺 10cm，在经向 10cm 范围内不论疵点多少仅结辫一只。

散布性外观疵点，刺毛痕、边撑痕、剪毛痕、折痕、磨白纱、经档、纬档、厚段、薄段、斑疵、缺纱、稀缝、小跳花、严重小弓纱和边深浅中有两项及以上最低品等同时为二等品时，则降为等外品。

降等品结辫规定：二等品中除薄段、纬档、轧梭痕、边撑痕、刺毛痕、剪毛痕、蛛网、斑疵、破洞、吊经条、补洞痕、缺纱、死折痕、严重的厚段、严重稀缝、严重织稀、严重纬停弓纱和磨损按规定范围结辫外，其余疵点不结辫；等外品中除破洞、严重的薄段、蛛网、补洞痕、轧梭痕按规定范围结辫外，其余疵点不结辫。

局部性外观疵点基本上不开剪，但大于 2cm 的破洞，严重的磨损和破损性轧梭，严重影响服用的纬档，大于 10cm 的严重斑疵，净长 5m 的连续性疵点和 1m 内结辫 5 只者，应在工厂内剪除。

平均净长 2m 结辫 1 只时，按散布性外观疵点规定降等。

外观疵点结辫、评等规定按标准要求。

（2）粗梳毛织品品质检验。粗梳毛织品质量检验采用 GB/T 26378—2011《粗梳毛织品》标准。该标准适用于鉴定各类机织服用粗梳纯毛、毛混纺及交织品的品质。

粗梳毛织品品质检验技术要求如下：

①粗梳毛织品的安全性要求、分等规定、实物质量评等，与精梳毛织品相同。

②内在质量的评等。内在质量的评等由物理指标和染色牢度综合评定，并以其中最低一项定等。物理指标按表 4-14 规定评等。染色牢度的评等按表 4-15 规定。

表 4-14　物理指标要求及试验方法

项目	限度	优等品	一等品	二等品	试验方法标准
幅宽偏差/cm	不低于	−2.0	−3.0	−5.0	GB/T 4666—2008
平方米重量允差/%	—	−4.0~+4.0	−5.0~+7.0	−14.0~+10.0	FZ/T 20008—2015
静态尺寸变化率/%	不低于	−3.0	−3.0	−4.0	FZ/T 20009—2015 特殊产品指标可在合约中约定
起球/级	不低于	3-4	3	3	GB/T 4802.1—2008 特殊产品指标可在合约中约定
断裂强力/N	不低于	157	157	157	GB/T 3923.1—2013
撕破强力/N	不低于	15.0	10.0	—	GB/T 3917.2—2009
含油脂率/%	不高于	1.5	1.5	1.7	FZ/T 20002—2015
脱缝程度/mm	不高于	6.0	6.0	8.0	FZ/T 20019—2006
汽蒸尺寸变化率/%	—	−1.0~+1.5	—	—	FZ/T 20021—2012
纤维含量/%	—	按 GB/T 29862—2013 执行			GB/T 2910.1~2910.3—2009 GB/T 16988—2013 FZ/T 01026—2017

注　1. 双层织物连接线的纤维含量不考核。

　　2. 休闲类服装面料的脱缝程度为 10mm。

表 4-15　染色牢度指标要求及试验方法（单位：级）

项目		优等品	一等品	二等品	试验方法标准
耐光色牢度　≥	≤1/12 标准深度（中浅色）	4	3	2	GB/T 8427—2019 （方法3）
	>1/12 标准深度（深色）	4	4	3	
耐水色牢度　≥	色泽变化	4	3-4	3	GB/T 5713—2013
	毛布沾色	3-4	3	3	
	其他贴衬沾色	3-4	3	3	
耐汗渍色牢度　≥	色泽变化	4	3-4	3	GB/T 3922—2013
	毛布沾色	4	3-4	3	
	其他贴衬沾色	4	3-4	3	

项目		优等品	一等品	二等品	试验方法标准
耐熨烫色牢度 ≥	色泽变化	4	4	3-4	GB/T 6152—1997 GB/T 26378— 2011 B31
	棉布沾色	4	3-4	3	
耐摩擦色牢度 ≥	干摩擦	4	3-4（3深色）	3	GB/T 3920—2008
	湿摩擦	3-4	3	2-3	
耐干洗色牢度 ≥	色泽变化	4	4	3-4	GB/T 5711—2015
	溶剂变化	4	4	3-4	

注   使用 1/12 深度卡判断面料的"中浅色"或"深色"。

③外观质量的评等。粗梳毛织品的外观质量的评等与精梳毛织品有所不同，详见 GB/T 26378—2011 标准。

3. 丝织物品质检验

（1）桑蚕丝织物品质检验。桑蚕丝织物质量检验采用 GB/T 15551—2016《桑蚕丝织物》标准。该标准适用于评定各类服用的染色、印花、色织等纯桑蚕丝织物、桑蚕丝与其他纱线交织丝织物成品的品质。

桑蚕丝织物品质检验技术要求如下：

①要求内容。桑蚕丝织物的要求包括内在质量和外观质量。

②考核项目。桑蚕丝织物的内在质量考核项目为密度偏差率、质量偏差率、断裂强力、撕破强力、纤维含量允差、纰裂程度、水洗尺寸变化率、色牢度 8 项，外观质量考核项目为色差（与标样对比）、幅宽偏差率、外观疵点 3 项。

③分等。桑蚕丝织物的等级由内在质量和外观质量中的最低等级项目评定。分为优等品、一等品、二等品，低于二等品的为等外品。

质量偏差率、断裂强力、撕破强力、纤维含量允差、纰裂程度、水洗尺寸变化率、色牢度等内在质量按批评等。密度偏差率、外观质量按匹评等。

④基本安全性能。桑蚕丝织物的基本安全性能按 GB 18401—2010 的规定执行。

⑤内在质量分等规定。桑蚕丝织物的内在质量分等规定见表 4-16。

表 4-16   内在质量分等规定及试验方法

项目	指标			试验方法
	优等品	一等品	二等品	
密度偏差率/%	±3.0	±4.0	±5.0	GB/T 4668—1995（经密：方法 C；纬密：方法 E；仲裁：方法 A）

项目		指标			试验方法
		优等品	一等品	二等品	
质量偏差率/%		±2.0	±3.0	±4.0	GB/T 4669—2008（方法6；仲裁：方法3）
纤维含量允差/%		按 GB/T 29862 执行			FZ/T 01057.1~01057.9（定性）GB/T 2910.1~2910.3—2009 FZ/T 01026—2016（定量）
断裂强力ᵃ/N ≥		200			GB/T 3923.1—2013
撕破强力ᵇ/N ≥		7.0			GB/T 3917.2—2009
纰裂程度ᶜ/mm ≤	55g/m² 以上，67N±1.5N	5	6		GB/T 13772.2—2018
	55g/m² 及以下织物或67g/m² 以上的缎类织物，45N±1N				
水洗尺寸变化率ᵈ/%		−3.0~+2.0	−4.0~+2.0		GB/T 8628—2013 GB/T 8629—2017 GB/T 8630—2013（洗涤：7A；干燥：A）
色牢度ᵉ/级 ≥	耐水 耐汗渍 变色	4	3-4		GB/T 5713—2013
	沾色	3-4	3		GB/T 3922—2013
	耐洗 变色	4	3-4	3	GB/T 3921—2008
	沾色	3-4	3	2-3	
	耐干洗 变色	4		3-4	GB/T 5711—2015
	沾色	4	3-4	3	
	耐干摩擦	4	3-4	3	GB/T 3920—2008
	耐湿湿摩 深色ᵍ	3	2-3	2	
	浅色ʰ	4	3-4	3	
	耐唾液ᶠ 变色	4			GB/T 18886—2019
	沾色	4			
	耐热压 变色	4	3-4		GB/T 6152—1997
	耐光 深色	4	3		GB/T 8427—2019（方法3）
	浅色	3	2		

a，b 纱、绡类、烂花类织物、经特殊后整理工艺的织物不考核。

c 纱、绡类、烂花类织物、质量45g/m² 及以下的纺类织物，67g/m² 及以下的缎类织物、经特殊后整理工艺的织物，围巾用织物不考核。检测结果为滑脱、织物断裂、撕破等情况判定为等外品。

d 纱、绡类、烂花类、顺纡类等易变形织物不考核。质量大于60g/m² 的纺类织物，质量大于80g/m² 的绉类、绫类织物，经、纬均加强捻的绉织物，可按协议考核。1000 捻/m 以上的织物按绉类织物考核。

e 扎染、蜡染等传统的手工着色织物不要求。

f 耐唾液色牢度仅考核婴幼儿用织物。

g 深色织物按 GB/T 4841.3 规定，颜色大于1/12 染料染色标准深度色卡为深色。

h 浅色织物按 GB/T 4841.3 规定，颜色小于1/12 染料染色标准深度色卡为浅色。

⑥外观质量分等规定。桑蚕丝织物的外观质量分等规定见表 4-17。外观疵点评分见表 4-18。

表 4-17 外观质量分等规定

项目	指标			试验方法
	优等品	一等品	二等品	
色差（与标样对比）ᵃ/ 级 ≥	4	3-4		GB/T 250—2008
幅宽偏差率/%	±1.5	±2.5	±3.5	GB/T 4666—2009
外观疵点评分限度/（分/100m²）	15.0	30.0	50.0	GB/T 15551—2016

a 喷墨印花织物可按合同或协议执行。

表 4-18 外观疵点评分

疵点	分数			
	1	2	3	4
经向疵点	8cm 及以下	8cm 以上~16cm	16cm 以上~24cm	24cm 以上~100cm
纬向疵点	8cm 及以下	8cm 以上至半幅	—	半幅以上
其中：纬档	—	普通	—	明显
染整疵	8cm 及以下	8cm 以上~16cm	16cm 以上~24cm	24cm 以上~100cm
污渍及破损性疵点	—	1.0cm 及以下	—	1.0cm 以上
边部疵点、松板印、撬小	经向每 100cm 及以下	—	—	—

注 1. 纬档以经向 10cm 及以内为一档。
　　2. 外观疵点的解释和归类按 GB/T 30557 执行。

外观质量分等及外观疵点评分说明：外观疵点的评分采用有限度的累计评分；外观疵点长度以经向或纬向最大方向量计；纬斜、花斜、幅不齐 1m 及以内大于 3%评 4 分；同匹色差（色泽不匀）不得低于 GB/T 250—2008 中 4 级，低于 4 级 1m 及以内评 4 分；经向 1m 内累计评分最多 4 分，超过 4 分按 4 分计；"经柳"普通，定等限度二等品，"经柳"明显，定为等外品；严重的连续性病疵 1m 扣 4 分，超过 4m 降为等外品；织物中有超过 2cm 的破损性疵点、其他全匹连续性严重疵点降为等外品。

每匹桑蚕丝织物最高允许分数，由式（4-3）计算得出，计算结果按 GB/T 8170—2008 修约至小数点后一位。

$$c = \frac{q}{l \times w} \times 100 \qquad\qquad (4\text{-}3)$$

式中：c——每匹织物外观疵点定等分数，分/100m²；

　　　q——每匹织物外观疵点实测分数，分；

　　　l——受检匹长，m；

　　　w——有效幅宽，m。

⑦开剪拼匹和标疵放尺的规定。允许开剪拼匹或标疵放尺，两者只能采用一种。开剪拼匹各段的等级、幅宽、色泽、花型应一致。平均每10cm及以内允许标疵1次每3分和4分的疵点允许标疵，每处按疵点实际长度标疵放尺，但不得少于10cm。标疵后的疵点不再计分。局部性疵点的标疵间距或标疵疵点与绸匹端的距离不得少于4m。

（2）合成纤维丝织物品质检验。合成纤维丝织物是指以合成纤维长丝为主要原料纯织或交织的丝织物。

合成纤维丝织物质量检验采用GB/T 17253—2018《合成纤维丝织物》标准。该标准适用于评定以合成纤维长丝为主要原料纯织或交织的各类服用练白、染色、印花、色织机织物的品质。

合成纤维丝织物技术要求如下：

①要求内容。合成纤维丝织物要求包括基本安全性能和品质要求。其中品质要求分为内在质量和外观质量。

②基本安全性能。合成纤维丝织物的基本安全性能应符合GB 18401—2010的要求；婴幼儿及儿童用合成纤维丝织物应符合GB 31701—2015的要求。

③考核项目。合成纤维丝织物的内在质量考核项目比桑蚕丝织物多考核起毛起球、悬垂系数2项（共10项），其中悬垂系数仅考核仿真丝织物；外观质量考核项目与桑蚕丝织物相同（3项）。

④分等规定。合成纤维丝织物的评等以匹为单位。质量偏差率、断裂强力、撕破强力、纤维含量允差、纰裂程度、水洗尺寸变化率、色牢度、起毛起球、悬垂系数等按批评等。密度偏差率、外观质量按匹评等。

合成纤维丝织物的品质由内在质量和外观质量中的最低等级项目评定。分为优等品、一等品、二等品，低于二等品的为等外品。

⑤内在质量分等规定。合成纤维丝织物的内在质量分等规定见表4-19。

表4-19　内在质量分等规定及试验方法

项目	指标			试验方法
	优等品	一等品	二等品	
密度偏差率/%	±2.0	±3.0	±4.0	GB/T 4668—1995（经密：方法C；纬密：方法E；仲裁：方法A）
质量偏差率/%	±3.0	±4.0	±5.0	GB/T 4669—2008（方法5；仲裁：方法3）
纤维含量允差/%	按GB/T 29862执行			GB/T 2910.1~2910.3—2009 FZ/T 01026—2017 FZ/T 01057.1~01057.9 FZ/T 01095—2002
断裂强力[a]/N ≥	200			GB/T 3923.1—2013
撕破强力[b]/N ≥	9.0			GB/T 3917.2—2009

项目			指标			试验方法
			优等品	一等品	二等品	
纰裂程度（定负荷）^{c}/mm ≤	55g/m² 以下	45.0 N	6			GB/T 13772.2—2018
	55g/m² ~ 150g/m²	80.0 N				
	150g/m² 以上	100.0 N				
水洗尺寸变化率^d/%			−2.0~+2.0		−3.0~+2.0	GB/T 8628—2013 GB/T 8629—2017 GB/T 8630—2013 （洗涤：5M；干燥：A）
色牢度/级 ≥	耐水 耐皂洗 耐汗渍	变色	4	4	3−4	GB/T 5713—2013 GB/T 3921—2008
		沾色	3−4	3	3	GB/T 3922—2013
	耐摩擦	干摩	4	3−4	3	GB/T 3920—2008
		湿摩	3−4	3 2−3（深色^e）	3 2−3（深色^e）	
	耐干洗^f	变色	4	4	3−4	GB/T 5711—2015
		沾色	4	3−4	3−4	
	耐热压	变色	4	3−4	3	GB/T 6152—1997
	耐光		4	3	3	GB/T 8427—2019（方法3）
	耐唾液^g		4	4	4	GB/T 18886—2019
起毛起球/级			4	3−4	3	GB/T 4802.1—2008（B类）
悬垂系数^h			按 FZ/T 43045 执行			GB/T 23329—2009（B法）

a，b 纱、绡类、烂花类织物、经特殊后整理工艺的织物不考核。

c 纱、绡类、烂花类织物，单位面积质量45g/m² 及以下的纺类织物，67g/m² 及以下的缎类织物，经特殊后整理工艺的织物，围巾用织物不考核。检测结果为滑脱、织物断裂、撕破等情况判定为等外品。

d 纱、绡类、烂花类、顺纤类等易变形织物不考核。

e 大于 GB/T4841.3 中 1/12 染料染色标准深度色卡为深色。

f 不可干洗织物不考核。

g 仅针对婴幼儿用的产品进行考核。

h 仅考核仿真丝织物。

⑥外观质量分等规定。合成纤维丝织物的外观质量分等规定见表4−20。合成纤维丝织物外观疵点评分见表4−21。

表4−20 外观质量分等规定

项目	优等品	一等品	二等品	试验方法
色差（与标样对比）/级 ≥	4	3−4		GB/T 250—2008
幅宽偏差率/%	−1.0~+2.0	−2.0~+2.0		GB/T 4666—2009
外观疵点评分限度/（分/100m²）	10	20	40	GB/T 17253—2018

表 4-21　外观疵点评分标准

疵点[a]	分数			
	1	2	3	4
经向疵点	8cm 及以下	8cm 以上~16cm	16cm 以上~24cm	24cm 以上~100cm
纬向疵点	8cm 及以下	8cm 以上~半幅	—	半幅以上
纬档[b]	—	普通	—	明显
染整疵	8cm 及以下	8cm 以上~16cm	16cm 以上~24cm	24cm 以上~100cm
渍、破损性疵点		2.0cm 及以下		2.0cm 以上
边部疵点[c]	经向每 100cm 及以下	—	—	—
纬斜、花斜、格斜、幅不齐	—	—	—	100cm 及以下大于 3%

注　外观疵点归类参见标准附录 A。
a 疵点的定义见 GB/T 30557—2014。
b 纬档以经向 10cm 及以下为一档。
c 针板眼进入内幅 1.5cm 及以下不计。

4. 麻织物品质检验

（1）苎麻本色布。苎麻本色布质量检验采用 FZ/T 33002—2014《苎麻本色布》标准。该标准适用于鉴定苎麻长纤纯纺本色布的品质。

苎麻本色布按品种、规格分类，根据用户需要由生产部门制订。

技术要求包括密度偏差、断裂强力、织物组织、幅宽偏差、布面疵点 5 项。

苎麻本色布的品等分为优等品、一等品、合格品。苎麻本色布的评等以匹为单位。织物组织、幅宽偏差、布面疵点按匹评等，密度偏差、断裂强力按批评等，并以 5 项中最低的一项品等作为该匹布的品等。

苎麻本色布的质量要求见表 4-22、表 4-23。布面疵点的评分见表 4-24。

表 4-22　布内在质量要求及试验方法

项目		标准	允许偏差			试验方法标准
			优等品	一等品	合格品	
密度偏差[a]/%	经纱	按产品规格	≥-2.0	≥-2.0	<-2.0	GB/T 4668—1995
	纬纱		≥-1.5	≥-1.5	<-1.5	
断裂强力偏差/%	经向	按断裂强力公式计算	≥-5.0	≥-10.0	≥-15.0	GB/T 3923.1—2013
	纬向		≥-5.0	≥-10.0	≥-15.0	

a 个别机台因筘号、纬密牙用错或磨损等原因，造成经、纬纱密度不符合工艺要求，而生产的产品又能划分清楚，可将这部分产品剔除，降等处理，该批产品重新取样试验定等。如划分不清并超过标准允许偏差范围的应作全批降等处理。

表 4-23　外观质量要求

项目	要求			试验方法标准
	优等品	一等品	合格品	
织物组织	符合设计要求	符合设计要求	符合设计要求	

项目	要求			试验方法标准
	优等品	一等品	合格品	
幅宽偏差/%	+2.0 −1.0	+2.0 −1.0	+2.5 −1.5	GB/T 4666—2009
布面疵点评分/（分/m²）	≤0.3	≤0.5	≤0.7	FZ/T 33002—2014（3.3）

表 4-24　布面疵点评分

疵点类别ᵃ		评分分数			
		1 分	2 分	3 分	4 分
经纬纱粗节	小节	每个			
	大节		8cm 及以下，每个	8cm 以上～15cm，每个	
经向明显疵点/条		8cm 及以下	8cm 以上～16cm	16cm 以上～24cm	24cm 以上～100cm
纬向明显疵点/条		8cm 及以下	8cm 以上～16cm	16cm 以上～半幅	半幅以上
横档	不明显	半幅及以下	半幅以上		
	明显			半幅及以下	半幅以上
严重疵点ᵇ	根数评分			3～4 根	5 根及以上
	长度评分			1cm 以下	1cm 及以上

a 疵点类别的具体内容见标准附录 B，各种疵点的名称说明见标准 FZ/T 33002—2014 附录 C。
b 严重疵点根数评分和长度评分发生矛盾时，从严评分。

（2）亚麻印染布。亚麻印染布的质量检验采用 FZ/T 34002—2016《亚麻印染布》标准。该标准适用于鉴定机织漂白、染色和印花亚麻布的品质。

亚麻印染布按品种、成品规格分类，各类产品的品种和成品规格根据用户需要可参照本标准附录 A 制订。

亚麻印染布品质检验技术要求如下：

①基本安全技术要求。亚麻印染布的基本安全技术要求应符合 GB 18401—2010 的规定。

②技术要求。亚麻印染布的技术要求分为内在质量和外观质量两个方面。内在质量包括密度偏差、断裂强力、撕裂强力、耐磨性、接缝滑移、水洗尺寸变化率、染色牢度 7 项；外观质量包括局部性疵点和散布性疵点 2 项。

③质量评定。亚麻印染布的质量评定以匹为单位，分为优等品、一等品、合格品，低于合格品的为等外品。其中，内在质量按批评定，外观质量按匹（段）评定。在同一匹（段）布内，内在质量以最低一项评等；外观质量的品等由局部性疵点和散布性疵点中最低品等评定。以内在质量和外观质量中最低一项评定作为该匹（段）布的品等。

④内在质量。亚麻印染布内在质量要求见表 4-25。

表 4-25　内在质量要求及试验方法

项目			指标			试验方法
			优等品	一等品	合格品	
密度偏差率（经/纬）/%			-2.0	-3.0	-3.5	GB/T 4668—1995
断裂强力/N ≥	80~150g/m²	经向	300	250		GB/T 3923.1—2013
		纬向	250	200		
	≥150g/m²	经向	350	300		
		纬向	300	250		
撕破强力/N ≥	80~150g/m²	经向	20	18		GB/T 3917.1—2009
		纬向	18	15		
	≥150g/m²	经向	25	20		
		纬向	20	18		
耐磨性/r ≥			8000	6000	5000	GB/T 21196.2—2007
接缝滑移/mm ≤			5	6		GB/T 13772.2—2018
水洗尺寸变化率/%			-2.5~+1.0	-3.0~+1.5	-4.0~+1.5	GB/T 8628—2013、GB/T 8629—2017（洗涤2A，干燥E）、GB/T 8630—2013
染色牢度/级	耐光（变色）		3			GB/T 8427—2017（方法3）
	耐皂洗（变色/沾色）		4	3-4	3	GB/T 3921—2008　C3
	耐水（变色/沾色）		4	3-4	3	GB/T 5713—2013
	耐汗渍（变色/沾色）		4	3-4	3	GB/T 3922—2013
	耐摩擦	干摩	4	3-4	3	GB/T 3920—2008
		湿摩	3-4	3（深色2-3）	2-3（深色2）	
	耐热压		4	3-4	3	GB/T 6152—1997

注　1. 密度加工系数参见标准 FZ/T 34002—2016 附录 A。
　　2. 单位面积干燥质量在 80g/m² 以下的稀薄织物其断裂强力、撕破强力、接缝滑移由供需双方协商确定。
　　3. 深浅程度按 GB/T 4841.3—2006 规定，颜色大于 1/12 染料染色标准深度色卡为深色，小于 1/12 染料染色标准深度色卡为浅色。

　　⑤外观质量。每匹（段）布的局部性疵点允许评分数规定见表 4-26。局部性疵点评分规定见表 4-27。散布性疵点允许程度规定见表 4-28。

表 4-26　局部性疵点允许评分数规定（单位：分/m²）

优等品	一等品	二等品
≤25	≤30	≤40

表 4-27　局部性疵点评分规定（单位：cm）

疵点名称和程度			评分数			
			1 分	2 分	3 分	4 分
经向疵点	线状	轻微	≤50.0	50.1~100.0	—	—
		明显	≤8.0	8.1~16.0	16.1~24.0	24.1~100.0
	条状	轻微	≤8.0	8.1~16.0	16.1~24.0	24.1~100.0
		明显	≤0.5	0.6~2.0	2.1~10.0	10.1~100.0
纬向疵点	线状	轻微	≤半幅	>半幅	—	—
		明显	≤8.0	8.1~16.0	16.1~半幅	>半幅
	条状	轻微	≤8.0	8.1~16.0	16.1~24.0	>24.0
		明显	≤0.5	0.6~2.0	2.1~10.0	>10.0
	稀密路	轻微	≤半幅	>半幅	—	—
		明显	—	—	≤半幅	>半幅
经纬纱粗节	小节		每个	—	—	—
	大节		—	≤7.5	>7.5	—
杂物织入			—	粗 0.2~0.3	—	粗 0.3 以上
破损	断疵		经纬共断或单断 2 根	—	经纬共断或单断 3 根~4 根	经纬共断或单断 5 根及以上，0.3 以上跳花
	破边		每 10.0 及以内	—	—	—
边疵	荷叶边	深入 0.5 以上~1.5	每 15.0 及以内	—	—	—
		深入 1.5 以上	—	—	每 15.0 及以内	—
	明显深浅边	深入 0.5 以上~1.0	每 100.0 及以内	—	—	—
		深入 1.0~1.5	—	—	每 100.0 及以内	—
	针眼	深入 1.5 以上	每 100.0 及以内	—	—	—

表 4-28　散布性疵点允许程度规定（单位：cm）

疵点名称和类别				优等品	一等品	合格品
幅宽偏差/cm		幅宽 100 及以内		-0.5~+1.5	-1.0~+2.0	-2.5~+3.5
		幅宽 101~135		-1.0~+2.0	-1.5~+2.5	-3.0~+4.0
		幅宽 136~150		-1.5~+2.5	-2.0~+3.0	-3.5~+4.5
		幅宽 150 以上		-2.0~+3.0	-2.5~+3.5	-4.0~+5.0
色差/级　≥	原样	漂色布	同类布样	4	3-4	3
			参考样	3-4	3	2-3
		花布	同类布样	3-4	3	2-3
			参考样	3	2-3	2
	左中右		漂色布	4-5	4	3-4
			花布	4	3-4	3

续表

疵点名称和类别		优等品	一等品	合格品
色差/级 ≥	同匹前后	4	3~4	3
	同包匹与匹间	4	4	3~4
	同批包与包间	3~4	3~4	3
歪斜/% ≤	条格斜、花斜或纬斜	3.0	4.0	7.0
花纹不符、染色不匀		不允许	不影响外观	
纬移		不允许	不影响外观	
条花		不允许	不影响外观	
烧毛不良		不允许	不影响外观	
深浅细点		不允许	不影响外观	
红根、斑麻、麻皮		不允许	不影响外观	

二、针织物的品质检验

1. 棉针织内衣品质检验

棉针织内衣的质量检验采用国家标准 GB/T 8878—2014《棉针织内衣》。该标准规定了棉针织内衣的号型（棉针织内衣号型按 GB/T 6411—2008 或 GB/T 1335.1—2008、GB/T 1335.2—2008、GB/T 1335.3—2009 的规定执行）、要求、试验、判定规则、产品使用说明、包装、运输、贮存。适用于鉴定棉纤维含量不低于 50% 的针织内衣的品质。不适用于年龄在 36 个月及以下的婴幼儿服饰。

（1）抽样数量。外观质量按批分品种、色别随机采样 1%～3%，但不得少于 20 件。内在质量按批分品种、色别随机采样 4 件，不足时可增加件数。

（2）技术要求。

① 要求内容。要求分为内在质量和外观质量两个方面。内在质量包括顶破强力、纤维含量、甲醛含量、pH、异味、可分解致癌芳香胺染料、水洗尺寸变化率、耐水色牢度、耐皂洗色牢度、耐汗渍色牢度、耐摩擦色牢度 11 项指标；外观质量包括表面疵点、规格尺寸偏差、对称部位尺寸差异、缝制规定 4 项指标。

② 分等规定。棉针织内衣分为优等品、一等品、合格品。内在质量按批评等，外观质量按件评等，两者结合以最低等级定等。内在质量各项指标，以试验结果最低一项作为该批产品的评等依据。在同一件产品上发现属于不同品等的外观质量问题时，按最低等评定。在同一件产品上只允许有两个同等级的极限表面疵点存在，超过者应降低一个等级。

③ 内在质量要求。内在质量要求见表 4-29。

抽条、镂空、烂花结构的产品和弹力织物不考核顶破强力。短裤不考核水洗尺寸变化率。弹力织物（弹力织物指含有弹性纤维的织物或罗纹织物）不考核横向水洗尺寸变化率。

表 4-29　内在质量要求及试验方法

项目		优等品	一等品	合格品	试验方法标准
顶破强力/N　≥			250		GB/T 19976—2005
纤维含量/%		按 GB/T 29862—2013 规定执行			GB/T 2910.1~GB/T 2910.24—2009、GB/T 2910.25~GB/T 2910.26—2017、GB/T 2910.101~2009、FZ/T 01057.1~01057.7—2007、FZ/T 01057.8~01057.9—2012、FZ/T 01095—2012、FZ/T 01026—2017
甲醛含量/(mg/kg)		按 GB 18401—2010 规定执行			GB/T 2912.1—2009
pH 值					GB/T 7573—2019
异味					GB 18401—2010
可分解致癌芳香胺染料/(mg/kg)					GB/T 17592—2011
水洗尺寸变化率/%	直向　≥	−5.0	−6.0	−8.0	GB/T 8629—2017
	横向	−5.0~0.0	−8.0~+2.0	−8.0~+3.0	
耐水色牢度/级　≥	变色	4	3-4	3	GB/T 5713—2013
	沾色	4	3-4	3	
耐皂洗色牢度/级　≥	变色	4	3-4	3	GB/T 3921—2008　A(1)
	沾色	4	3-4	3	
耐汗渍色牢度/级　≥	变色	4	3-4	3	GB/T 3922—2013
	沾色	3-4	3	3	
耐摩擦色牢度/级　≥	干摩	4	3-4	3	GB/T 3920—2008(只做直向)
	湿摩	3	3(深2-3)	2-3(深2)	

注　色别分档按 GSB 16-2159—2007，>1/12 标准深度为深色，≤1/12 标准深度为浅色。

④ 外观质量要求。

a. 表面疵点评等规定。表面疵点评等规定见表 4-30。凡遇条文未规定的表面疵点参照相似疵点处理。表面疵点长度及疵点数量均为最大极限值。

表 4-30　表面疵点评等规定

疵点名称	优等品	一等品	合格品
粗纱、色纱、大肚纱	主要部位:不允许 次要部位:轻微者允许	轻微者允许	主要部位:轻微者允许 次要部位:显著者不允许
飞花			
极光印、色花、风渍、折印、印花疵点(露底、搭色、套版不正等)、起毛露底、脱绒、起毛不匀			
油纱、油棉、油针、缝纫油污线			
色差	主料之间 4 级	主料之间 3-4 级	主料之间 2-3 级
	主、辅料之间 3-4 级	主、辅料之间 3 级	主、辅料之间 2 级
纹路歪斜(条格)　≤	4.0%	5.0%	6.0%
缝纫曲折高低　≤	0.5cm		

续表

疵点名称	优等品	一等品	合格品
底边脱针	每面1针2处，但不得连续，骑缝处缝牢，脱针不超过1cm		
重针（单针机除外）	每个过程除合理接头外，限4cm 1处 （不包括领圈部位）		限4cm 2处
破洞、单纱、修疤、断里子纱、断面子纱、细纱、锈斑、烫黄、针洞	不允许		

表面疵点程度按 GSB 16-2500—2008 执行

注　1. 主要部位是指上衣前身上部的2/3（包括领窝露面部位），裤类无主要部位。
　　2. 轻微：直观上不明显，通过仔细辨认才可看出。
　　　　明显：不影响整体效果，但能感觉到疵点的存在。
　　　　显著：明显影响整体效果的疵点。

b. 规格尺寸偏差。规格尺寸偏差见表4-31。

表4-31　规格尺寸偏差（单位：cm）

类别		优等品	一等品	合格品
长度方向 （衣长、袖长、裤长、直档）	60cm及以上	±1.0	±2.0	±2.5
	60cm以下	±1.0	±1.5	±2.0
宽度方向 （1/2胸围、1/2臀围）		±1.0	±1.5	±2.0

c. 对称部位尺寸差异。对称部位尺寸差异见表4-32。

表4-32　对称部位尺寸差异（单位：cm）

尺寸范围	优等品　≤	一等品　≤	合格品　≤
≤5cm	0.2	0.3	0.4
>5cm且≤15cm	0.5	0.5	0.8
>15cm且≤76cm	0.8	1.0	1.2
>76cm	1.0	1.5	1.5

d. 缝制规定（不分品等）。合肩处、裤档叉子合缝处、缝迹边口处应加固。领型端正，线头修清。

2. 毛针织品品质检验

毛针织品品质检验采用 FZ/T 73018—2021《毛针织品》标准。该标准适用于鉴定精、粗梳纯毛针织品和含毛30%及以上的毛混纺针织品的品质。其他动物毛纤维也可参照执行。

（1）分类。毛针织品按品种分为开衫、套衫、背心类；裤子、裙子类；内衣类；袜子类；小件服饰类（包括帽子、围巾、手套等）。按洗涤方式分为干洗类；小心手洗类；可机洗类。

（2）抽样规定。以同一原料、品种和品等的产品为一检验批。内在质量和外观质量检验用样本应从检验批中随机抽取。物理指标检验用样本按批次抽取，其用量应满足各项物理指标试验需要。染色牢度检验用样本的抽取应包括该批的全部色号。单件重量偏差率检验用样本，按批抽取 3%（最低不少于 10 件），当批量小于 10 件时，执行全检。外观质量检验用样本的抽取数量，按 GB/T 2828.1—2012 执行。

（3）技术要求。

①安全性要求。毛针织品的基本安全技术要求应符合 GB 18401—2010 的规定。

②分等规定。毛针织品的品等以件为单位，按内在质量和外观质量的检验结果中最低一项定等，分为优等品、一等品和二等品，低于二等品者为等外品。

③内在质量的评等。内在质量的评等按物理指标和染色牢度的检验结果中最低一项定等。物理指标见表 4-33 和表 4-34。染色牢度按表 4-35 规定评等。印花部位、吊染产品色牢度一等品指标要求耐汗渍色牢度色泽变化和贴衬沾色应达到 3 级；耐干摩擦色牢度应达到 3 级，耐湿摩擦色牢度应达到 2-3 级。

表 4-33 毛针织品物理指标及试验方法

项目			限度	优等品	一等品	二等品	试验方法标准
纤维含量/%			—	按 FZ/T 01053 执行			GB/T 2910.1～GB/T 2910.24—2009、GB/T 2910.25～GB 2910.26—2017、GB/T 2910.101—2009、GB/T 16988—2013 FZ/T 01026—2017、FZ/T 01057.1～01057.7—2007、FZ/T 01095—2002、FZ/T 01101—2008 FZ/T 30003—2009
顶破强度/kPa	精梳	纱线线密度≤31.2tex（≥32Nm）	≥	245			GB/T 7742.1—2008（试验面积:7.3cm^2）
		纱线线密度>31.2tex（<32Nm）		323			
	粗梳	纱线线密度≤71.4tex（≥14Nm）		196			
		纱线线密度>71.4tex（<14Nm）		225			
编织密度系数			≥	1.0			FZ/T 70008—2012
起球/级			≥	3-4	3	2-3	GB/T 4802.3—2008（精梳:14400 转;普梳:7200 转）
扭斜角/（°）			≤	5			FZ/T 20011—2006 洗涤程序采用 1×7A
二氯甲烷可溶性物质/%			≤	1.5	1.7	2.5	FZ/T 20018—2010
单件质量偏差率/%			—	按供需双方合约规定			FZ/T 73018—2021

注 顶破强度只考核平针部位面积占 30%及以上的产品，背心及小件服饰类不考核；编织密度系数只考核粗梳平针罗纹和双罗纹产品；扭斜角只考核平针产品；二氯甲烷可溶性物质只考核粗梳产品；顶破强度中纱线线密度指编织所用纱线的总体线密度。

表 4-34　毛针织品水洗尺寸变化率考核指标

分类	项目		要求				
			开衫、套衫、背心类	裤子、裙子类	内衣类	袜子类	小件服饰类
小心手洗类	松弛尺寸变化率/%	长度	−10	—	−10	—	—
		宽度	+5,−8	—	+5	—	—
		洗涤程序	1×7A	1×7A	1×7A	1×7A	1×7A
	毡化尺寸变化率/%	长度	—	—	—	−10	—
		面积	−8	—	−8	—	−8
		洗涤程序	1×7A	1×7A	1×5A	1×5A	1×7A
	总尺寸变化率/%	长度	−5	−5			
		宽度	−5	+5			
		面积	−8				
可机洗类	松弛尺寸变化率/%	长度	−10	—	−10	—	—
		宽度	+5,−8	—	+5	—	—
		洗涤程序	1×7A	1×7A	1×7A	1×7A	1×7A
	毡化尺寸变化率/%	长度	—	—	—	−10	—
		面积	−8	—	−8	—	−8
		洗涤程序	2×5A	3×5A	5×5A	5×5A	2×5A
	总尺寸变化率/%	长度	—	−5			
		宽度	—	+5			

注　1. 小心手洗类和可机洗类产品考核水洗尺寸变化率指标，只可干洗类产品不考核。
　　2. 小心手洗类和可机洗类对非平针产品松弛尺寸变化率是否符合要求不作判定。
　　3. 小心手洗类中开衫、套衫、背心类非缩绒产品对其松弛尺寸变化率和毡化尺寸变化率按要求进行判定；缩绒产品对其总尺寸变化率按要求进行判定。
　　4. 水洗尺寸变化率试验按 FZ/T 70009—2015 执行。

表 4-35　染色牢度要求

项目		限度	优等品	一等品	二等品	试验方法标准
耐光	>1/12 标准深度（深色）	≥	4	4	4	GB/T 8427—2019 方法 3
	≤1/12 标准深度（浅色）		3	3	3	
耐洗	色泽变化	≥	3-4	3-4	3	GB/T 12490（小心手洗类：A1S；可机洗类：B2S）
	毛布沾色		4	3	3	
	其他贴衬沾色		3-4	3	3	
耐汗渍（酸性、碱性）	色泽变化	≥	3-4	3-4	3	GB/T 3922—2013
	毛布沾色		4	3	3	
	其他贴衬沾色		3-4	3	3	

项目		限度	优等品	一等品	二等品	试验方法标准
耐水	色泽变化	≥	3-4	3-4	3	GB/T 5713—2013
	毛布沾色		4	3	3	
	其他贴衬沾色		3-4	3	3	
耐摩擦	干摩擦	≥	4	3-4 (深色 3)	3	GB/T 3920—2008
	湿摩擦		3	2-3	2-3	
耐干洗	色泽变化	≥	4	3-4	3-4	GB/T 5711—2015
	溶剂沾色		3-4	3	3	

注　1. 内衣类产品不考核耐光色牢度。
　　2. 耐干洗色牢度为可干洗类产品考核指标。
　　3. 只可干洗类产品不考核耐洗、耐湿摩擦色牢度。
　　4. 根据 GB/T 4841.3—2006，>1/12 标准深度为深色、≤1/12 标准深度为浅色。

④外观质量的评等。外观质量的评等以件为单位，包括主要规格尺寸允许偏差、缝迹伸长率、领圈拉开尺寸及外观疵点评等。

a. 主要规格尺寸允许偏差。

长度方向：80cm 及以上 ±2.0cm，80cm 以下 ±1.5cm；

宽度方向：55cm 及以上 ±1.5cm，55cm 以下 ±1.0cm；

对称性偏差：≤1.0cm。

[主要规格尺寸允许偏差指毛衫的衣长、胸阔（1、2 胸围）、袖长，毛裤的裤长、直裆、横裆，裙子的裙长、臀宽（1、2 臀围），围巾的宽、1/2 长等实际尺寸与设计尺寸或标注尺寸的差异。对称性偏差指同件产品的对称性差异，如毛衫的两边袖长、毛裤的两边裤长的差异。]

b. 缝迹伸长率。平缝不小于 10%，包缝不小于 20%，链缝不小于 30%（包括手缝）。

c. 领圈拉开尺寸。成人：≥30cm；中童：≥28cm；小童：≥26cm。

d. 外观疵点评等。外观疵点评等规定见表 4-36。

表 4-36　外观疵点评等规定

类别	疵点名称	优等品	一等品	二等品	备注
原料疵点	条干不匀	不允许	不明显	明显	—
	粗细节、松紧捻纱	不允许	不明显	明显	—
	厚薄档	不允许	不明显	明显	—
	色花	不允许	不明显	明显	—
	色档	不允许	不明显	明显	—
	纱线接头	≤2 个	≤4 个	≤7 个	外表面不允许
	草屑、毛粒、毛片	不允许	不明显	明显	—

续表

类别	疵点名称	优等品	一等品	二等品	备注
编织疵点	毛针	不允许	不明显	明显	—
	单毛	≤2个	≤3个	≤5个	—
	花针、瘪针、三角针	不允许	次要部位允许	允许	—
	针圈不匀	不允许	不明显	明显	—
	里纱露面、混色不匀	不允许	不明显	明显	—
	花纹错乱	不允许	次要部位允许	允许	—
	漏针、脱散、破洞	不允许	不允许	不允许	—
	露线头	≤2个	≤3个	≤4个	外表面不允许
裁缝整理疵点	拷缝及绣缝不良	不允许	不明显	明显	—
	锁眼钉扣不良	不允许	不明显	明显	—
	修补痕	不允许	不明显	明显	—
	斑疵	不允许	不明显	明显	—
	色差	≥4-5级	≥4级	≥3-4级	按 GB/T 250—2008 执行
	染色不良	不允许	不明显	明显	—
	烫焦痕	不允许	不允许	不允许	—

注　1. 外观疵点说明、外观疵点程度说明见 FZ/T 73018—2012 附录 A。
　　2. 次要部位指疵点所在部位对服用效果影响不大的部位，如大衣大身边缝和袖底缝左右各 1/6 处、裤子在裤腰下裤长的 1/5 和内侧裤缝左右各 1/6 处。
　　3. 表中未列的外观疵点可参照类似的疵点评等。

【任务实施】

按相关标准，结合本项目知识点实施。

子项目 4-2　织物的力学性能检验

【工作任务】

今接到某公司送来织物样品，要求检验其某些性能指标，并出具检测报告单。

子项目 4-2
PPT

【工作要求】

1. 在个体学习，查阅相关资料与标准的基础上，采用小组讨论的方式，制订工作计划，写出实施方案。

2. 在老师的指导下，学生在纺织品检测实训中心，以小组为单位（人人参与），按照标准规范，进行织物的性能检验。

3. 完成检测报告。

4. 小组互查评判结果，教师点评。

【知识点】

一、织物耐用性检验

（一）织物的耐磨性能

织物的耐磨性是指织物抵抗摩擦而损坏的性能。织物在使用过程中，经常要与接触物体之间发生摩擦。如外衣要与桌、椅物件摩擦；工作服经常与机器、机件摩擦；内衣与身体皮肤及外衣摩擦；床单布、袜子、鞋面布与人体及接触物体的摩擦。通过对被服损坏原因的研究发现，70%的破坏是因磨损引起的，所以织物的耐用性主要决定于织物的耐磨性。

织物在使用中因受摩擦而损坏的方式很多很复杂，而且在摩擦的同时还受其他物理的、化学的、生物的、热的以及气候的影响。因此，测试织物的耐磨性时，为了尽可能地接近织物在实际使用中受摩擦而损坏的情况，测试方法、相应的测试仪器和标准有多种。例如，测试方法有平磨法、曲磨法、折边磨法等。对应的有 ISO、GB、FZ、JIS 和 ASTM 等适合纱线、织物、皮革不同检测对象的方法标准。检测仪器有回转式耐平磨仪、马丁代尔（Martindal）耐磨仪、摆动式（Oscillatory or Wyzenbeek）耐磨仪、肖伯尔（Schopper）耐磨仪和万能耐磨仪等。

1. 测试方法

（1）平磨。平磨是模拟衣服袖部、臀部、袜底等处的磨损情况，使织物试样在平放状态下与磨料摩擦。按对织物的摩擦方向又分为往复式和回转式两种。图 4-1 是往复式平磨仪示意图和仪器实物图，试样 1 平铺于平台 2 上（注意经纬向），用夹头 3、4 夹紧，底部包有磨料（如砂纸）5 的压块 6 压在试样上，工作台往复运动使织物磨损。图 4-2 是回转式平磨仪示意图和实物图，试样 1 由扣环 3 夹紧在工作圆台 2 上，一对砂轮 4 作为磨料（有不同粗糙度的砂轮供选择），工作圆台转动，使织物被磨损，磨下的纤维屑被空气吸走，保证了磨损效果。对于毛织物，国际羊毛局规定用马丁代尔摩擦试验仪（Martindale abrasion tester），如图 4-3 所示，该仪器属于多轨迹回转磨。

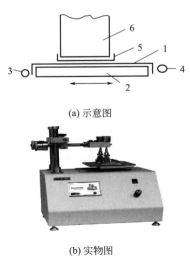

(a) 示意图

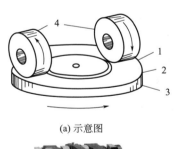

(a) 示意图

(b) 实物图

(b) 实物图

图 4-1　往复式平磨仪　　　　图 4-2　回转式平磨仪

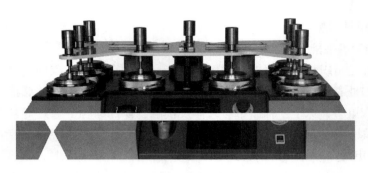

图4-3　马丁代尔摩擦试验仪（9位）

（2）曲磨。曲磨指织物试样在反复屈曲状态下与磨料摩擦所发生的磨损。它模拟上衣的肘部和裤子膝部等处的磨损。图4-4是曲磨仪的实物图与示意图，试样1一端夹在上平台的夹头2里，绕过磨刀3，另一端夹在下平台的夹头4里，磨刀受重锤5的拉力并使试样受到一定的张力，上平台是固定不动的（只能上下运动，方便夹样），下平台往复运动，织物受到反复曲磨，直至断裂。

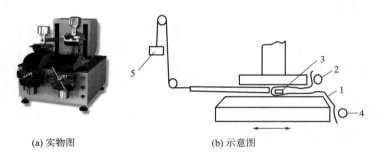

(a) 实物图　　　　　　　　(b) 示意图

图4-4　曲磨仪

（3）折边磨。折边磨是将织物试样对折，使织物折边部位与磨料摩擦而损坏的试验。它是模拟上衣领口、袖口、袋口、裤脚口及其他折边部位的磨损。图4-5是折边磨仪示意图，试样1对折在夹头2里，伸出一段折边，平台3上包有磨料（如砂纸）4，平台3往复运动，织物折边部位受到磨损。

（4）动态磨。动态磨是使织物试样在反复拉伸，弯曲状态下受反复摩擦而磨损。图4-6是动态磨示意图，试样1两头夹在往复板2的两边，并穿过滑车3上的多个导棍，重块4上包覆有磨料5，以一定压力下压在织物试样上，随着往复板和滑车的往复相对运动，织物受到弯曲、拉伸、摩擦的反复作用。

（5）翻动磨。翻动磨是使织物试样在任意翻动的拉伸、弯曲、压缩和撞击状态下经受摩擦而磨损。它模拟织物在洗衣机内洗涤时受到的摩擦磨损情况。图4-7是翻动磨示意图，将边缘已经缝合或粘封

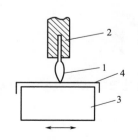

图4-5　折边磨示意图

（防止边缘纱线脱落）的试样，放入试验筒1内，叶轮2高速回转翻动试样，试样在受到拉伸、弯曲、打击、甩动的同时与筒壁上的磨料3反复碰撞摩擦。

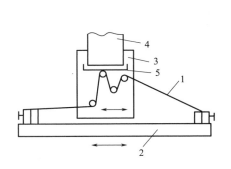

图4-6　动态磨示意图

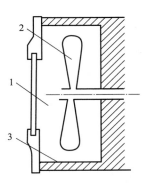

图4-7　翻动磨示意图

（6）穿着试验。穿着试验是将不同的织物试样分别做成衣裤、袜子等，组织适合的人员在不同工作环境下穿着，定出淘汰界限。例如，裤子的臀部或膝部易出现一定面积的破洞为不能继续穿用的淘汰界限。经穿用一定时间后，观察分析，根据限定的淘汰界限定出淘汰率。淘汰率是指超过淘汰界限的件数与试穿件数之比，以百分率表示。

$$淘汰率 = \frac{超过淘汰界限的件数}{试穿件数} \times 100\% \tag{4-4}$$

2. 检测标准

（1）国际标准（ISO）。

①ISO 12947.2：1998《纺织品　用马丁代尔（Martindale）法对织物抗磨损性的测定　第2部分：试样破损的测定》。

②ISO 12947.3：1998《纺织品　用马丁代尔（Martindale）法对织物抗磨损性的测定　第3部分：质量损失的测定》。

③ISO 12947.4：1998《纺织品　用马丁代尔（Martindale）法对织物抗磨损性的测定　第4部分：外观变化的评定》。

（2）中国国家标准。

①GB/T 21196.2—2007《纺织品　马丁代尔法织物耐磨性的测定　第2部分：试样破损的测定》。

②GB/T 21196.3—2007《纺织品　用马丁代尔（Martindale）法对织物抗磨损性的测定　第3部分：质量损失的测定》。

③GB/T 21196.4—2007《纺织品　用马丁代尔（Martindale）法对织物抗磨损性的测定　第4部分：外观变化的评定》。

（3）其他标准。

①FZ/T 01121—2014《纺织品　耐磨性能试验　平磨法》。

②FZ/T 01123—2014《纺织品　耐磨性能试验　折边磨法》。

③FZ/T 01128—2014《纺织品　耐磨性的测定　双轮磨法》。

④ASTM D4966—2012（2016）《织物耐磨性测试　马丁代尔耐磨测试》。

⑤ASTM D4157—2013（2017）《纺织品抗磨损性试验方法（摆动圆筒法）》。

⑥DIN 53863.2—1979《纺织品检验　平纹织物耐磨性检验　圆摩擦试验》。

⑦JIS L1096—2010《纺织品针织品测试方法》。

3. 评价指标

评价织物耐磨性的指标有两类，一类是单一性，另一类是综合性。单一性的又分为两种，一种是摩擦一定次数后，用试样物理性能变化来表示；另一种是物理性能达到规定变化时的摩擦次数。归类如下：

（1）经一定摩擦次数后，织物的力学性能、形状等的变化量、变化率、变化级别等。如强力损失率，透光、透气增加率，厚度减少率，表面颜色、光泽、起毛起球的变化等级等。

（2）磨断织物所需的磨损次数。

（3）某种物理性质达到规定变化时的磨损次数。如磨到 2 根纱线断裂或出现破洞时，织物受摩擦次数。此类指标常用于穿着试验。

（4）综合耐磨值。平磨、曲磨及折边磨的单一指标按下式计算得到综合耐磨值。

$$综合耐磨值 = \cfrac{3}{\cfrac{1}{耐平磨值} + \cfrac{1}{耐曲磨值} + \cfrac{1}{耐折边磨值}} \qquad (4-5)$$

4. 操作指导

（1）工作任务描述。用耐磨仪，测试机织物的耐磨性。并对织物的磨损性能做出评价。按规定要求测试织物的耐磨性，记录原始数据，完成项目报告。

（2）操作仪器、工具及试样。耐磨仪、天平、米尺、划样板、剪刀等，织物若干。

（3）操作要点。以双磨法为例。

①试样。距布边至少 100mm 剪取 3 块试样，试样应具有代表性。避开折皱、破损等有明显疵点的部位。试样尺寸为边长约 150mm 的正方形或直径为 150mm 的圆形。试样中心处剪出直径约为 6mm 的孔。

将试样置于 GB/T 6529—2008 规定的标准大气中调湿。

②试验程序。

a. 测试每个试样前，需在 1000g 负荷条件下使用新砂纸对摩擦轮表面打磨 25 次。砂纸的安装类同试验程序 b。

b. 将试样测试面朝上安装于旋转平台的橡胶垫上，试样的中心孔套进旋转平台的中心轴上。盖上用于固定试样中心部位的小圆盘并拧紧，套上圆形夹具固定试样的四周部位，拧紧圆形夹具，剪掉露出夹具边缘多余的织物。

c. 选择摩擦负荷 500g，放下摩擦轮与试样接触。也可根据有关方协议，选择 250g、750g 或 1000g 等其他负荷。

d. 设置旋转平台速度。对于规定摩擦次数的试验，推荐从下列转数中选择摩擦终点：100、250、500、1000、2500、5000。

e. 打开吸尘装置，启动耐磨仪开始试验，达到摩擦终点后，停止试验。

f. 观察试样，当出现下述情况之一时，记录为试样破损：机织物中至少两根独立的纱线完全断裂；针织物中至少一根纱线断裂造成外观上的一个破洞；起绒或割绒织物表面绒毛被磨损至露底或有绒簇脱落；非织造布上因摩擦造成明显的孔洞，或孔洞直径至少 10.5mm；涂层织物的涂层部分被破坏露出基布或有片状涂层脱落。如果到达试验终点时，试样出现碾破等非正常破损，在试验报告中注明。

g. 如果需要，测定试样磨破时的摩擦次数，可持续摩擦试样直至破损，观察间隔见表 4-37。记录试样磨破时的摩擦次数。

表 4-37　磨损试验的观察间隔

预计试样出现破损时的摩擦次数	观察间隔/次
≤100	10
>100 且 ≤1000	100
>1000 且 ≤5000	500
>5000	1000

③结果表示。对于规定摩擦次数的试验，如 3 个试样均未破损，则结果为"未破损"；如果 3 个试样均破损，则结果为"破损"；如果 3 个试样结果不同，则分别报出。

对于测试磨破次数的试验，取 3 个试样的平均值作为试验结果，结果保留整数。如果需要（如每个试样结果差异较大），给出每个试样的磨破次数。

（二）织物的撕破性能

织物的边缘受到一集中负荷作用，使织物撕开的现象称为撕破或撕裂。织物在使用过程中，衣物被物体勾挂，局部纱线受力拉断，使织物形成条形或三角形裂口，也是一种撕裂现象。撕裂强力与断裂功有较为密切的关系，它比拉伸断裂强力更能反映织物经整理后的脆化程度。撕破强力测定，主要适用于机织物，也可适用于非织造布。

1. 织物撕破性能的测试方法

织物的撕裂性质测试方法主要有舌形法、梯形法和落锤法等。

（1）舌形法。分为单缝法（裤形试样，以前叫单舌法）和双缝法（舌形试样，以前叫双舌法），常用的为单缝法，测试在织物等速伸长型（CRE）强力仪上进行。试样为矩形，如图 4-8 和图 4-9 所示。

（2）梯形法。测试在织物等速伸长型（CRE）强力仪或等速牵伸型（CRT）强力仪上进行。试样为梯形，如图 4-10 所示。试验时，在试样短边正中剪出一条规定长度的切口。沿梯形不平行两边夹入上、下夹头内，使切口位于两夹钳中间。试样有切口的一边（短边）呈拉紧状态，为有效隔距部分，长边处于折皱状态，如图 4-11 所示。

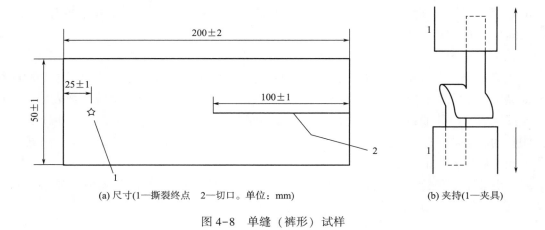

(a) 尺寸(1—撕裂终点　2—切口。单位：mm)

(b) 夹持(1—夹具)

图 4-8　单缝（裤形）试样

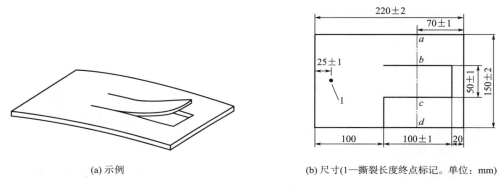

(a) 示例

(b) 尺寸(1—撕裂长度终点标记。单位：mm)

图 4-9　双缝试样

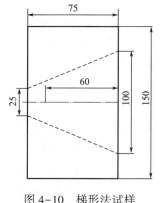

图 4-10　梯形法试样

图 4-11　梯形试样夹持方式

（3）落锤法。试样为矩形，如图 4-12 所示。落锤法试验原理是将一矩形织物试样夹紧于落锤式撕裂强力机的动夹钳与固定夹钳之间。试样中间开一切口，利用扇形锤下落的能量，将织物撕裂，仪器上有指针指示织物撕裂时织物受力的大小。

2. 撕破机理

（1）单缝（裤形）法撕破。受拉系统的纱线上下分开受拉伸时，非受拉系统的纱线与受拉系统的纱线间产生相对滑移并靠拢，在切口处形成近似三角形的受力区域，称受力三角区。如图 4-13 所示。在滑动过程中，由于纱线间存在摩擦力，非受拉系统纱线的受力和伸长变形迅速增加，底边上第一根纱线受力最大，其余纱线随离开第一根纱线的距离依次减小。当张力和伸长增大到受力三角区第一根纱线的断裂强力和伸长时，第一根纱线发生断裂，出现了撕破过程中的第一个负荷峰值。接着下一根纱线开始成为受力三角区的底边，撕拉到断裂时又出现另一个负载峰值，直到非受拉系统纱线依次逐根断裂，织物撕破。

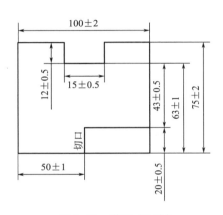

图 4-12　落锤式试样

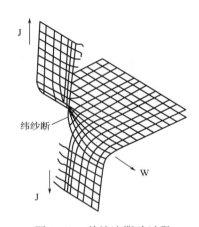

图 4-13　单缝法撕破过程

广义上来看，落锤法也属于舌形法，撕破机理类似于单缝（裤形）法撕破。不同的是，撕裂时受拉系统的纱线受拉方式是随落锤沿圆周方向摆动，即受圆周切向力作用，而非线性向下拉伸外力。

（2）双缝法撕破。双缝法撕破机理与单缝法基本相同，不同的是撕破过程中会形成两个受力三角区，且两个三角区底边上纱线不一定同时断裂，所以，撕破曲线中，出现的负荷峰值较单缝法频繁。若出现两个三角区的底边同时断裂，则峰值较高。

（3）梯形法撕破。梯形法撕破时，受力三角形不明显，受力的纱线即为受拉纱线。其撕破过程如图 4-14 所示。

随着负荷的增加，试样紧边受拉的纱首先伸直，切口边缘的第一根纱线变形最大，负担较大的外力，和它相邻的纱线负担的外力随着离开第一根纱线距离的增加而逐渐减小。当第一根纱线达到断裂伸长时，纱线断裂，出现一个撕破负

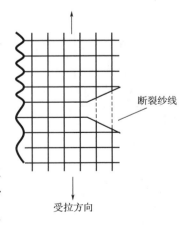

图 4-14　梯形法撕破过程

荷峰值。接着下一根纱线变为切口处的第一根纱线，撕拉到断裂时又出现另一个负载峰值，直到受拉系统纱线依次逐根断裂，织物撕破。

3. 撕破曲线及指标

（1）撕破曲线。织物撕破曲线表达撕破过程中负荷与伸长的变化关系，在附有绘图装置的强力仪上，可记录撕破曲线。图4-15为单缝（裤形）法撕破曲线，图4-16为梯形法撕破曲线。

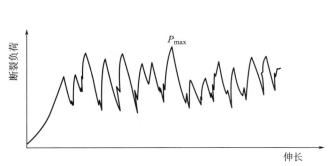

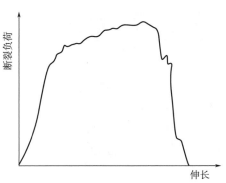

图4-15　单缝法撕破曲线　　　　　　　　图4-16　梯形法撕破曲线

（2）指标。

①最大撕破强力。最大撕破强力指撕裂过程中出现的最大负荷值。单位为牛顿（N）。

②五峰平均撕破强力。指在单缝法撕裂过程中，在切口后方撕破长度5mm后，每隔12mm分为一个区，五个区的最高负荷值的平均值为五峰平均撕裂强力，也称平均撕裂强力、五峰均值撕裂力。我国统一规定，经向撕裂是指撕裂过程中，经纱被拉断的试验；纬向撕裂是指撕裂过程中纬纱被拉断的试验。用单缝法测织物撕裂强力时，规定经纬向各测五块，以五块试样的平均值表示所测织物的经纬向撕裂强力；梯形法规定经纬向各测三块，以三块的平均值表示所测织物的经纬向撕破强力。

③12峰均值撕破强力。单缝撕裂时测得撕口距离约75mm的撕裂曲线，从第一撕裂峰开始至拉伸停止处等分为4段，舍弃第一段，在后面的三段里各找出2个最大和2个最小峰，总计12个峰，求其平均值即为12峰均值撕破力。计算图例如图4-17所示。作为峰的条件是该峰两侧强力下降段的绝对值至少超过上升段的绝对值10%，否则不予算作峰。

④全峰均值撕破强力。与12峰均值撕破

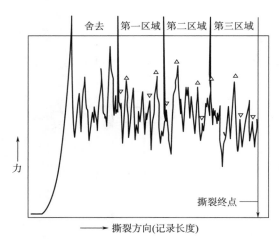

图4-17　12峰均值撕破强力

强力类似，只是把后三段里的所有峰值都用来平均。

4. 检测标准

（1）国际标准（ISO）。

①ISO 13937-1：2000 *Textiles—Tear Properties of Fabrics—Determination of Tear Force Using Ballistic Pendulum Method（Elmendorf）*。

②ISO 13937-2：2000 *Textiles—Tear Properties of Fabrics—Part 2：Determination of Tear Force of Trouser—Shaped Test Specimens（Single Tear Method）*。

③ISO 13937-3：2000 *Textiles—Tear Properties of Fabrics—Part 3：Determination of Tear Force of Wing—Shaped Test Specimens（Single Tear Method）*。

④ISO 13937-4：2000 *Textiles—Tear Properties of Fabrics—Part 4：Determination of Tear Force of Tongue-Shaped Test Specimens（Double Tear Test）*。

（2）国家标准（GB）。

①GB/T 3917.1—2009《纺织品　织物撕破性能　第1部分：冲击摆锤法》。

②GB/T 3917.2—2009《纺织品　织物撕破性能　第2部分：裤形试样（单缝）撕破强力的测定》。

③GB/T 3917.3—2009《纺织品　织物撕破性能　第3部分：梯形试样撕破强力的测定》。

④GB/T 3917.4—2009《纺织品　织物撕破性能　第4部分：舌形试样（双缝）撕破强力的测定》。

⑤GB/T 3917.5—2009《纺织品　织物撕破性能　第5部分：翼形试样（单缝）撕破强力的测定》。

5. 操作指导

（1）工作任务描述。利用织物拉伸强力测试仪及冲击摆锤强力仪，测试织物的撕破性能。根据舌形法、梯形法及落锤法规定的要求，对织物取样和测试，记录原始数据，完成项目报告。

（2）操作仪器、工具及试样。电子织物强力仪、落锤式织物撕裂仪（图4-18）、钢尺、剪刀、撕破试条划样板等，织物试样。

（3）操作要点。

①试样准备。

a. 舌形法。按图4-8及图4-9试样尺寸要求制作样板，用样板在织物上取样。单缝（裤形）法剪出长（100±1）mm的线型切口线，双缝法剪出长（100±1）mm，宽（50±1）mm的下框型"▯"切口线。取样数量及位置根据产品技术条件或有关方协议确定，如无上述要求，可按图4-19裁取两组试样，一组为经向，

图4-18　YGO33A型落锤式织物撕裂仪

另一组为纬向。每组试样至少 5 块或按协议更多些。

　　b. 梯形法。按图 4-10 试样尺寸要求制作样板，用样板在织物上取样。取样数量及位置根据产品技术条件或有关方协议确定，一般在经向和纬向各剪 5 块试样。

　　c. 落锤法。按图 4-12 试样尺寸要求制作样板，用样板在织物上取样。取样数量及位置根据产品技术条件或有关方协议确定，如无上述要求，可按图 4-20 裁取两组试样，一组为经向，另一组为纬向。每组试样至少 5 块或按协议更多些。

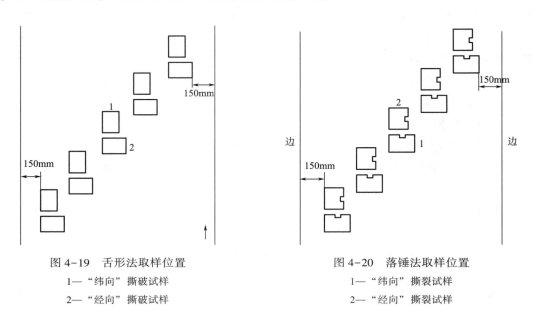

图 4-19　舌形法取样位置

1—"纬向"撕破试样

2—"经向"撕破试样

图 4-20　落锤法取样位置

1—"纬向"撕裂试样

2—"经向"撕裂试样

②操作步骤。

a. 单缝（裤形）法。

（a）隔距长度设置。将拉伸试验仪的隔距长度设定为 100mm。

（b）拉伸速率设置。将拉伸试验仪的拉伸速率设定为 100mm/min。

（c）安装试样。将试样的每条裤腿各夹入一只夹具中，切割线与夹具的中心线对齐，试样的未切割端处于自由状态，整个试样的夹持状态如图 4-8（b）所示。注意保证每条裤腿固定于夹具中使撕裂开始时是平行于切口且在撕力所施的方向上，试验不用预加张力。

（d）操作。开动仪器，以 100mm/min 的拉伸速率，将试样持续撕破至试样的终点标记处；记录撕破强力（N），如果想要得到试样的撕裂轨迹，可用记录仪或电子记录装置记录每个试样在每一织物方向的撕破长度和撕破曲线。

　　如果是出自高密织物的峰值，应该由人工取数。记录纸的走纸速率与拉伸速率的比值应设定为 2：1。

　　观察撕破是否沿所施加力的方向进行以及是否有纱线从织物中滑移而不是被撕裂。满足以下条件的试验为有效试验：纱线未从织物中滑移；试样未从夹具中滑移；撕裂完全且撕裂是沿着施力方向进行的。

不满足以上条件的试验结果应剔除。如果 5 个试样中有 3 个或更多个试样的试验结果被剔除，则可认为此方法不适用于该样品。如果协议增加试样，则最好加倍试样数量，同时也应协议试验结果的报告方式。

（e）结果的计算及表示。指定两种计算方法：人工计算和电子方式计算。两种方式也允许不会得到相同的计算结果，不同方法得到的试验结果不具可比性。

Ⅰ. 从记录纸记录的强力。伸长曲线上人工计算撕破强力（12 峰均值撕破强力）。

首先了解峰值的近似计算。为了简化人工计算，建议根据试样撕裂曲线的中间高度的峰值来近似计算峰值的强力变化值。用中间高度峰值的 1/10，也就是大约±10% 来确定一个峰值是否适合计算，这个峰值的上升和下降阶段的强力值需要达到中间高度峰值的 1/10，也就是大约±10%。例如，中间高度峰值 85~90N（近似值），此值的 10% 是 8.5~9N。可用于计算的峰值上升和下降所需的强力值>8N。

如图 4-17 所示，计算步骤如下：

• 分割峰值曲线，从第一峰开始至最后峰结束等分成四个区域。第一区域峰值舍去不用，其余三个区域内，在每个区域选择并标出两个最高峰和两个最低峰。最高峰记为△、最低峰记为▽。最高峰与最低峰选取应满足：峰两侧强力下降段的绝对值至少超过上升段的绝对值 10%，否则不予算作峰。

• 计算每个试样 12 个峰值的算术平均值，单位为牛顿（N）。

• 计算同方向的样品的撕破强力的总算术平均值，以牛顿（N）表示，并保留两位有效数字。

Ⅱ. 用电子装置计算撕破强力（全峰均值撕破强力）。

用电子计算方法统计强力—伸长曲线上的第一到第三区域所有峰值的平均值。

b. 落锤法。

（a）仪器调试。选择摆锤的质量，使试样的测试结果落在相应标尺 15%~85% 范围内。校正仪器零位，将摆锤升到起始位置。

（b）试样夹持。试样长边与铗钳的顶边平行夹入铗钳中，底边放至铗钳的底部，在凹槽对边用小刀切一个 20mm±0.5mm 的切口，余下的撕裂长度为 43mm±0.5mm。

（c）操作。按下摆锤停止键，放开摆锤。当摆锤回摆时握住它，以免破坏指针的位置，从测量尺分度值读出撕破强力，单位为牛顿（N）。

（d）计算及表示。记录每块试样最大撕破强力，计算经向与纬向 5 块试样的算术平均值，修约到一位小数。

（三）织物的顶破和胀破性能

织物在垂直于织面平面的负荷作用下使其破坏的现象称为织物顶破或胀破。它可反映织物多向强伸特征。服用织物的膝部肘部的受力情况；手套、袜子、鞋面用布在手指及脚趾处的受力及特殊用途的织物，如降落伞、滤尘袋以及三向织物、非织造土工布等使用时的受力特征，与织物顶破时受到的垂直于织物平面的受力相近。纬编针织物具有纵横向较大的延伸能力，两向相互影响较大，通常用顶破性能考核其耐用性。

1. 织物顶破和胀破性能的测试方法

（1）弹子法。弹子法是利用钢球球面来顶破织物。弹子式顶破强力机结构示意图如图4-21所示。其主要机构与织物拉伸强力仪相近，但用一对支架1、2代替强力机上的上、下夹头，上支架1与下支架2可做相对移动，试样3夹在一对环形夹具4之间。当下支架2下降时，顶杆5上的钢球6向上顶试样3，直到试样顶破为止。这种测试方法适用于服装、手套、袜子、鞋面等织物顶破性能的测试。

（2）弹性膜片法。弹性膜片法是利用气压式或液压来胀破织物。织物胀破强度测试仪结构示意图如图4-22所示。织物试样1放在压罩2和气压箱3之间，试样下面放上适当厚度和韧性较好的橡皮衬垫4。打开进液开关通入压缩液体将试样胀破，从仪器液压表5中得到胀破强度，并在伸长计上得到试样胀破扩张度。这种仪器较适用于测试降落伞、滤尘袋、水龙带等织物的性能。弹性膜片法的试验结果较弹子法稳定。部分原因是弹子法顶破是圆形试样近中心部位与钢球球面接触时产生局部摩擦，使部分负荷由摩擦时的滑动阻力所承担。而弹性膜片法胀破时，气体或油压在试样上均匀分布。

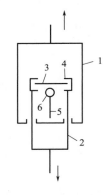

图4-21　弹子式顶破强力
机结构示意图

1—支架　2—支架　3—试样
4—夹具　5—顶杆　6—弹子

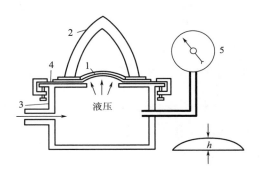

图4-22　织物胀破强度测试仪结构示意图

1—试样　2—压罩　3—气压箱
4—橡皮衬垫　5—液压表

2. 顶破性能评价指标

（1）顶破强力。弹子垂直作用于布面使织物顶起破裂的最大外力。用于弹子法。

（2）顶破强度。织物单位面积上所承受的顶破强力。用于弹子法。羊毛衫片常用顶破强度评价其耐用性。

（3）胀破强度。与顶破强度含义相同。用于弹性膜片法。

（4）胀破扩胀度。在胀破压力下的织物膨胀程度，以胀破高度或胀破体积表示。胀破高度为膨胀前试样的上表面与在胀破压力下试样顶部之间的距离；胀破体积为达到胀破压力时所需的液体体积。

3. 顶破机理

织物是各向异性材料，当织物局部平面受一垂直的集中负荷作用时，织物各向产生伸长。机织物中，沿各向作用的张力复合成一剪切应力，首先在变形最大、强力最薄弱的一点上使纱线断裂，导致织物破裂。针织物中，各线圈相互勾接连成一片，共同承受伸长变形，直至织物破裂。织物的顶破与一次拉伸相比，它是多向受力。

4. 影响织物顶裂强力的因素

织物在垂直作用力下被顶破时，织物受力是多向的，因此织物会产生各向伸长。当沿织物经纬两方向的张力复合成的剪应力大到一定程度时，即等于织物最弱的一点上纱线的断裂强力时，此处纱线断裂。接着会以此处为缺口，出现应力集中，织物会沿经（直）向或纬（横）向撕裂，裂口呈直角形。由分析可知，影响织物顶裂强度的因素与影响拉伸的因素接近。

（1）纱线的断裂强力和断裂伸长。当织物中纱线的断裂强力大、伸长率大时，织物的顶破强力高，因为顶破的实质仍为织物中纱线产生伸长而断裂。

（2）织物厚度。在其他条件相同的情况下，当织物厚时，顶破强力大。

（3）机织物织缩的影响。当机织物中织缩大时，而且经纬向的织缩差异并不大，在其他条件相同时，织物顶破强力大。若经纬织缩差异大，在经纬纱线自身的断裂伸长率相同时，织物必沿织缩小的方向撕裂，裂口为直线形，织物顶破强力偏低。

（4）织物经纬向密度。机织物经、纬两向的结构与性质的差异对顶破与胀破强力有很大的影响。当经、纬密差异较大时，织物顶裂时经、纬两向的纱线，没有同时发挥分担最大负荷的作用，织物沿密度小的方向撕裂，织物顶破强力偏低，裂口呈直线形。当经、纬密相近时，经、纬两系统纱线同时发挥分担最大负荷的作用，织物沿经、纬两向同时开裂，裂口呈现 L 形，顶破和胀破强力较大。

（5）纱线的钩接强度。在针织物中，纱线的钩接强度大时，织物的顶破强度高。此外，针织物中纱线的细度、线圈密度也影响针织物的顶破强力。提高纱线线密度和线圈密度，顶破强力有所提高。

5. 操作指导

（1）工作任务描述。利用多功能织物强力测试仪或织物顶（胀）破强度测试仪，测试织物的顶破和胀破性能。按规定的要求对织物取样和测试，记录原始数据，完成项目报告。

（2）操作仪器、工具及试样。织物顶破强力测试仪或织物胀破强度测试仪（图 4-23）、剪刀、顶破圆形划样板等。针织物试样。

（3）操作要点。

①按 GB/T 7742.2—2015 试验。本标准适用于针织物、机织物、非织造布和层压织物，也适用于由其他工艺制造的各种织物。（当压力不超过 800kPa 时，采用液压和气压两种胀破仪器得到的胀破强力结果没有明显差异）

a. 取样。根据产品标准规定或根据协议取样，若产品标准中没有规定，按图 4-24 取样。试样面积为 50cm²（直径 79.8mm）。一般不需要裁剪试样即可进行试验。

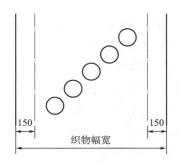

图 4-23　织物胀破强度测试仪　　　　图 4-24　弹性膜片法取样部位

b. 样品在试验前应在松弛状态下进行（预调湿）调湿，并在标准大气中试验（按 GB/T 6529—2008 规定执行。湿态试验不要求调湿和预调湿）。

c. 调节胀破仪的控制阀以使试样的平均胀破时间在 20s±5s（可能需要进行预试验来对控制阀进行准确设置）。要记录试样从开始起拱到破裂时的胀破时间。

d. 将试样放置在膜片上，使其处于平整无张力状态，避免在其平面内的变形，用夹持环夹紧试样，避免损伤，防止其在试验中滑移。将扩张度记录装置调整至零位，根据仪器的要求固定安全罩。对试样施加压力，直到其破裂。

试样破坏后，关闭主气控制阀，记录胀破压力和胀破高度。如果试样的破裂接近夹持环的边缘，则记录该情况。试样在夹持线 2mm 以内发生破裂时，应舍弃此次试验结果。

在织物的不同部位进行试验，至少 5 次有效试验。如果双方同意，可增加试验次数。

e. 膜片压力的测定。用与上述测试相同的方法（相同的试验面积、相同的气压），在无试样的情况下，使膜片膨胀达到有试样时的平均胀破高度。以此胀破压力作为膜片压力。

f. 湿态试验。湿态试验的试样放在温度 20℃±2℃、符合 GB/T 6682—2008 的三级水中浸渍 1h，热带地区可使用 GB/T 6529—2008 中规定的温度。也可用每升不超过 1g 的非离子湿润剂的水溶液代替三级水。

将试样从液体中取出，放在吸水纸上吸取多余的水后，立即按上述方法进行试验。

g. 结果计算及表示。

（a）计算胀破压力的平均值，减去膜片压力，得胀破强力（单位：千帕，kPa）。结果修约至三位有效数字。

$$胀破强力 = A - B \qquad (4-6)$$

式中：A——膜片胀破试样的平均胀破压力，kPa；

　　　B——膜片压力，kPa。

（b）计算胀破高度的平均值（mm）。结果修约至二位有效数字。

②按 GB/T 19976—2005 试验。本标准适用于各类织物。

a. 仪器。等速伸长型试验仪（CRE）。环形夹持器内径为 45mm±0.5mm，顶杆头端抛光钢球的直径为 25mm±0.02mm 或 38mm±0.02mm。

b. 试样。试样应具有代表性，试验区域应避免折叠、折皱，并避开布边。如果使用的夹持系统不需要裁剪试样即可进行试验，则可不裁成小试样。进行湿润试验时，需要裁剪试样。试样尺寸应大于环形夹持装置面积，试样数量至少 5 块。

预调湿、调湿和试验大气按 GB/T 6529—2008 规定执行。湿态试验不要求预调湿、调湿。

c. 步骤。

（a）安装顶破装置。选择直径为 25mm 或 38mm 的球形顶杆。将球形顶杆和夹持器安装在试验机上，保证环形夹持器的中心在顶杆的轴心线上。

（b）设定仪器。选择力的量程，使输出值在满量程的 10%～90%。设定试验机的速度为 300mm/min±10mm/min。

（c）夹持试样。将试样反面朝向顶杆，夹持在夹持器上，保证试样平整、无张力、无折皱。

（d）测定顶破强力。启动仪器，直至试样被顶破。记录其最大值作为该试样的顶破强力（单位：牛顿，N）。如果测试过程中出现纱线从环形夹持器中滑出或试样滑脱，应舍弃该试验结果。

（e）湿润试验。将试样从液体中取出，放在吸水纸上吸取多余的水后，立即按上述方法进行试验。

（f）结果计算及表示。计算顶破强力的平均值（单位：牛顿，N）。结果修约至整数位。

③按 FZ/T 01030—2016 试验。本标准适用于针织物和弹性机织物；适用于直线接缝，不适用于较大弯曲的接缝。

对于缝制品，同一缝迹方式剪取圆形试样 3 块，接缝应通过试样圆心。试样直径不得小于所使用环形夹持装置外径。

a. 钢球法顶破（方法 A）。

（a）选择直径为 38mm 的球形顶杆。将球形顶杆和夹持器安装在试验机上，保证环形夹持器的中心在顶杆的轴心线上。

（b）选择适宜的载荷量程，使测得的强力值在满量程的 10%～90%。设定试验机的顶杆移动速度为 100mm/min。

（c）将试样夹持在夹持器上，缝边朝向顶杆，并通过夹持器圆心，试样应平整无张力。

（d）在顶杆刚接触试样时将记录顶杆位移的装置调至零位。

（e）启动仪器，直至织物破裂或缝纫线断裂，或其他破裂原因而使接缝处裂开，试验终止。如果测试过程中出现纱线从环形夹持器中滑出或试样滑脱，应舍弃该试验结果。

（f）记录最大接缝强力和顶破扩张度。

（g）记录试样破裂的原因：ⅰ. 织物破裂；ⅱ. 织物在钳口处破裂；ⅲ. 缝纫线断裂；ⅳ. 织物在接缝处破裂；ⅴ. 其他破裂情况。如果是由ⅰ或ⅱ引起的试样破坏，应将这些结果剔除，并重新取样继续进行试验，直至保证得到 3 个接缝处破坏的测试结果。如果所有试样的破坏均是ⅰ或ⅱ引起的，应在试验报告中注明。

（h）结果计算和表示。分别计算每种缝迹型式或直（经）向和横（纬）向的平均接缝强力，以牛顿（N）为单位。计算结果修约至 1N。

分别计算每种缝迹型式或直（经）向和横（纬）向的平均顶破扩张度，以毫米（mm）为单位。计算结果修约至 1mm。

b. 膜片式胀破（方法 B）。

（a）试样面积 7.3cm^2（直径 30.5mm）。

（b）设定恒定的体积增长速率为 85cm^3/min。

（c）将试样放置在膜片上，缝边朝向膜片并通过圆环夹钳孔圆心。试样应处于平整无张力状态，避免在其平面内的变形。用夹持器夹紧试样，避免损伤，防止其在试验中滑移。将扩张度记录装置调整至零位，根据仪器的要求拧紧安全盖。

（d）启动仪器，直至织物破裂或缝纫线断裂，或其他破裂原因而使接缝处裂开，试验终止。

（e）记录膜片顶破试样的最大强度和顶破扩张度。

（f）记录试样破裂的原因［同方法 A-（g）］。

（g）测定膜片校正值。采用与上述试验相同的试验面积、体积增长速率或胀破时间，在无试样的状态下，膨胀膜片，直至达到有试样时的平均顶破扩张度。以此压强值作为膜片校正值。

（h）结果计算和表示。分别计算每种缝迹方式或直（经）向和横（纬）向的平均接缝强度，以千帕（kPa）为单位。计算结果修约至 1kPa。

$$p = p_1 - p_2 \tag{4-7}$$

式中：p——接缝强度，kPa；

p_1——膜片顶破试样的平均顶破强度，kPa；

p_2——膜片校正值，kPa。

分别计算每种缝迹方式或直（经）向和横（纬）向的平均顶破扩张度，以毫米（mm）为单位。计算结果修约至 1mm。

（4）相关标准。

①GB/T 7742.1—2005《纺织品　织物胀破性能　第 1 部分：胀破强力和胀破扩张度的测定液压法》。

②GB/T 7742.2—2015《纺织品　织物胀破性能　第 2 部分：胀破强力和胀破扩张度的测定气压法》。

③GB/T 19976—2005《纺织品　顶破强力的测定　钢球法》。

④FZ/T 01030—2016《针织物和弹性机织物接缝强力和扩张度的测定　顶破法》。

拓展训练：织物的拉伸性能，见本教材附录。

二、织物外形保持性检验

消费者、经销商及服装设计师对于织物的检查和选择，通常是以织物外观为基础的，包括颜色、光泽、悬垂性、织物疵点等。除了这些直观的视觉外观外，织物在使用过程中还会表现出表面形态的变化，如免烫性、折痕回复性、起毛起球性、勾丝性、收缩性等。这些性能的表征，需要专业人员对织物进行适当的检测与分析，才能做出正确的评价。

（一）织物的折痕回复性

织物在穿用和洗涤过程中，因受到反复揉搓而产生折皱的回复程度，称为折痕回复性。即除去引起织物折皱的外力后，由于弹性使织物回复到原来状态的性能。因此，也常称织物的折痕回复性、抗皱性或折皱弹性。由折皱性大的织物做成的服装，穿用过程中易起皱，即使服装色彩、款式和尺寸合体，也因其易形成折皱而失去其美学性，还会在折皱处易磨损，降低了使用性。

1. 织物折痕回复性测试的方法标准

（1）ISO 9867—2009 *Textiles—Evaluation of the wrinkle recovery of fabrics—Appearance method*《纺织品 织物折皱回复性的评定 外观法》。

（2）GB/T 3819—1997《纺织品织物折痕回复性的测定 回复角法》。

（3）AATCC 128—2017 *Wrinkle Recovery of Fabrics*：*Appearance Method*《织物折皱回复性外观法》。

（4）JIS L1059-1—2009《纺织物的折皱回复用试验方法 第1部分：用测量回复角测定横向折叠试样的折皱回复性》。

（5）JIS L1059-2—2009《纺织物的折皱回复用试验方法 第2部分：织物皱纹回复的评估 外观法》。

2. 织物折痕回复性的测试方法

（1）垂直法。试样为凸形，如图4-25所示。试验时，试样沿折叠线1处垂直对折，平放于试验台的夹板内，再压上玻璃承压板。然后，在玻璃承压板上加上一定压重，经一定时间后释去压重，取下承压板，将试验台直立，由仪器上的量角器读出试样两个对折面之间张开的角度。此角度称为折痕回复角。通常将在较短时间（如15s）后的回复角称为急弹性折痕回复角，将经较长时间（如5min）后的回复角称为缓弹性折痕回复角。

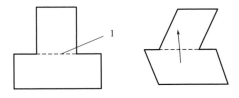

图4-25 折痕回复性——垂直法

（2）水平法。试样为条形，试验时，如图4-26所示，试样1水平对折夹于试样夹2内，加上一定压重，定时后释压。然后，将夹有试样的试样夹插入仪器刻度盘3上的弹簧夹内，并让试样一端伸出试样夹外，成为悬挂的自由端。为了消除重力的影响，在试样回复过程中必须不断转动刻

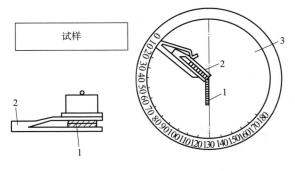

图4-26 折痕回复性——水平法

度盘，使试样悬挂的自由端与仪器的中心垂直基线保持重合。经一定时间后，由刻度盘读出急弹性折痕回复角和缓弹性折痕回复角。通常以织物正反两面经、纬两向的折痕回复角作为指标。

3. 评价指标

（1）折痕回复角 α。即在规定条件下，受力折叠的试样卸除负荷后一定时间后，两个对折面形成的角度，单位为度（°）。分为经（纵）向折痕回复角、纬（横）向折痕回复角和总折痕回复角。总折痕回复角为经、纬向折皱回复角之和。

（2）折痕回复率 R。即织物的折痕回复角占180°的百分率即折皱（痕）回复率，计算式如下：

$$R = \frac{\alpha}{180} \times 100\% \tag{4-8}$$

式中：R——折痕回复率；

α——折痕回复角，（°）。

应该指出，折痕回复角实质上只是反映了织物单一方向、单一形态的折痕回复性。这与实际使用过程中织物多方向、复杂形态的折皱情况相比，还不够全面。国外已研制出能使试样产生与实际穿着相近的折痕的试验仪器。试验时，试样经仪器处理产生折痕，然后释放作用力，放置一定时间后用目测方法比对标准样照对折痕状态评级判定。

4. 影响织物折皱弹性的主要因素

（1）纤维性质。

①纤维的几何特征。纤维的细度和形态影响纤维的弯曲性质，尤其是线密度，影响较为突出。当纤维较粗时，纤维刚性较大，不易产生折痕。如涤黏（棉型）混纺织物，在保持混纺比不变的情况下，用 3.3dtex（3 旦）纤维比用 2.2~2.8dtex（2.0~2.5 旦）纤维织物的折痕回复性好。如果再混用适量的 5.56dtex（5 旦）纤维，则织物的折痕回复性更好。

纤维的截面和纵面形态也会影响织物的折痕回复性。异形截面的纤维一方面由于刚性较大，不易产生折痕；另一方面外力释放后纤维、纱线间的切向滑动阻力较大，使折痕回复受影响。一般异型纤维织物的折痕回复性不及圆形织物，但差异不大。类似的理由，纵面光滑的化纤织物的折痕回复性较粗糙的化纤织物的折痕回复性稍好。

②纤维弹性。纤维弹性是影响织物折痕回复性最主要的因素。纤维弹性优良的涤纶、氨纶、丙纶及羊毛，其织物的折痕回复性也较好。涤纶与锦纶相比，涤纶的急弹变形比例较大，缓弹性变形比例小，其织物起皱后具有极短时间内急速回复的性能；锦纶的弹性回复率虽然较涤纶大，但急弹性变形比例小，缓弹性变形比例大，因此锦纶织物起皱后往往需要较长时间方能回复。

③纤维表面摩擦抱合性质。纤维表面摩擦系数适中时，织物的折痕回复性较好。原因是纤维表面摩擦系数过小时，在外力作用下，纤维间易发生较大的滑移，外力释放后，这种较大的滑移大多不再回复，使织物产生折痕。而当纤维表面摩擦系数过大时，

外力释放后，纤维依靠本身的回弹性做相对移动的阻力较大，也使织物的皱痕产生后不易消除。

（2）纱线的结构。纱线结构中纱线的捻度对织物的折痕回复性影响较大。在一般的捻度范围内，随着捻度增加，纱线弹性与刚性增加，织物的折痕回复性较好。如丝绸织物提高抗皱性常用强捻纱这一措施。但捻度过高，也不利于织物的抗皱性。过高的捻度，使纤维产生很大的扭转变形，塑性变形增加，同时纤维间束缚得很紧，当外力释放后，纤维间做相对移动而回复的程度极低，织物表面产生的皱痕不易消退。

（3）织物的结构。织物结构中织物厚度对织物的折痕回复性影响显著。织物厚些，折痕回复性提高。

机织物三原组织中，平纹组织交织点最多，外力释放后，织物中纱线不易做相对移动而回复到原来状态，故织物的折痕回复性较差；缎纹组织交织点最少，织物的折痕回复性较好。针织物中，凡线圈长度长的，纱线间切向滑动阻力小，织物在外力作用下容易产生较大折痕而不易回复。

织物经、纬密对织物折痕回复性影响的一般规律是：随着经、纬密的增加，织物中纱线间的切向滑动阻力增大，同平纹组织相同的原因，织物的折痕回复性有下降的趋势。

（4）后整理。对于棉、麻、黏胶等纤维素纤维织物及丝绸等易皱织物，后整理可以显著提高织物的弹性和折痕回复性。

（二）织物的悬垂性

织物因自重下垂的程度及形态称为悬垂性。裙子、窗帘、桌布、帷幕等织物要求具有良好的悬垂特性。西服等外套用织物的悬垂性对服装的曲面造型有直接的影响，悬垂性优良的织物形成的服装具有自然飘逸的外观特性。

1. 织物悬垂性测试的方法标准

GB/T 23329—2009《纺织品　织物悬垂性测试》。

2. 织物悬垂性的测试方法及指标

悬垂性的测试主要有纸环法和图像处理法两种，测试示意如图 4-27 所示。将一定面积的圆形试样 1，放在圆盘架 2 上，织物因自重沿小圆盘周围下垂，呈折叠的悬垂试样 3。

表示织物悬垂性的指标为悬垂系数（用 D 表示），指试样下垂部分的投影面积与其原面积之比的百分率，如图 4-28 所示。其图像处理法悬垂系数 D（%）计算式如下：

$$D = \frac{A_F - A_d}{A_D - A_d} \times 100\% \tag{4-9}$$

式中：A_D——未悬垂试样的初始面积，cm^2；

　　　A_F——试样在悬垂后投影面积，cm^2；

　　　A_d——夹持盘面积，cm^2。

[纸环法计算悬垂系数见公式（4-11）]。

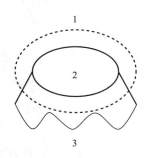

图 4-27　织物悬垂性测试示意图

1—试样　2—圆盘架　3—悬垂试样

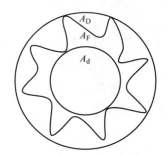

图 4-28　试样投影面积

A_D—试样面积　A_F—投影面积　A_d—小圆盘面积

悬垂仪有普通悬垂仪［图 4-29（a）］，用于纸环法测试；也有用于图像处理的悬垂仪［图 4-29（b）（c）（d）］，用于图像处理法测试。

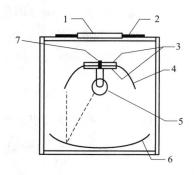

(a) 普通悬垂仪

1—中心板　2—纸环（或白色片材）
3—固定试样的夹持盘　4—悬垂的织物试样
5—点光源　6—抛面镜　7—定位柱

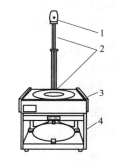

(b) 用于图像处理的悬垂仪

1—相机　2—相机支架
3—透明盖或白色片材
4—仪器箱体

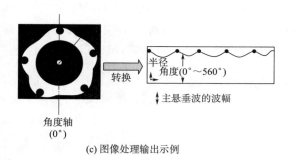

(c) 图像处理输出示例

(d) 图像处理原理示意图

图 4-29　悬垂仪

织物悬垂系数小，织物较柔软，具有较好的悬垂性。但用悬垂系数评价织物悬垂性，只能表达织物下垂的程度，无法表达织物下垂的形态。如某些身骨疲软的织物，尽管测出的悬垂系数很小，但侧面的波曲形状活泼性、调和性及平衡度、丰满度不一定美观。因此，对织物悬垂性的评价，要将悬垂系数与波曲形态的美观性结合起来综合考虑。

3. 影响织物悬垂性的主要因素

（1）纤维的性质。纤维的刚柔性是影响织物悬垂性的主要因素。刚硬的纤维制成的织物悬垂性较差，如麻织物。柔软的纤维制成的织物则具有较好的悬垂性，如羊毛织物和蚕丝织物。

（2）纱线的结构。纱线结构中纱线的捻度对纱线的刚性有影响，捻度较大，纱线手感较硬，织物的悬垂性较差。长丝纱往往较短纤维纱捻度小，因此长丝纱织物较短纤维纱织物的悬垂性优良。

（3）织物的结构。织物厚度及经、纬纱密度增加，织物抗弯刚度增加，不利于织物下垂，悬垂性变差。织物紧度小些，纱线松动的自由度较大，有利于织物的悬垂性。织物单位面积重量会直接影响织物自重下垂程度，随着织物单位面积重量的增加，悬垂系数变小，但单位面积重量过小，织物会产生轻飘感，悬垂性很不佳。

（三）织物的起毛起球性

织物经摩擦后起毛球的程度称为起毛起球性。织物起毛球不但影响织物外观和手感，还影响表面摩擦、抱合性与耐磨性。

1. 起毛起球机理

织物起毛起球过程如图4-30所示，可分起毛、纠缠成球、毛球脱落三个阶段。织物在穿用过程中，受多种外力和外界的摩擦作用。经过多次的摩擦，纤维端伸出织物表面形成毛茸，称为织物起毛。在继续穿用时，绒毛不易被磨断，而是纠缠在一起，在织物表面形成许多小球粒，称为织物起球。

(a) 起毛　　　　　(b) 纠缠成球　　　　　(c) 毛球脱落

图4-30　起毛起球的过程

如果在穿用过程中形成毛茸后纤维很快被摩擦断裂或滑出纱体而掉落或织物内纤维被束缚得很紧，纤维毛茸伸出织物表面较短，织物表面并不能形成小球。纤维毛茸纠缠成球后，在织物表面会继续受摩擦作用，达到一定时间后，毛球会因纤维断裂从织物表面脱落下来。起毛起球随时间的变化曲线（即起球曲线）如图4-31所示。因此评定织物起毛起球性的优劣，不仅看织物起毛起球的快慢、多少，还应视脱落的速度而定。

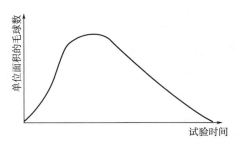

图4-31　织物起毛起球与时间的关系

2. 织物起毛起球性测试的方法标准

（1）圆轨迹法。GB/T 4802.1—2008《纺织品　织物起毛起球性能的测定　第1部分：圆轨迹法》。

（2）马丁代尔。GB/T 4802.2—2008《纺织品　织物起毛起球性能的测定　第2部分：改型马丁代尔法》；ISO 12945-2—2020《纺织品　织物表面起球性能的测定　第2部分：马丁代尔法》。

（3）起球箱法。GB/T 4802.3—2008《纺织品　织物起毛起球性能的测定　第3部分：起球箱法》；ISO 12945-1—2020《纺织品　织物表面起球和起毛性的测定　第1部分：起球箱法》；JIS L1076—2012《机织物和针织物表面起球性测试　方法A：使用ICI仪》。

（4）随机翻滚法。GB/T 4802.4—2020《纺织品　织物起毛起球性能的测定　第4部分：随机翻滚法》；ISO 12945-3—2020《纺织品　织物表面起球和起毛性的测定　第3部分：随机翻滚法》；ASTM D3512/D3512M-2010（2014）*Standard Test Method for Pilling Resistance and Other Related Surface Changes of Textile Fabrics：Random Tumble Pilling Tester*《织物抗起球性和其他相关表面变化的标准试验方法：随机翻滚法》；JIS L1076—2012《机织物和针织物表面起球性测试方法D：使用随机翻滚法》。

3. 织物起毛起球性的测试方法及指标

测试织物起毛起球性方法有圆轨迹法、马丁代尔法、起球箱法、随机翻滚法。

起球箱法和随机翻滚法更适合于测试针织物的起球性能。在这两种试验方法中，织物的表面外观变化是通过试样与具有温和摩擦表面的软木内衬或聚氯丁二烯内衬之间的随机摩擦获得的。

与起球箱法相比，随机翻滚法能更好地反映服装在穿着使用过程的起球状况，因此更适用于测试克重较高的针织物，如套头毛衫和起绒织物。

改型马丁代尔法更适用于测试机织物的起球性能。在这种试验方法中，织物的表面外观变化是通过试样与相同织物或参考磨料织物之间的规则摩擦实现的。

（1）圆轨迹法。如图4-32所示。织物的起毛、起球分别进行，首先试样1在一定重锤3作用下，以圆周运动的轨迹使织物与摩擦体（尼龙毛刷）2摩擦一定次数，使织物表面产生毛茸，然后使试样再与标准织物进行摩擦，使织物起球。经一定次数后，与标准样照对比，评定起球级别。此法多用于低弹长丝机织物、针织物及其他化纤纯纺或混纺织物。

（2）马丁代尔法。如图4-33所示。在一定压力下，织物试样1与摩擦体3进行摩擦，达到规定次数后，试样与标准样照对比，评定织物试样起球级别。马丁代尔法与圆轨迹法原理相似。此种方法也是目前国际羊毛局规定的用来评定精纺或粗纺毛织物起球的标准方法。其摩擦体可以是本身织物或标准磨料，摩擦轨迹呈李莎茹（Lissajous）曲线，一次试验可完成多块试样测试。适用于大多数织物，对毛织物更为适宜，但不适用于厚度超过3mm的织物。

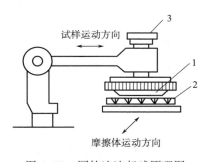

图 4-32 圆轨迹法起球原理图
1—试样 2—摩擦体 3—重锤

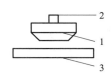

图 4-33 马丁代尔法原理图
1—试样 2—加压砝码 3—摩擦体

（3）起球箱法。将一定规格的织物试样缝成筒状，套在聚氨酯载样管上，然后放入衬有橡胶软木的箱内，开动机器使箱转动，试样在转动的箱内受摩擦。试样箱翻动一定次数后，自动停止，取出试样，评定织物起球等级。该方法适用于毛织物及其他较易起球的织物。

（4）随机翻滚法。采用随机翻滚式起球箱使织物在铺有软木衬垫并填有少量灰色短棉的圆筒状试验仓中随意翻滚摩擦，在规定光源条件下，对起毛起球性能进行描述评定。

织物试样在装有搅拌棒的圆筒内翻滚，与另一试样或与圆筒壁摩擦，织物的运动方式是随机、无规则的，织物表面受到的外来压力较大。

由于织物试样有时会被卡在搅拌棒后面，因此该测试可重复性较差。

4. 织物起毛起球等级的评定

评定织物起毛起球性的方法很多，由于纤维纱线以及织物结构不同，毛球大小、形态不同，起毛起球以及脱落速度不同，因此很难找到一种十分合适的评定方法。但目前用得较多的是视觉描述法评级。试样在标准条件下与同类织物的评价描述对比，评定等级。分 1～5 级，1 级最差，5 级最好，1 级严重起毛起球，5 级不起毛起球。1～5 级评价描述如表 4-38 所示。

表 4-38 起毛起球视觉描述法评级评价描述表

级数	状态描述
5	无变化
4	表面轻微起毛和（或）轻微起球
3	表面中度起毛和（或）起球，不同大小和密度的球覆盖试样的部分表面
2	表面明显起毛和（或）起球，不同大小和密度的球覆盖试样的大部分表面
1	表面严重起毛和（或）起球，不同大小和密度的球覆盖试样的整个表面

5. 影响织物起毛起球的主要因素

（1）纤维的性质。纤维性质是织物起毛起球的主要原因。纤维的机械性质、几何性质以及卷曲多少都影响织物的起毛起球性。从日常生活中发现，棉、麻、黏胶纤维织物几乎不产生起球现象，毛织物有起毛起球现象。特别是锦纶、涤纶织物最易起毛起球，而且起球快、数量多、脱落慢。其次是丙纶、腈纶、维纶织物。由此看出，纤维强力高、伸长率大、耐磨性好，特别是耐疲劳的纤维起毛起球现象明显。纤维较长、较粗时织物不易起毛起球，长纤维纺成的纱，纤维少且纤维间抱合力大，所以织物不易起毛起球，粗纤维较硬挺，起毛后不易纠缠成球；一般来说圆形截面的纤维比异形截面的纤维易起毛起球，因为圆形截面的纤维抱合力较小而且易弯曲纠缠，因此易起毛起球；另外，卷曲多的纤维也易起球。细羊毛比粗羊毛易起球，因为细羊毛易弯曲纠缠且卷曲丰富。

（2）纱线的结构。纱线捻度、条干均匀度影响织物起毛起球性。纱线捻度大时，纱中纤维被束缚得很紧密，纤维不易被抽出，所以不易起球。因此涤棉混纺织物适当增加纱的捻度，不仅能提高织物滑爽硬挺的风格，还可降低起毛起球性。纱线条干不匀时，粗节处捻度小，纤维间抱合力小，纤维易被抽出。所以织物易起毛起球。精梳纱织物与普梳相比，前者不易起毛起球。花式线，膨体纱织物易起毛起球。

（3）织物的结构。织物结构对织物的起毛起球性影响也很大。在织物组织中，平纹织物起毛起球性最低，缎纹最易起毛起球，针织物较机织物易起毛起球。针织物的起毛起球与线圈长度、针距大小有关。线圈短、针距小时织物不易起毛起球。表面平滑的织物不易起毛起球。

（四）织物的勾丝性

织物中的纤维或纱线，由于勾挂被拉出，形成丝环或被勾断而突出在织物表面的特性称为勾丝性。织物勾丝主要发生在长丝织物和针织物中，一般是在织物与粗糙、尖硬的物体摩擦时织物中的纤维被勾出，在织物表面形成丝环和抽拔痕。当作用剧烈时，单丝还会被勾断。织物勾丝后外观恶化，而且影响织物的耐用性。

1. 织物勾丝性测试方法标准

（1）GB/T 11047—2008《纺织品织物勾丝性能评定　钉锤法》。

（2）ASTM D3939/D3939M—2013（2017）　*Standard Test Method for Snagging Resistance of Fabrics（Mace）*《织物抗勾丝性能标准测试方法（钉锤）》。

（3）JIS L1058—2011《机织品和针织品勾丝的试验方法》。

GB和ASTM标准的测试方法均为钉锤法，JIS标准中包括A、B、C、D四种勾丝方法，分别为，方法A：ICI型钉锤勾丝测试仪；方法B：豆袋勾丝测试仪；方法C：针布罗拉勾丝测试仪；方法D：ICI型起毛起球测试仪。

对于钉锤法，上述三个标准之间最大的差异是测试时采用的转数不一样。GB和ASTM方法均采用600转，而JIS方法仅采用100转。

2. 织物勾丝性的测试方法

测定织物勾丝的仪器有3种类型，即钉锤式、针筒式、方箱式（箱壁上有锯齿条）。原理大致相似，都是仿照织物实际勾丝情况，使织物试样在运动中与某些尖锐物体相互作用，从而产生勾丝。所不同的是：针筒式勾丝仪，其试样的一端是在无张力的自由状态下与刺针作用的，而其他两种方法的试样两端是缝制好的，即试样是在两端固定情况下与针刺作用。

织物勾丝性测试是先采用勾丝仪使织物在一定条件下勾丝，然后与标准样照对比评级。分为 1~5 级，5 级最好，1 级最差。

图 4-34 为钉锤式勾丝仪。试验时，试样 1 缝制成圆筒形，套在由橡胶包覆、外裹有包毡 2 的滚筒 3 上。滚筒上方装有由链条 4 联结的铜锤 5。当滚筒转动时，铜锤上的突针 6 不停地在试样上随机钩挂跳动，使织物勾丝。钉锤法适用于针织物和机织物及其他易勾丝的织物，特别适用于化纤长丝及其变形纱织物。不适用于具有网眼结构的织物、非织造布和簇绒织物。

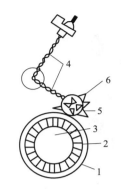

图 4-34 钉锤式勾丝仪
1—试样 2—包毡 3—滚筒
4—链条 5—铜锤 6—突针

3. 影响织物勾丝性的主要因素

影响勾丝性的因素有纤维性状、纱线结构、织物结构及后整理加工等。其中以织物结构的影响最为显著。

（1）纤维性状。圆形截面的纤维与非圆形截面的纤维相比，圆形截面的纤维容易勾丝。长丝与短纤维相比，长丝容易勾丝。纤维的伸长能力和弹性较大时，能缓和织物的勾丝现象。这是因为织物受外界粗糙、尖硬物体勾引时，伸长能力大的纤维可以由本身的变形来缓和外力的作用；当外力释去后，又可依靠自身较好的弹性局部回复。

（2）纱线结构。一般规律是结构紧密、条干均匀的不易勾丝。所以，增加一些纱线捻度，可减少织物勾丝。线织物比纱织物不易勾丝。低膨体纱比高膨体纱不易勾丝。

（3）织物结构。结构紧密的织物不易勾丝，这是由于纤维被束缚得较为紧密，不易被勾出。表面平整的织物不易勾丝，这是因为粗糙、尖硬的物体不易勾住这种织物的纱线或长丝纤维。针织物勾丝现象比机织物明显，其中平针织物不易勾丝；纵横密度大、线圈长度短的针织物不易勾丝。

（4）后整理加工。热定形和树脂整理能使织物表面更光滑平整，勾丝现象有所改善。

（五）织物的尺寸稳定性

织物在热、湿、洗涤等条件下尺寸发生变化的性能，称为织物的尺寸稳定性。主要表现在缩水性与热收缩性。织物在常温的水中浸渍或洗涤干燥后，长度和宽度发生的尺寸收缩程度称为缩水性。织物在受到较高温度作用时发生的尺寸收缩程度称为热收缩性。热收缩主要发生在合成纤维织物中。

1. 尺寸变化机理

（1）缩水机理。织物缩水的普遍机理是由于吸湿后纤维纱线缓弹性变形的加速回复而引起织物缩水。在纺织染整加工过程中，纤维纱线多次受拉伸作用，内部积累了较多的剩余变形和较大的应力。当水分子进入纤维内部后，使纤维大分子之间的作用力减小，加工过程中的内应力得到松弛，加速了纤维和纱线缓弹性变形的回复，从而使织物发生明显回缩。织物这一类收缩可以通过良好的热定形来克服。

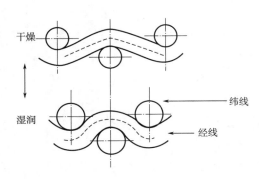

图4-35　纤维直径增加引起的
织物缩水示意图

吸湿性较好的天然纤维和再生纤维织物，缩水的原因，还在于吸湿后，使纤维发生体积膨胀，纤维直径增加，纱线变粗，纱线在织物中的屈曲程度增大，迫使织物收缩。如图4-35所示。

毛织物缩水除了上述两种原因外，还在于缩绒而引起织物收缩。

（2）热收缩机理。织物发生热收缩的主要原因是合成纤维在纺丝成形过程中，为获得良好的力学性能，均受有一定的拉伸作用。并且纤维、纱线在整个纺织染整加工过程中也受到反复拉伸，当织物在较高温度下，热的作用时使纤维大分子取得卷曲构象，产生不可逆的收缩。

受热方式不同，热收缩率不同，所以织物的热收缩性有沸水收缩率、干热空气收缩率、汽蒸收缩率等。

2. 尺寸稳定性测试相关标准

（1）尺寸变化率（缩水率）测试标准。

①ISO 6330—2012 *Textiles—Domestic Washing Drying Procedures Textile Testing*《纺织品—纺织试验用家庭洗涤和干燥程序》。

②ISO 3759—2011 *Textiles—Preparation，Marking and Measuring of Fabric Specimens and Garments in Tests for Determination of Dimensional Change*《纺织品　测定尺寸变化试验用服装和织物样品的制备、标记和测量》。

③GB/T 8628—2013《测定尺寸变化率的试验中织物试样和服装的准备、标记及测量》。

④GB/T 8629—2017《纺织品　试验用家庭洗涤和干燥程序》。

⑤GB/T 8630—2013《纺织品　洗涤和干燥后尺寸变化的测定》。

⑥JIS L1909—2010《纤维制品的尺寸变化测定方法》。

⑦JIS L1930—2014《纺织品 家庭洗涤和干燥程序的测试》。

⑧AATCC 135—2018 *Dimensional Changes of Fabrics after Home Laundering*《织物家庭洗涤尺寸变化》。

⑨FZ/T 70009—2021《毛纺织产品经洗涤后松弛尺寸变化率和毡化尺寸变化率试验方法》。

（2）热收缩率测试标准。

①ISO 3005—1978 *Textiles—Determination of Dimensional Change of Fabrics Induced by Free-steam*。

②ISO 9866-1—1991 *Textiles—Effect of Dry Heat on Fabrics Under Low Pressure—Part 1：Procedure for Dry-heat Treatment of Fabrics*。

③ISO 9866-2—1991 *Textiles—Effect of Dry Heat on Fabrics Under Low Pressure—Part 2：Determination of Dimensional Change in Fabrics Exposed to Dry Heat*。

④TWC TM290—2000 *Test Method for Determining the Dimensional Change in Woven Wool Fabrics During Steaming—Hoffman Method*《梭织面料经汽蒸时尺寸变化的测试方法》。

⑤GB/T 17031.1—1997《纺织品　织物在低压下的干热效应　第 1 部分：织物的干热处理程序》。

⑥GB/T 17031.2—1997《纺织品　织物在低压下的干热效应　第 2 部分：受干热的织物尺寸变化的测定》。

⑦FZ/T 20021—2012《织物经汽蒸后尺寸变化试验方法》。

⑧FZ/T 20023—2006《毛机织物经汽蒸后尺寸变化率的试验方法　霍夫曼法》（修改采用 TWC TM290）。

⑨ASTM D4974—2004（2016）*Standard Test Method for Hot Air Thermal Shrinkage of Yarn and Cord Using a Thermal Shrinkage Oven*。

⑩ASTM D5591—2004（2016）*Standard Test Method for Thermal Shrinkage Force of Yarn and Cord With a Thermal Shrinkage Force Tester*。

3. 尺寸稳定性的测试及指标

织物尺寸稳定性用尺寸变化率来表示，计算公式如下（其平均值修约至 0.1%，"+"表示伸长，"–"表示收缩）。

$$D = \frac{L_1 - L_0}{L_0} \times 100\% \qquad\qquad (4-10)$$

式中：D——尺寸变化率；

　　　L_0——试样的初始尺寸，mm；

　　　L_1——试样处理后的尺寸，mm。

织物缩水性的测试方法有浸渍法和洗衣机法两种。浸渍法是静态的，主要适用于使用过程中不经剧烈洗涤的纺织品，如毛、丝以及篷盖布等织物。洗衣机法是动态的，主要适用于服装用织物。织物热收缩性的测试是将试样放置在不同的热介质中或进行熨烫，测量作用前后尺寸变化。

4. 影响尺寸稳定性的因素

（1）纤维吸湿性。吸湿性是影响织物缩水性的主要因素之一。天然纤维和再生纤维素纤维织物因吸湿性较好，纤维吸湿膨胀所引起的织物缩水率较大；合成纤维吸湿性差，有的几乎不吸湿，因此，合成纤维织物的缩水率很小。

（2）纱线捻度。纱线捻度与织物缩水率有一定关系。低捻纱织物比强捻纱织物收缩率大，原因是织物中纤维与纱线活动空间大。机织物中，经纱由于加工时承受的张力及摩擦的机会较多，通常所加捻度较纬纱大，因此吸湿膨胀较容易，纬纱直径增加较经纱大，使经纱与纬纱交织的屈曲增加，引起经向较纬向大的缩水率。

（3）织物结构。织物结构对缩水性的影响较大。与纱线捻度方面相同的原因，稀松组织的织物比紧密织物收缩大。机织物中以经、纬纱紧度配置对织物缩水率的影响最大。当经纱紧度大于纬纱紧度时，由于经纱间孔隙小，而纬纱间孔隙大，使纬纱之间有较大的余地让纬纱吸湿膨胀，使经向缩水率比纬向大。反之，当纬纱紧度大于经纱紧度（如麻纱、横贡缎等），纬向缩水率较经向大。当经、纬紧度相近时，经、纬向缩水率较接近。针织物下水后，线圈收缩变小，使纵、横向产生收缩，纵向缩水率一般大于横向。

（4）织物加工时的张力。织物在织造时，纤维和纱线受到较大的张力作用。例如：纱线在加捻时，纤维被拉伸；经纱在织机上拉紧；在针织机上成圈拉长等。当织物在湿润和无张力条件下，应力松弛，织物产生回缩。在一般张力范围内，随着张力增加，纤维和纱线产生的总变形量增大，缓弹性变形量也较大，下水后，缓弹性变形的回复引起的织物缩水明显增加。

（5）防缩整理。棉、黏胶纤维织物经树脂整理后，一部分羟基与树脂官能团结合，减少了游离羟基数，织物吸湿性降低，从而达到织物防缩的目的。羊毛织物进行剥鳞处理，缩绒性降低，织物的缩水率减少。织物防缩还可进行液氨处理和热水预缩。

对于涤纶、丙纶等热收缩率较大的合成纤维，常在印染加工中进行预热定形或预缩工艺来改善其热收缩率。

（六）操作指导

1. 织物折痕回复性测试

（1）工作任务描述。利用织物折皱弹性仪测试机织物的折痕回复性。按规定要求取样并测试织物的折痕回复角，记录原始数据，计算折痕回复性指标，完成项目报告。

（2）操作仪器、工具及试样。织物折皱回复测定仪（图 4-36）、织物折皱弹性仪（图 4-37）。有机玻璃压板、手柄、试样尺寸图章、剪刀、宽口镊子。机织物。

图 4-36　织物折皱回复测定仪（水平法）

图 4-37　织物折皱弹性仪（垂直法）

（3）操作要点。

①试样准备。

a. 样品。从一批织物中随机抽取若干匹，再从一匹上剪下一段组成样品，样品离布端至少 3m，不能在有折痕、弯曲或变形的部位抽取样品。织物匹数与样品段长的关系见表 4-39。

表 4-39　织物匹数与样品段长的关系

一批织物的匹数	抽样匹数	样品长度/cm	样品的总数量（段数×cm）
3 或少于 3	1	30	1×30
4~10	2	20	2×20
11~30	3	15	3×15
31~75	4	10	4×10
75 或以上	5	10	5×10

b. 试样。每次试验用的试样至少为 20 个，由各段样品平均分摊。其中经向（或纵向、长度方向）与纬向（或横向、宽度方向）各一半，各半中再分正面对折和反面对折两种。试样采集部位示意图如图 4-38 所示，试样尺寸大小如图 4-39 所示。试样离布边的距离大于 150mm。裁剪试样时，尺寸务必正确，经（纵）、纬（横）向要剪得平直。在样品和试样的正面打上织物经向或纵向的标记。

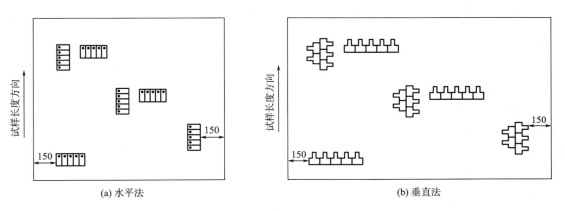

图 4-38　试样采集部位示意图

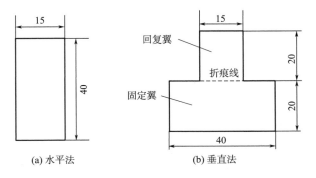

图 4-39　试样尺寸大小（单位：mm）

②测试。

a. 水平法。

（a）将裁好的试样长度方向两端对齐折叠，并用宽口钳夹住，夹住位置离布端不超过5mm。再将其移至标有15mm×20mm标记的平板上，试样正确定位后，轻轻加上10N的压力重锤，加压时间为5min±5s。

（b）加压时间一到，即卸去负荷。用夹有试样的宽口钳转移至回复角测量装置的试样夹上，使试样的一翼被夹住，另一翼自由悬垂（通过调整试样夹，使悬垂的自由翼始终保持垂直位置）。

（c）试样卸压后5min读取折痕回复角，读至最临近1°。如果自由翼轻微卷曲或扭转，则以该翼中心和刻度盘轴心的垂直平面作为折痕回复角读数的基准。

b. 垂直法。

（a）开启总电源开关，仪器左侧指示灯亮，按开关键，使光源灯亮，试样翻板推倒贴在小电磁铁上，此时翻板处在水平位置。

（b）将剪好的试样按五经五纬的顺序夹在试样翻板刻度线的位置上，并用手柄将试样沿折痕，盖上有机玻璃压板。

（c）按工作按钮，经一段时间，电动机启动。此时10只重锤每隔15s按顺序压在每只试样翻板上（加压重锤的重量为500g）。

（d）加压时间5min即将到达时，仪器发出响声报警，自动测量弹性回复角并数显。

（e）再过5min后，以同样的方法测量织物的缓弹性回复角。用经向与纬向平均回复角之和来代表该样品的总折皱性指标，当仪器左侧指示灯亮时，说明第一次试验完成。

（4）指标及计算。分别计算经向（纵向）和纬向（横向）折痕回复角的平均值，总折痕回复角，计算到小数点后一位数字。

（5）相关标准。GB/T 3819—1997《纺织品　织物折痕回复性的测定　回复角法》。

2. 织物的悬垂性测试

（1）工作任务描述。利用织物悬垂性测试仪测试织物的悬垂性。按规定要求取样并用直接读数法与描图称重法两种方法，测试织物的悬垂系数F，记录原始数据，统计与计算悬垂系数指标，完成项目报告。

（2）操作仪器、工具及试样。织物悬垂性测定仪，分度值小于或等于10mg的天平（或求积仪）、钢尺、剪刀、半圆仪、笔和制图纸等，织物。

（3）操作要点。

①取样。

a. 按产品标准的规定或有关协议取样。

b. 试样直径选择。仪器的夹持盘直径为18cm时，先用直径为30cm的试样进行预试验，并计算该直径时的悬垂系数（D_{30}）。

（a）若悬垂系数在30%~85%，则所有试验的试样直径均为30cm；

（b）若悬垂系数在30%~85%以外，试样直径除使用30cm外，还应按c、d所述条件选取对应的试样直径进行补充测试；

（c）对于悬垂系数小于 30% 的柔软织物，所用试样直径为 24cm；

（d）对于悬垂系数大于 85% 的硬挺织物，所用试样直径为 36cm；

（e）将试样放在平面上，利用模板画出圆形试样轮廓，标出每个试样的中心并裁下；

（f）分别在每个试样的两面标记"a""b"。

（不同直径的试样得出的试验结果没有可比性，若仪器的夹持盘直径为 12cm 时，所有试样的直径均为 24cm）。

②试样的制备和调湿。在 GB/T 6529—2008 规定的标准大气下对试样进行调湿。应避开折皱和扭曲部位取样（试样不应接触皂类、盐、油类等污染物）。

③预试验。

a. 仪器校验。通过观察水平泡位置，调节仪器底座上的底脚使其水平，从而保证试样夹盘水平。

将模板放在下夹持盘上，其中心孔穿过定位柱，校验灯源的灯丝，使其位于抛面镜焦点处。将纸环或白色片材放在仪器的投影部位，采用模板校验其影像尺寸与实际尺寸吻合。

b. 预评估。取一个试样，其"a"面朝下，放在夹持盘上；若试样四周形成了自然悬垂的波曲，则可进行测量；若试样弯向夹持盘边缘内侧，则不进行测量，但要在试验报告中记录此现象。

④试验。

a. 纸环法（方法 A）。将悬垂的试样影像投射到已知质量的纸环上，纸环与试样未夹持部分的尺寸相同。在纸环上沿着投影边缘画出其整个轮廓，再沿着画出的线条剪取投影部分。悬垂系数为投影部分的纸环质量占整个纸环质量的百分率。

（a）步骤。

- 将纸环放在仪器上（外径与试样直径相同）。
- 将试样"a"面朝上，放在下夹持盘上（使定位柱穿过试样中心）。立即将上夹持盘放在试样上（使定位柱穿过上夹持盘上的中心孔）。
- 从上夹持盘放到试样上起开始用秒表计时。
- 30s 后打开电源，沿纸环上的投影边缘描绘出投影轮廓线。
- 取下纸张环，放在天平上称取纸环质量，记作 m_1（精确至 0.01g）。
- 沿纸环上描绘的投影轮廓线剪取，弃去纸环上未投影的部分，用天平称量剩余纸环的质量，记作 m_2（精确至 0.01g）。
- 将同一试样的"b"面朝上，使用新的纸环，重复上述步骤。

（在一个样品上至少取 3 个试样，对每个试样的正反两面均进行试验。一个样品至少进行 6 次上述操作）。

（b）结果表示。分别计算试样"a"面和"b"面悬垂系数平均值；并计算样品悬垂系数的总平均值。

$$D = \frac{m_1}{m_2} \times 100 \qquad (4-11)$$

式中：D——悬垂系数，%；

　　m_1——纸环的总质量，g；

　　m_2——投影部分的纸环质量，g。

b. 图像处理法（方法B）。将悬垂试样投影到白色片材上，用数码相机获取试样的悬垂图像，从图像中得到有关试样悬垂性的具体定量信息。利用计算机图像处理技术得到悬垂波数、波幅和悬垂系数等指标。

（a）步骤。

● 在数码相机和计算机连接状态下，开启计算机评估软件进入检测状态，打开照明灯光源，使数码相机处于捕捉试样状态（必要时，以夹持盘定位柱为中心调整图像居中位置）。

● 将白色片材放在仪器的投影部位。

● 将试样"a"面朝上，放在下夹持盘上（使定位柱穿过试样中心）。立即将上夹持盘放在试样上（使定位柱穿过上夹持盘上的中心孔），并迅速盖好仪器透明盖。

● 从上夹持盘放到试样上起开始用秒表计时。

● 30s后，即用数码相机拍下试样的投影图像。

● 用计算机处理软件得到悬垂系数、悬垂波数、最大波幅、最小波幅及平均波幅等试验参数。

● 将同一试样的"b"面朝上，重复上述步骤。

（在一个样品上至少取3个试样，对每个试样的正反两面均进行试验。一个样品至少进行6次上述操作）。

● 打印试验结果。

（b）结果表示。分别计算试样"a"面和"b"面悬垂系数平均值；并计算样品悬垂系数的总平均值［用式（4-9）计算悬垂系数］。

从试验得到悬垂波数、最大波幅（cm）、最小波幅（cm）及平均波幅（cm）等参数。

3. 织物起毛起球性测试

（1）工作任务描述。利用织物起毛起球测试仪测试织物的起毛起球性。按规定要求取样并用圆轨迹法、马丁代尔法、起球箱法三种测试方法，测试织物的起毛起球级别，记录原始数据，完成项目报告。

（2）操作仪器、工具及试样。

①圆轨迹起毛起球仪（图4-40，圆轨迹法），磨料织物（2201全毛华达呢），泡沫塑料垫片，裁样器（或模板、笔、剪刀），标准样照，评级箱。试样织物。

②滚箱式起毛起球仪（图4-41，起球箱法）（方形木箱，内壁衬以厚3.2mm的橡胶软木），聚氨酯载样管，方形冲样器（或模板、笔、剪刀），缝纫机，胶带纸，标准样照，评级箱。试样织物。

③织物平磨仪（马丁代尔仪）（图4-42，马丁代尔法），机织毛毡，聚氨酯泡沫塑料，

直径为 40mm 的冲样器（或模板、笔、剪刀），标准样照，评级箱。试样织物。

图 4-40　圆轨迹起毛起球仪

图 4-41　滚箱式起毛起球仪

图 4-42　织物平磨仪（马丁代尔）

（3）操作要点。

①试样准备。

a. 取样部位及调湿处理。在离布边 100mm 以上部分随机剪取试样。试样在试验用标准大气条件下预调湿、调湿和测试。

b. 试样大小及数量。

（a）圆轨迹法。剪取直径为（113±0.5）mm 的试样 5 块（在每个试样上标记织物正反面，当织物没有明显的正反面时，两面都要测试。另剪取 1 块评级所需的对比样，尺寸与试样相同）。

（b）马丁代尔法。剪取直径 140_0^{+5}mm 的圆形试样，或边长（150±2）mm 的方形试样。试样数量至少为 3 组（每组含 2 块试样，1 块安装在试样夹具中，另 1 块作为磨料安装在起球台上。如果起球台上选用羊毛织物磨料，则至少需要 3 块试样进行测试。如果试验 3 块以上的试样，应取奇数块试样。另多取 1 块试样用于评级时的比对样）。在每块试样的背面的同一点作标记，确保评级时沿同一个纱线方向评定试样（标记应不影响试验的进行）。

（c）起球箱法。剪取 125mm×125mm 试样 4 块。取 2 个试样，如可以辨别，每个试样正面向内折叠，距边 12mm 缝合，折的方向与织物纵向一致。另取 2 个试样，分别向内折叠，缝合成试样管，折的方向与织物横向一致（在每个试样上标记织物反面和纵向，当织物没有明显的正反面时，两面都要测试。另剪取 1 块评级所需的对比样，尺寸与试样相同）。

把缝好的试样套反过来，使织物正面朝外。在试样管的两端各剪 6mm 端口，以去掉缝纫变形。将准备好的试样管装在聚氨酯载样管上，使试样两端距聚氨酯管边缘的距离相等，保证接缝部位尽可能平整，用 PVC 胶带缠绕每个试样的两端，使试样固定在聚氨酯管上，且聚氨酯管的两端各有 6mm 裸露。固定试样的每条胶带长度不应超过聚氨酯管周长的 1.5 倍（图 4-43）。

（d）随机翻滚法。与织物经向（纵

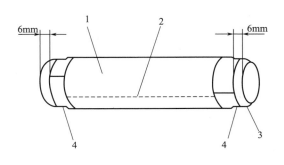

图 4-43　聚氨酯载样管上的试样

1—测试样　2—缝合线　3—聚氨酯载样管　4—胶带

向）或纬向（横向）呈45°剪取105mm×105mm试样4块（其中3块分别编号并用于测试，第4块用于评级参考，不进行测试，也不封边），使用黏合剂将试样边缘封住（涂封的宽度不超过3mm，完全干燥后测试）。

②操作步骤。

a. 圆轨迹法。

（a）调试仪器。保持试验水平，尼龙刷保持清洁，分别将泡沫塑料垫片、试样和磨料装在试验夹头和磨台上。

（b）仪器参数设置，按表4-40调节试样夹头加压重量及摩擦次数。

表4-40　试样夹头加压重量及摩擦次数

参数类别	适用织物类型示例	压力/cN	起毛次数	起球次数
A	工作服面料、运动服装面料、紧密厚重织物等	590	150	150
B	合成纤维长丝外衣织物等	590	50	50
C	军需服（精梳混纺）面料等	490	30	50
D	化纤混纺、交织织物等	490	10	50
E	精梳毛织物、轻起绒织物、短纤纬编针织物、内衣面料等	780	0	600
F	粗梳毛织物、绒类织物、松结构织物等	490	0	50

（c）试样正面朝外装入上磨头夹中。

（d）抬起工位座板并转动，使毛刷位于上磨头的下方（若不需起毛，这一步省略）。

（e）按启动按钮起毛。

（f）起毛结束，仪器自停。抬起工位座板并转动，使磨料织物位于上磨头下方。

（g）按启动按钮起球，直到仪器自停。

（h）取下试样，在评级箱内，根据试样上的球粒大小、密度、形态按视觉描述评级法评定（表4-39）。

评级时，用白色荧光管照明，保证在试样的整个宽度上均匀照明，并且应满足观察者不直视光线。光源的位置与试样的平面应保持5°~15°，观察方向与试样平面应保持90°±10°。正常矫正视力的眼睛与试样的距离应在30~50cm。如图4-44所示。

图4-44　试样的评级
1—光源　2—观察者　3—试样

（i）结果。记录每一块试样的级数，单个人员的评级结果为其对所有试样评定等级的平均值。样品的试验结果为全部人员评级的平均值，如果平均值不是整数，修约至最近的0.5级，并用"-"表示。如"3-4"。如单个测试结果与平均值之差超过半级，则应同时报告每一块试样的级数。

b. 改型马丁代尔法。

（a）试样夹具中试样的安装。从试样夹具上移开试样夹具环和导向轴。将试样安装辅助装置小头朝下放置在平台上。将试样夹具环套在辅助装置上；翻转试样夹具，在试样夹具内部中央放入直径为（90±1）mm 的毡垫。将直径 140_0^{+5} mm 的试样正面朝上放在毡垫上（允许多余的试样从试样夹具边上延伸出来，以保证试样完全覆盖住试样夹具的凹槽部分）；小心地将带有毡垫和试样的试样夹具放置在辅助装置的大头端凹槽处（保证试样夹具与辅助装置紧密结合），拧紧试样夹具环到试样夹具上（保证试样和毡垫不移动、不变形）。

重复上述步骤，安装其他试样。

（b）起球台上试样的安装。在起球台上放置直径 140_0^{+5} mm 的一块毛毡，其上放置试样或羊毛织物磨料，试样或羊毛织物磨料的摩擦面向上，放上加压重锤，并用固定环固定。

（c）测试。测试直到第一个摩擦阶段（表 4-41），进行第 1 次评定。评定时不取出试样，不清除试样表面。

评定完成后，将试样夹具按取下的位置重新放置在起球台上，继续进行测试。在每一个摩擦阶段都要进行评估，直到达到表 4-41 规定的试验终点。按视觉描述表 4-39 评定。

（d）结果。同圆轨迹法。

表 4-41　起球试验分类

纺织品种类	磨料	负荷质量/g	评定阶段	摩擦次数
装饰织物	羊毛织物磨料	415±2	1	500
			2	1000
			3	2000
			4	5000
机织物 （除装饰织物）	机织物本身（面/面） 或羊毛织物磨料	415±2	1	125
			2	500
			3	1000
			4	2000
			5	5000
			6	7000
针织物（除装饰织物）	针织物本身（面/面） 或羊毛织物磨料	155±1	1	125
			2	500
			3	1000
			4	2000
			5	5000
			6	7000

c. 起球箱法。

（a）清洁起球箱，箱内不得留有任何短纤维或其他影响试验的物质。

（b）计数器拨到预置转数。粗纺织物预置转数为 7200r，精纺织物为 14400r 或按协议的转数。

（c）把4个套好试样的载样管放进箱内，牢固地关上箱盖。

（d）启动起球箱，当计数器达到所需转数后，从载样管上取下试样，除去缝线。在评级箱内，沿织物纵向并排放置1块已测试样和1块未测试的对比样进行评定。按视觉描述表4-39评定。

（e）结果。同圆轨迹法i。

d. 随机翻滚法。本试验按GB/T 4802.4—2020执行。

（a）将试样和聚氯丁二烯内衬按要求调湿，所有试验在标准大气环境中进行。

（b）将聚氯丁二烯内衬准确平整地安装在试验仓内，保证测试时与试验仓紧密贴合的内衬不会错位。

（c）将取自同一个样品的3块试样放在一个试验仓中进行试验。

（d）关闭仓门，启动仪器，按以下总测试时间运行（每个阶段测试完成后继续进行下个阶段，直到完成总测试时间），测试过程中应保证试样没有缠绕在叶轮上。

阶段1：总测试时间5min；

阶段2：总测试时间15min（阶段1后再设置10min）；

阶段3：总测试时间30min（阶段2后再设置15min）。

（e）在每个阶段的观察期，取出试样，用气流去除浮在试样表面没有缠结成球的多余纤维。

（f）评级。在评级箱内，沿织物纵向并排放置1块已测试样和1块未测试的对比样进行评定。按视觉描述表4-42～表4-44评定。

（g）重复上述步骤（d）～（f），直到完成总测试时间。

（h）结果。同圆轨迹法。

表4-42 起球等级描述

级数	状态描述
5	无变化
4	表面轻微起球
3	表面中度起球。不同大小和密度的球覆盖试样的部分表面
2	表面明显起球。不同大小和密度的球覆盖试样的大部分表面
1	表面严重起球。不同大小和密度的球覆盖试样的整个表面

表4-43 起毛等级描述

级数	状态描述	级数	状态描述
5	无变化	2	表面明显起毛
4	表面轻微起毛	1	表面严重起毛
3	表面中度起毛		

表 4-44　毡化等级描述

级数	状态描述	级数	状态描述
5	无变化	2	表面明显毡化
4	表面轻微毡化	1	表面严重毡化
3	表面中度毡化		

4. 织物勾丝性测试

（1）工作任务描述。利用钉锤式和针筒式勾丝仪测试长丝织物或针织物的勾丝性，记录原始数据，评价织物的勾丝性，完成项目报告。

（2）操作仪器、工具及试样。织物勾丝仪（图 4-45，钉锤式），8 个橡胶环，卡尺，划样板，毛毡垫等。放大镜、缝纫机、剪刀、评定板和标准样照。长丝织物或针织物若干。

（3）操作要点。

①试样准备。

a. 取样及调湿处理。样品抽取方法和数量按产品标准或有关协商进行，每份样品至少抽取 550mm×全幅幅宽，在离匹端 1m 以上。按 GB/T 6529—2008 规定调湿。纯涤纶织物至少平衡 2h，公定回潮率为 0 的织物可直接进行测试。

b. 试样大小及数量。在离布边 1/10 幅宽以上部分，按图 4-46 裁取经（纵）向和纬（横）向试样各 2 块。各试样间不能处于同一根经纱或同一根纬纱上。试样尺寸如表 4-45 所示。

图 4-45　织物勾丝仪（钉锤式）

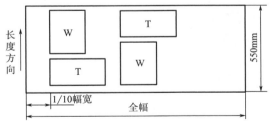

图 4-46　勾丝性测试取样数量及部位

表 4-45　试样尺寸（单位：mm）

方法	试样宽度	试样长度	试样套筒周长	
			非弹性织物	弹性织物
钉锤法	200	330	280	270

c. 试样制备。用于钉锤法的试样，先在试样反面按试样套筒周长做好标记线，然后正面

朝里对折，沿标记线平直地缝成筒状再翻转，使织物正面朝外。如果试样套在转筒上过紧或过松，可适当调节周长尺寸，使其松紧适度。用于针筒法的试样，在试样正面按图4-47作4条标记线。

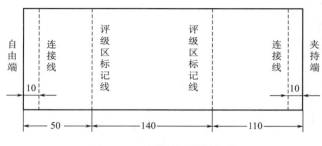

图4-47　针筒法试样标记线

②操作步骤。

a. 试验参数与仪器调整。

（a）钉锤（圆球直径32mm）与导杆的距离（即钉锤与导杆间链条长度）为45mm；导杆工作宽度125mm；转筒速度为（60±2）r/min。

（b）试验转数为600r。

（c）勾丝仪的校正。必须用参照织物进行。每个实验室应选定勾丝程度在2~4级范围内的参照织物至少3种，并要保存一定备用数量。作为参照织物，本身的勾丝性能应比较均匀、稳定，勾丝形态要便于评级。如果参照织物的经、纬向勾丝级别差异较大（超过1级），可选用2种参照织物。在规定试验参数下，测定参照织物的勾丝级别，如果所测级别与最初所测级别之差有2/3超过±0.5级，则应对仪器进行检查调整。校正周期按仪器使用情况而定。如果是常用仪器，可做定期校正；如果仪器不常用，则每次使用前都应对仪器进行校正。

b. 将筒状试样的缝边分向两侧展开，小心地套在转筒上，使缝口平整。然后用橡胶环固定试样一端，展开折皱，使试样表面圆整，再用橡胶环固定试样另一端。

（a）在装放针织物横向试样时，应使其中一块试样纵行线圈尖端向左，另一块向右。

（b）纵、横向试样应随机装放在转筒上（装放位置应随机）。

c. 将钉锤绕过导杆轻放在试样上，并用卡尺设定钉锤位置。

d. 启动仪器，钉锤应能自由地在滚筒的整个宽度上移动，否则需停机检查。

e. 达到规定的转数（600r）后，仪器停止，移去钉锤，取下试样。

f. 评级。试样取下后至少要放置4h再评级。将评定板插入筒状试样，使评级区处于评定板正面，缝线处于背面中心。将试样放入评级箱观察窗内，标准样照放在另一侧，对照评级。评级时，根据试样勾丝的密度（不论长短）按表4-46评级，精确至0.5级。如果试样勾丝中含中、长勾丝，则应按表4-47的规定，在原评级的基础上顺降等级。1块试样中，长勾丝累计顺降不超过1级。

表 4-46 视觉描述评级

级数	状态描述
5	表面无变化
4	表面轻微勾丝和(或)紧纱段
3	表面中度勾丝和(或)紧纱段,不同密度的勾丝(紧纱段)覆盖试样的部分表面
2	表面明显勾丝和(或)紧纱段,不同密度的勾丝(紧纱段)覆盖试样的大部分表面
1	表面严重勾丝和(或)紧纱段,不同密度的勾丝(紧纱段)覆盖试样的整个表面

表 4-47 试样中、长勾丝顺降的级别

勾丝类别	占全部勾丝比例	顺降级别/级
中勾丝 长度超过 2mm 而不足 10mm 的勾丝	$\frac{1}{2} \sim \frac{3}{4}$(包括$\frac{1}{2}$)	$\frac{1}{4}$
	$\geqslant \frac{3}{4}$	$\frac{1}{2}$
长勾丝 长度超过 10mm 的勾丝	$\frac{1}{4} \sim \frac{1}{2}$(包括$\frac{1}{4}$)	$\frac{1}{4}$
	$\frac{1}{2} \sim \frac{3}{4}$(包括$\frac{1}{2}$)	$\frac{1}{2}$
	$\geqslant \frac{3}{4}$	1

（4）指标及计算。分别计算经（纵）向和纬（横）向试样（包括增测的试样）勾丝级别的算术平均数，修约至最接近的 0.5 级。≥4 级表示具有良好的抗勾丝能力；≥3-4 级表示具有抗勾丝性能；≤3 级表示抗勾丝性能差。

（5）相关标准。GB/T 11047—2008《织物勾丝性能评定 钉锤法》。

5. 织物尺寸稳定性测试

（1）工作任务描述。利用全自动洗衣机，用家庭洗涤法（或冷水浸渍法）测试织物的缩水率。记录原始数据，评价织物的尺寸变化性能，完成项目报告。

（2）操作仪器、工具及试样。

①家庭洗涤法。全自动洗衣机，标准洗涤剂，陪洗织物，缝纫机或手缝针及缝线，织物干燥器具（衣架、烘箱等）。试样。

②静态浸水法。试样盘（深度约 100mm，面积大小应足以无折叠地水平放置试样），钢尺，尺寸不小于 600mm×600mm、厚约 6mm 的玻璃板两块，六偏磷酸钠或三聚磷酸钠，高效润湿剂（二辛基磺基丁二酸钠或十二烷基苯磺酸钠），手缝针及缝线（或订书钉），毛巾。试样。

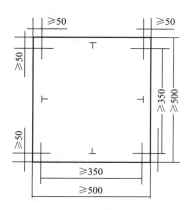

图4-48　织物试样测量点标记

（3）操作要点。

①试样准备。

a. 家庭洗涤法。每块试样至少裁取500mm×500mm，无折皱，各边分别与织物长度、宽度方向平行。用不褪色墨水或带色细线各做3对标记，每对标记间距离不小于350mm，如图4-48所示。如果幅宽小于650mm，可采用全幅试样。当幅宽小于500mm时，在每块试样的长度方向上做至少一对标记，每对两个标记之间的间距不小于350mm。标记距试样边，长度方向不小于50mm，宽度方向不小于35mm，各对标记相互分开，使测量值能代表整个试样。

b. 冷水浸渍法。宽幅（幅宽≥500mm）织物至少测试1块试样，窄幅织物至少测试3块试样。建议每种样品测试4份试样，分两次洗涤，每次洗涤用2份试样。

如果织物边缘在试验中可能脱散，应使用尺寸稳定的缝线对试样锁边。

将试样放置在标准大气条件中，在自然松弛状态下，调湿至少4h或达到恒重（恒重指以1h为间隔称重，质量变化不大于0.25%）。

②操作步骤。

a. 家庭洗涤法。测试方法按GB/T 8629—2017执行。

（a）将调湿后试样平放在平滑测量台上，轻轻抚平折皱。将量尺寸放在试样上，测量两标记间的距离，精确到毫米。

（b）选择洗衣机的洗涤程序。

- 使用水平滚筒、前门加料型标准洗衣机（A型洗衣机），13种洗涤程序；
- 使用垂直搅拌、顶部加料型标准洗衣机（B型洗衣机），11种洗涤程序；
- 使用垂直波轮、顶部加料型标准洗衣机（C型洗衣机），7种洗涤程序。

每种洗涤程序代表一种独立的家庭洗涤。

（c）单个试样、制成品或服装如果使用翻滚烘干（或测定质量损失），在洗涤前应先称重。

（d）将一块或多块待洗试样放入洗衣机内，加入足够的陪洗物，使总洗涤载荷为（2.0±0.1）kg，混合均匀，加入相应标准洗涤剂，选择洗涤程序进行试验。

（e）洗涤程序的最后一次脱水工序结束后，取出试样，注意不要拉伸或拧绞（若试样选择的干燥方式为滴干，在进行最后一次脱水之前应停机取出试样），按相应的干燥程序干燥。

（f）选择以下一种干燥程序进行干燥处理。

A——悬挂晾干：从洗衣机内取出试样，将每个脱水后的试样展平悬挂，长度方向为垂直方向（试样的经向或纵向应垂直悬挂，制成品应按使用方向悬挂），以免扭曲变形。试样悬挂在绳、杆上，在自然环境的静态空气中晾干。

B——悬挂滴干：从洗衣机内取出试样，不经脱水，按A方法晾干。

C——平摊晾干：将脱水后的试样展开（可用手除去折皱，但不能使其伸长或变形），平放在水平筛网干燥架（或多孔面板）上，在自然环境的静态空气中晾干。

D——平摊滴干：从洗衣机内取出试样，不经脱水，按C方法晾干。

E——平板压烫：将脱水后的试样放在平板压烫仪上，用手抚平较大的折皱，然后根据试样种类，选择适当的温度和压力，放下压头对试样压烫一个或多个短周期，直至烫干。记录所用的温度与压力。

F——翻转干燥：选择的洗涤程序结束后，立即取出试样和陪洗物，放入翻转烘干机中，进行翻转烘干。

（g）测量。将干燥处理后的试样在标准大气条件下调湿直至恒重，按a步骤测量并记录洗涤后试样标记间的距离。

b. 冷水浸渍法。

（a）将调湿后试样无张力地放在一块玻璃板上，把另一块玻璃板盖在试样上。测量并记录每对标记间距离，精确到毫米。

（b）将测量后的试样平坦地浸在试样盘中2h，水中加有0.5g/L的高效润湿剂，水为软水，或硬度不超过十万分之五碳酸钙的硬水，并按每十万分之一碳酸钙加入0.08g/L六偏磷酸钠，水温15~20℃。液面高出试样至少25mm。

（c）2h后，倒去液体，并将试样从盘中移出，平放到一块毛巾上，将另一块毛巾覆于试样上，轻压以去除多余水分。

（d）将试样放在一光滑平面上，在20℃±5℃下干燥。

（e）将试样放在标准大气条件下调湿达到平衡，按步骤a测量浸渍后试样标记间的距离。

（4）指标及计算。按式（4-10）分别计算试样长度方向（经向或纵向）、宽度方向（纬向或横向）的尺寸变化率。并分别求得其平均值，修约至0.1%。

（5）相关标准。

①GB/T 8628—2013《纺织品　测定尺寸变化的试验中织物试样和服装的准备、标记及测量》。

②GB/T 8629—2017《纺织品　试验用家庭洗涤和干燥程序》。

③GB/T 8630—2013《纺织品　洗涤和干燥后尺寸变化的测定》。

④GB/T 8631—2001《纺织品　织物因冷水浸渍而引起的尺寸变化的测定》。

三、织物舒适性检验

舒适性对于服用织物来说，越来越受到人们重视，尤其是剧烈运动的服装，成为影响运动水平的一个要素，为此开发了各种不同目的的高科技的舒适产品。

服装的舒适性能体现在热湿舒适性、接触舒适性和视觉舒适性三个方面。接触舒适性和视觉舒适性是人们对服装中织物颜色、质地、花纹及刚柔性等感官上的满意度，多由心理因素引起，会因人而异。热湿舒适性是一种生理舒适，是从人的生理角度出发，对织物湿热的要求，常指高温环境下的凉爽舒适与低温环境下的保暖舒适。

热湿舒适性主要包括透气防风性、透湿保湿性、透水防水性和传热隔热性。

（一）织物的透气防风性

织物通过空气的程度称为透气性，防止通过空气的性能为防风性。夏季服装用织物应具有较好的透气性，以获得凉爽舒适感；冬季外衣用织物应具有较小的透气性，使服装中储存较多的静止空气，以获得保暖舒适感。某些特殊用途织物对透气性有特殊的要求。如羽绒被服面料，透气性要小于一定值，保证织物中纤维间、纱线间的孔隙较小，防止羽绒钻出；降落伞和船帆也要求透气性低些，以提高因阻力所产生的推进力。

1. 织物透气性的测试方法和原理

织物的透气性使用透气量仪来测量，其结构原理如图 4-49 所示。仪器由前后空气室 3、5，抽气风扇 1 和压力计 7、8 等组成。

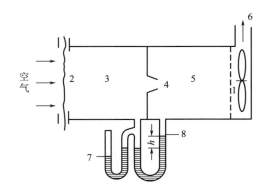

图 4-49　织物透气量仪
1—抽气风扇　2—试样　3—前空气室　4—气孔　5—后空气室　6—排气口　7，8—压力计

抽风扇 1 转动时，空气透过试样 2 进入前空气室 3、经气孔 4 和后空气室 5，从排气口 6 排出。由于空气通道在气孔 4 通路截面缩小，会产生静压降，即前后空气室间空气有压力差，其值由压力计 8 指示，即 h 值。试样两边的压力差可用压力计 7 来测量。根据流体力学原理，透过试样的空气流量 Q 的计算式如下：

$$Q = Kd^2\sqrt{h} \qquad\qquad (4-12)$$

式中：Q——空气流量，kg/h；

K——常数，与流量系数、压力计内液体密度等有关；

d——气孔直径，m；

h——前后空气静压差，mm。

由上述公式可知，通过织物的空气流量与气孔直径平方和前、后空气室的静压差的平方根成正比例。而气孔直径可根据不同的织物透气量选取，一旦确定，它也是定值，所以测定 h 值，即可得到织物的空气流量。

在保持试样两边的压力差一定的条件下，测定单位时间内透过织物的空气量，就可以测得织物的透气性指标透气量或透气率。透过的空气越多，织物的透气性越好。

2. 影响织物透气性的主要因素

织物的透气主要与织物内纱线间和纤维间的孔隙大小、多少及织物厚度有关。即与织物的经纬密度、纱线线密度、纱线捻度等有关。

（1）纤维的性质。

①纤维的几何特征。纤维几何形态关系到纤维集合成纱时纱内孔隙的大小和多少。大多数异形截面纤维制成的织物透气性比圆形截面纤维的织物好。

②纤维弹性和吸湿性。压缩弹性好的纤维制成的织物透气性也较好。吸湿性强的纤维，吸湿后纤维直径明显膨胀，织物紧度增加，透气性下降。

（2）纱线的结构。纱线捻系数增大时，在一定范围内使纱线密度增大，纱线直径变小，织物紧度降低，因此织物透气性有提高的趋势。在经（纵）、纬（横）密度相同的织物中，纱线线密度减小，织物透气性增加。

（3）织物的结构。织物几何结构中，增加织物厚度，透气性下降。织物组织中，平纹织物交织点最多，浮长最短，纤维束缚得较紧密，故透气性最小；斜纹织物透气性较大；缎纹织物更大。纱线线密度相同的织物中，随着经、纬密的增加，织物透气性下降。织物经缩绒（毛织物）、起毛、树脂整理、涂胶等整理后，透气性有所下降。宇航服结构中的气密限制层，通常采用气密性好的涂氯丁锦纶胶材料制成。

（二）织物的透湿保湿性

织物的透气性也称透湿性，是指织物透过水汽的性能。服装用织物的透湿性是一项重要的舒适、卫生性能，它直接关系到织物排放汗汽的能力。尤其是内衣，必须具备很好的透湿性。当人体皮肤表面散热蒸发的水汽不易透过织物陆续排出时，就会在皮肤与织物之间形成高温区域，使人感到闷热不适。

当织物两边的蒸汽压力不同时，蒸汽会从高压一边透过织物流向另一边，蒸汽分子通过织物有两条通道。一条通道是织物内纤维与纤维间的孔隙；另一条通道是凭借纤维的吸湿能力和导湿能力，接触高压蒸汽的织物表面纤维吸收了气态水，并向织物内部传递，直到织物的另一面，又向低压蒸汽空间散失。

1. 透湿性测试的方法标准

（1）ISO 11092—2014 *Textiles—Physiological effects—Measurement of thermal and water-vapour resistance under steady-state conditions（sweating guarded-hotplate test）*《纺织品　生理效应　稳态条件下耐热和耐水蒸气性能的测量（出汗热板试验）》。

（2）ISO 15496 *Textiles—Measurement of water vapour permeability of textiles for the purpose of quality control*《纺织品　质量控制法织物透湿性测定》。

（3）GB/T 11048—2018《纺织品　生态舒适性　稳态条件下热阻和湿阻的测定（蒸发热板法）》。

（4）GB/T 12704.1—2009《纺织品　织物透湿性试验　第 1 部分：吸湿法》。

（5）GB/T 12704.2—2009《纺织品　织物透湿性试验　第 2 部分：蒸发法》。

（6）ASTM E96/E96M—2016 *Standard Test Methods for Water Vapor Transmission of Materials*

《材料透湿标准试验方法》。

（7）ASTM F1868—2017 *Standard Test Method for Thermal and Evaporative Resistance of Clothing Materials Using a Sweating Hot Plate*《出汗热板法服装材料热阻和湿阻的标准试验方法》。

（8）JIS L1099—2012《纤维制品的透湿度试验方法》。

2. 织物透湿性（湿阻）的测试方法和原理

织物透湿性（湿阻）的测试方法有透湿杯法和皮肤模型法两大类。透湿杯法分为蒸发（减重）法和吸湿（增重）法，各又有正杯法和倒杯法；皮肤模型法主要有出汗热板法和出汗暖体假人法等。下面介绍两种常用的测试方法。

（1）透湿杯法。试验方法有吸湿法和蒸发法。

①吸湿法。适用于厚度在10mm以内的各类织物，不适用于透湿率大于29000g/（m²·24h）的织物。

②蒸发法。适用于厚度在10mm以内的各类织物。其中方法B倒杯法仅适用于防水透气织物。

将织物试样覆盖在盛有干燥剂（吸湿法）或一定量蒸馏水（蒸发法）的杯子上，放置在规定温湿度的试验箱内。由于织物两边的空气存在相对湿度差，使杯内外产生的水汽透过织物发散。经规定间隔时间（如24h）先后两次称量试验杯，根据称量变化计算透湿量，如式（4-13）所示。

$$MVT = \frac{\Delta m - \Delta m_0}{A \times t}$$

（4-13）

式中：MVT——透湿率（在试样两面保持规定的温湿度条件下，规定时间内垂直通过单位面积试样的水蒸气质量），g/（m²·h）或g/（m²·24h）；

Δm——同一试验组合体两次称量之差，g；

Δm_0——空白试样的同一试验组合体两次称量之差，g。不做空白试验时，$\Delta m_0 = 0$；

A——有效试验面积，m²；

t——试验时间，h。

(a) 国标

(b) 美标

图4-50　透湿杯

ISO 15496—2018、GB/T 12704—2009、ASTM E96/E96M—2016和JIS L1099—2012中A法和B法均是透湿杯法测定织物透湿性的相关标准。采用透湿杯如图4-50所示，各种试验方法与测试条件见表4-48。

在众多测试标准和方法中，美国材料试验学会标准ASTM E96/E96M—2016 BW，水蒸气倒杯法是最常用的方法；而JIS L1099—2012 B日本工业标准其测试值最高，是生产商所喜欢的，并且与出汗热板法的测试结果有很好的相关性。

（2）蒸发热板法。本方法适用于各类纺织织物及其制品，涂层织物、皮革以及多层复合材料等可参照执行。

表 4-48　试验方法与测试条件

标准	试验方法		测试条件			
			干燥剂	温度/℃	相对湿度/%	风速/(m/s)
ISO 15496	倒杯吸湿法		饱和醋酸钾	23.0±3	—	—
GB/T 12704.1	Produce A	正杯　吸湿法	氯化钙	38±2	90±2	0.3~0.5
	Produce B			23±2	50±2	
	Produce C			20±2	65±2	
GB/T 12704.2	Produce A	正杯/倒杯 蒸发法	—	38±2	90±2	0.3~0.5
	Produce B			23±2	50±2	
	Produce C			20±2	65±2	
ASTM E 96	Produce A	正杯　吸湿法	氯化钙	23.0±0.6	50±2	0.02~0.03
	Produce B	正杯　蒸发法		23.0±0.6	50±2	
	Produce BW	倒杯　蒸发法		23.0±0.6	50±2	
	Produce C	正杯　吸湿法	氯化钙	32.2±0.6	50±2	
	Produce D	正杯　蒸发法		32.2±0.6	50±2	
	Produce E	正杯　吸湿法	氯化钙	37.8±0.6	90±2	
JIS L 1099	A-1	正杯　吸湿法	氯化钙	40±2	90±5	0.8（不超过）
	A-2	正杯　蒸发法	—	40±2	50±5	0.8（不超过）
	B-1	倒杯　吸湿法	醋酸钾	30±2	—	—
	B-2	倒杯　吸湿法	醋酸钾	30±2	—	—
	B-3	倒杯　吸湿法	醋酸钾	23.0±3	—	—

　　湿阻，即试样两面的水蒸气压力差与垂直通过试样的单位面积蒸发热流量之比。湿阻是反映纺织品生理舒适性的指标之一。

　　湿阻测定：在多孔测试板上覆盖有透气但不透水的薄膜，进入测试板的水蒸发后以水蒸气的形式通过薄膜（故没有液态水接触试样）。试样放在薄膜上后，测定一定水分蒸发率下保持测试板恒温所需热流量，与通过试样的水蒸气压力一起计算试样湿阻（通过从测定试样加上空气层的湿阻值中减去空气层的湿阻值得出所测材料的湿阻值。两次测定均在相同的条件下进行）。计算公式见式（4-14）。

$$R_{et} = \frac{(P_m - P_a) \times A}{H - \Delta H_e} - R_{et0} \qquad (4-14)$$

式中：R_{et}——湿阻，$m^2 \cdot Pa/W$；

　　　P_m——饱和水蒸气压力（当测试板的表面温度为 T_m 时），Pa；

　　　P_a——水蒸气压力（气候室中的温度为 T_a 时），Pa；

　　　A——测试板的面积，m^2；

　　　H——提供给测试面板的加热功率，W；

ΔH_e——湿阻测试中加热功率的修正量，W；

R_{et0}——为湿阻 R_{et} 的测试而确定的仪器常数，$m^2 \cdot Pa/W$。

R_{et} 值小于 6 时，认为是"极端透湿"，在高运动水平时穿着舒适；6~20 为"透湿"，一般运动水平时穿着舒适；20~30 为"低透湿"，在低运动水平时一般舒适；高于 30 时为"不透湿"。

ISO 11092—2014、GB/T 11048—2018、ASTM F1868—2017 和 JIS L1099—2012 中 C 法均是蒸发热板法（出汗热板法）测定织物透湿性的相关标准。

3. 影响织物透湿性的主要因素

（1）纤维性质。纤维的吸湿性与透湿性密切相关。吸湿性好的天然纤维和再生纤维织物，都具有较好的吸湿性。其中苎麻纤维吸湿性好，而且吸放湿速率快，因此苎麻织物具有优良的透湿性，是夏季理想的舒适面料。合成纤维的吸湿性较差（有的几乎不吸湿），仅少量水汽靠纤维吸湿传递至织物外层，但由于吸湿少，纤维纱线膨胀也小，水汽直接通过织物中纤维间、纱线间孔隙而逸散的数量相对较多。在合成纤维中，丙纶芯吸作用较强，虽然回潮率接近于零，水分不能直接由纤维吸湿传递，但通过毛细管芯吸传递出去，故丙纶织物具有良好的透湿性。增加合纤的透湿性，常用增加纤维比表面积及增加纱线中纤维间的孔隙的方法，如微孔纤维、H 型、十字形等扁平截面纤维。如图 4-51 所示，十字形、H 形纤维的沟槽增加了纤维的芯吸能力，通过芯吸传导水汽。

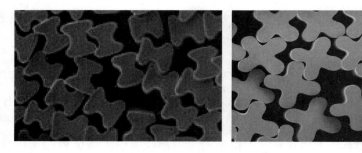

图 4-51 H 形和十字形导湿纤维截面

（2）纱线与织物结构。纱线捻度低、结构松或径向分布中吸湿性好的纤维向外转移，有利于吸湿，织物的透湿性较好。织物结构紧密的，一方面纤维吸湿能力降低，另一方面孔隙减少，织物的透湿性明显下降。

（3）环境条件。织物的透湿性随着环境温度的升高而增加，但随着相对湿度的增加而减少。

（三）织物的透水防水性

织物透水性是指液态水从织物一面渗透到另一面的性能。而阻止液态水滴透过织物的性能为防水性。由于织物用途不同，对织物透水防水性的要求不同。对于工业用过滤布要有良好的透水性。雨伞、雨衣、篷帐、鞋布和冬季外衣织物，则要求有良好的防水性。

因此织物的透水性、防水性与织物结构、纤维的吸湿性、纤维表面的蜡脂、油脂等有关。

为满足特殊需要，可对织物进行防水整理，生产出高防水的织物，还可以生产既防水又透气的织物。

1. 防水机理

水通过织物有以下三种通道，第一条通道是水分子通过纤维与纤维、纱线与纱线间的毛细管作用从织物一面到达另一面；第二条通道是纤维吸收水分，使水分从一面到达另一面；第三条通道是水压作用，迫使水透过织物孔隙到达另一面。

当水滴附着于织物表面时，水滴在织物表面接触点上的切线所形成的角称为接触角（θ），接触角是水分子间凝聚力和水分子与织物表面分子间附着力的函数。接触角越大，表明水分子与织物表面分子间附着力越小，防水性越好。一般当 $\theta > 90°$ 时，织物防水性较好；当 $\theta < 90°$ 时，织物容易被水润湿。

2. 织物防水性的测试方法及指标

织物防水性的测试有三种方法：静水压法、喷淋（沾水）法、淋雨渗透法。本教材主要介绍前两种。

（1）静水压法。

①相关标准。

a. ISO 811—2018 *Textile fabrics—Dtermination of resistance to water penetration－Hydrostatic pressure test*。

b. AATCC 127—2017 *Water Resistance：Hydrostatic Pressure Test*。

c. GB/T 4744—2013《纺织品 防水性能的检测和评价 静水压法》。

d. JIS L1092—2009《纺织品抗水性的试验方法》。

②方法和指标。常采用静水压式抗渗水测定仪。它采用将水位玻璃筒以一定速度提起，增加水位高度的方法，逐渐增加作用在试样上面的水压，使水透过试样，来测定其抗渗水性能。

至少测试 5 块试样。用洁净蒸馏水或去离子水测试。擦净夹持装置表面的水，夹持调湿后的试样，使试样正面与水面接触。夹持时，确保在测试开始前试验用水不会因受压而透过试样。记录试样上第三处水珠刚出现时的静水压值，以 kPa（cmH$_2$O）表示，并求其平均值，保留一位小数。水柱越高，织物的抗渗水性越好。抗静水压等级和防水性能评价见表4-49。

表 4-49 抗静水压等级和防水性能评价

抗静水压等级	静水压值 P/kPa	防水性能评价
0 级	$P < 4$	抗静水压性能差
1 级	$4 \leqslant P < 13$	具有抗静水压性能
2 级	$13 \leqslant P < 20$	
3 级	$20 \leqslant P < 35$	具有较好的抗静水压性能
4 级	$35 \leqslant P < 50$	具有优异的抗静水压性能
5 级	$50 \leqslant P$	

注 不同水压上升速率测得的静水压值不同（上述数据基于水压上升速率6.0kPa/min得到）。

（2）喷淋（沾水）法。

①相关标准。

a. ISO 4920—2012 *Textile Fabrics—Determination of Resistance to Surface Wetting*（*Spray Test*）。

b. AATCC 22—2017 *Water Repellency*：*Spray Test*。

c. GB/T 4745—2012《纺织品　防水性能的检测和评价　沾水法》。

d. JIS L1092—2009《纺织品抗水性的试验方法》。

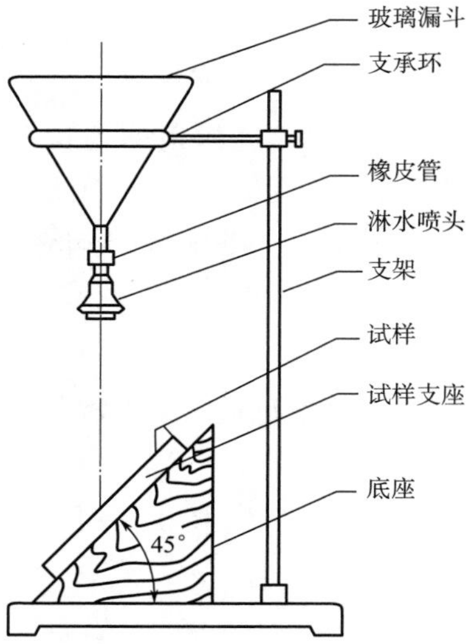

玻璃漏斗
支承环
橡皮管
淋水喷头
支架
试样
试样支座
底座
45°

图 4-52　绷架式抗淋湿性测定仪

②方法和指标。绷架式抗淋湿性测定仪如图 4-52 所示。至少取 3 块试样，每块试样尺寸 180mm×180mm。试样调湿后，用夹持器夹紧试样，放在支座上，试验时正面朝上（织物经向或长度方向与水流方向平行）；将 250mL 试验用水（蒸馏水或去离子水，温度 20℃±2℃）迅速而平稳地倒入漏斗，持续喷淋 25～30s；喷淋结束后，立即将夹有试样的夹持器拿开，使织物正面朝下几乎成水平，然后对着一个固体硬物轻轻敲打一下夹持器，水平旋转夹持器 180°后再次轻轻敲打一下夹持器；敲打结束后，根据表 4-50 立即对夹持器上的试样正面润湿程度进行评级。重复以上步骤测定剩余试样。防水性能评价见表 4-51。

表 4-50　沾水等级描述

沾水等级	沾水现象描述
0 级	整个试样表面完全润湿
1 级	受淋表面完全润湿
1-2 级	试样表面超出喷淋点处润湿，润湿面积超出受淋表面一半
2 级	试样表面超出喷淋点处润湿，润湿面积约为受淋表面一半
2-3 级	试样表面超出喷淋点处润湿，润湿面积少于受淋表面一半
3 级	试样表面喷淋点处润湿
3-4 级	试样表面等于或少于半数的喷淋点处润湿
4 级	试样表面有零星的喷淋点处润湿
4-5 级	试样表面没有润湿，有少量水珠
5 级	试样表面没有水珠或润湿

表 4-51　防水性能评价

沾水等级	防水性能评价
0 级	不具有抗沾湿性能
1 级	

沾水等级	防水性能评价
1~2 级	抗沾湿性能差
2 级	
2~3 级	抗沾湿性能较差
3 级	具有抗沾湿性能
3~4 级	具有较好的抗沾湿性能
4 级	具有很好的抗沾湿性能
4~5 级	具有优异的抗沾湿性能
5 级	

也可与标准样照对比评分（或评级，分 0~5 级，对应于 100~0 分）。本方法评定沾水等级所相应的 ISO 等级、AATCC 图片等级关系如下：

GB 5 = ISO 5 = AATCC 100；

GB 4 = ISO 4 = AATCC 90；

GB 3 = ISO 3 = AATCC 80；

GB 2 = ISO 2 = AATCC 70；

GB 1 = ISO 1 = AATCC 50；

GB 0 = ISO 0 = AATCC 0。

3. 影响织物防水透湿性的主要因素

（1）纤维性质。纤维的亲疏水性对防水透湿性有一定的影响。吸湿性差的纤维织物一般都具有较好的抗渗水性，而纤维表面存在的蜡质、油脂等可使水滴附着于织物上的接触角大于 90°，从而具有一定的防水性，但随着织物洗涤次数的增加而逐渐退化。

（2）织物结构。织物结构中，影响防水透湿性的主要因素是织物紧度。紧度较大的织物，水分不易通过，使织物具有一定的抗渗水性。织制高密织物是织物获得防水透湿织物的途径之一。超细纤维的发展，使得具有防水透湿功能的高密织物生产，提供了有利条件。这类织物密度是普通织物的 20 倍，不经拒水整理，可耐 $9.8×10^3 ~ 1.5×10^4 Pa$ 的水压。高密防水织物广泛应用于体育、户外活动服装及防寒服中。

（3）拒水整理。拒水整理是织物具有拒水性的主要途径。拒水整理是将拒水整理剂通过层压或涂层方法施于织物中，封闭织物中渗水的缝隙，使织物具有拒水性。但这一处理往往使水汽也不能通过，织物的透气、透湿性也随之降低，早期的防水织物属于这一类型。随着防水技术研究的不断发展，防水透湿双重功能织物的开发水平不断提高。它的基本原理是利用液态水滴孔径大于气态水滴（水滴直径为 100~3000μm，汽态水滴 0.0004μm），让整理后织物中的微孔小于水滴而大于气态水滴。

Gore-tex（戈尔特可斯）织物是最早应用层压法制取防水透湿织物。产品的关键技术是把平均孔径为 0.14μm 聚四氟乙烯微孔薄膜（PTFE）胶合在织物上。第二代 PTFE 膜是由

PTFE 膜和拒油亲水组分聚氨酯构成复合膜，它具有仅让水蒸气分子通过，而其他液体都不能通过的高选择性，使织物充分散发体表汗气，营造良好的服装微气候环境。

目前生产和应用较多的防水透湿织物，采用微孔涂层法。它始于 20 世纪 60 年代后期至 70 年代初，是在织物表面施加一层连续的微孔聚氨酯（PU）树脂膜，微孔直径是水滴的 1/5000～1/2000，但却是水蒸气的 700 倍，因而最小的雨滴也不能通过，使织物具有防水但透湿及防风能力。

（四）织物的传热隔热性

织物传递（或阻止）外界和人体热量交换的能力，为传（隔）热性。穿着在人体上的服用织物，它们本身不能产生能量，不能使人体温暖，织物的保暖性仅依赖于其传递热量的能力。传递热量能力越小，绝热性越好，保温作用越大。

1. 传热性测试的方法标准

（1）ISO 11092—2014 *Textiles—Physiological effects—Measurement of thermal and water-vapour resistance under steady-state conditions（sweating guarded-hotplate test）*。

（2）GB/T 11048—2018《纺织品　生态舒适性　稳态条件下热阻和湿阻的测定》。

（3）ASTM F1868—2017 *Standard Test Method for Thermal and Evaporative Resistance of Clothing Materials Using a Sweating Hot Plate*。

（4）ASTM D7984—2016 *Standard Test Method for Measurement of Thermal Effusivity of Fabrics Using a Modified Transient Plane Source（MTPS）Instrument*《利用修正瞬态平面热源仪测试织物热逸散率的标准试验方法》。

（5）ASTM D1518—2014 *Standard Test Method for Thermal Resistance of Batting Systems Using a Hot Plate*《用热板测定棉胎耐热性的试验方法》。

（6）JIS L1096—2010《纺织品与针织品测试方法》。

2. 织物传热隔热性测试方法及评价指标

织物传热性测试的常用方法为平板法和蒸发热板法等。它是测试覆盖试样前后，试验板保持恒温所需的热量或时间，计算织物传热隔热性指标。

（1）平板法。将试样覆盖于测试板上，测试板及底板和周围的保护板均以电热控制，并能保持恒温，使测试板的热量只能通过试样的方向散发，测定测试板在一定时间内保持恒温所需要的加热功率，计算试样的热阻、传热系数、克罗值。

①热阻计算。

$$R_{ct} = R_{ct1} - R_{ct0} \tag{4-15}$$

式中：R_{ct}——热阻（试样两面的温差与垂直通过试样的单位面积热流量之比），$m^2 \cdot K/W$（保留三位有效数字）；

R_{ct1}——有试样时的热阻值，$m^2 \cdot K/W$；

R_{ct0}——空板测试时的热阻值，$m^2 \cdot K/W$。

②传热系数计算。

$$U = 1/R_{ct} \tag{4-16}$$

式中：U——试样传热系数（试样两面存在单位温差时，通过试样单位面积的热流量），

W/（m²·K）（保留三位有效数字）。

③克罗值计算。

$$CLO = R_{ct}/0.155 \tag{4-17}$$

式中：CLO——克罗值［热阻的一个表示单位。在温度为21℃、相对湿度不超过50%、气流
不超过0.1m/s的环境条件下，静坐者（其基础代谢为58W/m²）感觉舒适
时，其所穿服装的保温值为1克罗值］（保留三位有效数字）。

（2）蒸发热板法。蒸发热板法即出汗防护热板（通常称作"皮肤模型"）法，能够模拟
紧贴人体皮肤所发生的传热传湿过程，测量纺织品热阻和湿阻。通过公式换算，计算得到克
罗值和热导率，该测试方法精度高，重复性好。但是蒸发热板法数据采集系统成本高，使用
和维护费用昂贵，且测试时间长。

热阻是反映纺织品生理舒适性的指标之一。

热阻测定：将试样覆盖于测试板上，测试板及其周围的热护环、底部的保护板都能保持
恒温，以使测试板的热量只能通过试样散失，空气可平行于试样上表面流动。在试验条件达
到稳定后，测定通过试样的热流量来计算试样的热阻（通过从测定试样加上空气层的热阻值
中减去空气层的热阻值得出所测材料的热阻值。两次测定均在相同的条件下进行）。

其计算式如下：

$$R_{ct} = \frac{(T_m - T_a) \times A}{H - \Delta H_c} - R_{ct0} \tag{4-18}$$

式中：R_{ct}——热阻，m²·K/W；

T_m——测试板的温度，℃；

T_a——气候室中空气的温度，℃；

A——测试板的面积，m²；

H——提供给测试面板的加热功率，W；

ΔH_c——热阻测试中加热功率的修正量；

R_{ct0}——为热阻 R_{ct} 的测试而确定的仪器常数，m²·K/W。

3. 影响织物传热隔热性的主要因素

（1）纤维性状。

①纤维细度。纤维的粗细与织物的传热隔热性有直接关系。纤维直径越小，比表面积越
大，纤维"捕捉"静止空气的能力越大，使纤维间有更多的静止空气，织物的保温性越好。
如羽绒较羽毛、羊绒较羊毛、超细纤维较普通纤维具有更好的保暖性。

②中空纤维。与细纤维相同的道理，中空纤维由于内部有较多的静止空气，保暖性较好。
如被服中的填充材料，多选用多空涤纶，一方面提高保暖性，另一方面可使纤维密度降低，
使被服不仅保暖，且质轻舒适。

③纤维回潮率。由于水的传热系数约为干燥纤维的10倍，所以回潮率大时，织物的保暖
性降低。

④纤维的压缩弹性回复率。纤维的压缩弹性回复率对织物的保暖性影响十分显著。弹性回复率小的纤维，受外力作用，尤其是压缩时，纤维间孔隙变小，静止空气含量减少，织物的保暖性明显变差。如羊毛纤维、腈纶纤维及涤纶纤维由于具有优良的弹性回复率，织物的保暖性始终能保持较好的保暖性。而棉等纤维，由于弹性回复率较差，新旧棉花胎的保暖性有明显区别。

⑤纤维的传热系数。纤维传热系数与织物的保暖性直接相关，传热系数小的纤维制成的织物保暖性较好，如氯纶较其他纤维具有较低的传热系数，因此氯纶毛线及织物具有优良的保暖性。

（2）织物结构。

①织物厚度。织物厚度与织物保暖性之间存在近似直线关系，即随着织物厚度增加，织物的保暖性线性增加。

②织物表观密度。织物表观密度对织物保暖性也有很大影响。织物的传热系数通常随着表观密度的增加（导致空气含量减小）而增加，但当织物的表观密度过低而使纤维间空气作对流时，传热系数随织物表观密度的增加而减小，因而传热系数与织物表观密度的关系，有一极小值存在。实验表明，表观密度在 $0.03 \sim 0.06 g/cm^3$ 时，传热系数最小。一般织物的表面密度均小于这一极小值，因此通常情况下，织物中空气含量减小，传热系数增加。

图4-53　数字式透气量仪

（五）操作指导

1. 织物透气性测试

（1）工作任务描述。利用数字式透气量仪（图4-53）测试织物的透气量或透气率。按规定要求取样并进行测试，记录原始数据，计算和分析透气性指标，完成项目报告。

（2）操作仪器、工具及试样。透气量仪，织物。

（3）操作要点。

①试样准备。

a. 样品。从一次装运货物或批量货物中随机抽取，数量见表4-52。

表4-52　批样的抽取匹数

装运或批量货物的数量/匹	≤3	4～10	11～30	31～75	≥75
批样的最少的数量/匹	1	2	3	4	5

b. 实验室样品。从批样的每一匹中剪取长至少为1m的整幅织物作为实验室样品。样品离布端3m以上的部位随机选取，不能有折皱或明显疵点。

c. 试样。试样面积为 $20cm^2$，裁取面积应大于 $20cm^2$；同样条件下，同一样品的不同部位重复测定至少10次。

②操作步骤。

a. 参数设置。

（a）透气率/透气量的设定。按下"设定"键，进入设置状态，"试样压差"数字字段闪烁，这时按"透气率/透气量"切换键。

（b）测试面积的设定。透气率/透气量设定后，选择透气率测定，面积有 5cm²、20cm²、50cm²、100cm² 四种可供选择；如果选择透气量测定，面积有 19.6cm²（Φ50mm）、38.5cm²（Φ70mm）两种可供选择。

（c）喷嘴直径的设定。共有 11 种选择，分别为 Φ0.8mm、Φ1.2mm、Φ2mm、Φ3mm、Φ4mm、Φ6mm、Φ8mm、Φ10mm、Φ12mm、Φ16mm、Φ20mm。

b. 装试样。把试样自然地放在已选好的定值圈上，对于柔软织物，应再套试样绷直压环以使试样自然平直（采用足够的张力使试样平直而不变形）。试样放好后，压下试样压紧圈压紧试样。

c. 测试。按"工作"键，仪器进入校零（校正指示灯亮），校零完毕，蜂鸣器发短声"嘟"，仪器自动进入测试状态（校正指示灯亮，测试指示灯亮），测试完毕显示透气率/透气量。

d. 重复以上操作，测试其他试样。

（4）指标及计算。计算透气率/透气量平均值和变异系数。透气率修约至测量档满量程的 2%；变异系数修约至最邻近的 0.1%。

$$R = \frac{q_v}{A} \times 167 \quad (\text{mm/s}) \tag{4-19}$$

或

$$R = \frac{q_v}{A} \times 0.167 \quad (\text{m/s}) \tag{4-20}$$

式中：　　　　q_v——平均气流量，dm³/min（L/min）；

　　　　　　　A——试验面积，cm²；

167，0.167——换算系数。

式（4-20）主要用于稀疏织物、非织造布等透气率较大的织物。

（5）相关标准。

GB/T 5453—1997（等同于 ISO 9237—1995）《纺织品织物透气性的测定》。

2. 织物透湿性测试（透湿杯法）

（1）工作任务描述。利用全自动织物透湿性测试仪（图 4-54）测试织物的透湿性。按规定要求取样并进行测试，记录原始数据，计算和分析透湿性指标，完成项目报告。

（2）操作仪器、工具及试样。测湿仪，织物。

（3）操作要点。

图 4-54　全自动织物透湿性测试仪

①试样准备。

a. 样品。距布边 1/10 幅宽，距匹端 2m 外裁取。

b. 试样。从每个样品中至少剪取 3 块试样，每块试样直径为 70mm。

②操作步骤。

a. 吸湿法（方法 1）。

（a）向清洁、干燥的杯体内装入干燥剂（约 35g），振荡均匀，并使装入的干燥剂形成一个平面，干燥剂装填高度应距试样下表面 4mm 左右（空白试验的杯中不加干燥剂）。

（b）将试样测试面朝上放置在杯体上，装上垫圈和压环，旋上螺帽，再用乙烯胶带从侧面封住杯体、垫圈、压环，组成的试验组合体。

（以上两步应在尽可能短的时间内完成）

（c）迅速将试验组合体水平放置在已达到规定试验条件（优先采用温度 38℃±2℃，湿度 90%±2%）的试验箱（室）内，经过 1h 平衡后取出。

（d）迅速盖上对应杯盖，放在 20℃ 左右的硅胶干燥器中平衡 0.5h，按编号逐一称量，精确至 0.001g，每个试验组合体称量时间不超过 15s。

（e）称量后轻微振动杯中的干燥剂，使其上下混合，以免长时间使用上层干燥剂使其干燥效用减弱。振动过程中，尽量避免使干燥剂与试样接触。

（f）除去杯盖，迅速将试验组合体放入试验箱内，经过 1h 的试验后取出，按照 d 的规定称量，每次称量试验组合体的先后顺序应一致。

（干燥剂吸湿总增量不得超过 10%）

b. 蒸发法（方法 2）。

（a）方法 A（正杯法）。

——向清洁、干燥的杯体内注入与试验温度相同的蒸馏水 34mL，使水距试样下表面位置 10mm 左右。

——将试样测试面朝下放置在透湿杯上，装上垫圈和压环，旋上螺帽，再用乙烯胶带从侧面封住杯体、垫圈、压环组成的试验组合体。

（以上两步应在尽可能短的时间内完成）

——迅速将试验组合体水平放置在已达到规定试验条件（优先采用温度 38℃±2℃，湿度 50%±2%）的试验箱内，经过 1h 平衡后，按编号逐一称量，精确至 0.001g。若箱外称重，每个试验组合体称量时间不超过 15s。

——随后经过 1h 的试验后，再按同一顺序称量。

——整个试验过程中要保持试验组合体水平，避免杯内的水沾到试样的内表面。

（b）方法 B（倒杯法）。

——向清洁、干燥的杯体内注入与试验条件温度相同的蒸馏水 34mL。

——将试样测试面朝上放置在透湿杯上，装上垫圈和压环，旋上螺帽，再用乙烯胶带从侧面封住杯体、垫圈、压环组成的试验组合体。

（以上两步应在尽可能短的时间内完成）

——迅速将试验组合体倒置后水平放置在已达到规定试验条件（优先采用温度 38℃±2℃，湿度 50%±2%）的试验箱内（要保证试样下表面处有足够的空间），经过 1h 平衡后，按编号在试验箱内逐一称量，精确至 0.001g。若箱外称重，每个试验组合体称量时间不超过 15s。

——经过 1h 的试验后取出，再按同一顺序称量。

（4）指标及计算。计算透湿率 WVT、透湿度 WVP 和透湿系数 PV。

3. 织物热阻和湿阻测试

（1）工作任务描述。利用仪器测试织物的热阻和湿阻。按规定要求取样并测试，记录原始数据，统计与计算织物的热阻、湿阻，完成项目报告。

（2）操作仪器、工具及试样。热阻湿阻测试仪（图 4-55）、剪刀、织物等。

（3）操作要点。

①蒸发热板法。该测试方法按 GB/T 11048—2018 执行。

a. 试样准备。

（a）材料厚度≤5mm。试样尺寸应完全覆盖测试板和热护环表面；每个样品至少取 3 块试样，试样应平整、无折皱；试样应在热阻、湿阻测定规定的试验环境中至少调湿 12h。

图 4-55　热阻湿阻测试仪

（b）材料厚度>5mm。厚度在此范围内的试样需要一个特殊的程序以避免热量或水蒸气从其边缘散发，具体按标准规定。

b. 操作步骤。

（a）仪器常数的测定。仪器常数 R_{ct0}、R_{et0}，又称空板值，测定时测试板上表面与试样台应处于同一平面。

R_{ct0} 值：调节测试板表面温度 T_m 为 35℃，气候室温度 T_a 为 20℃，相对湿度为 65%，空气流速为 1m/s。待测定值 T_m、T_a、RH、H 都达到稳定后记录相关数值。并按式（4-21）计算。

$$R_{ct0} = \frac{(T_m - T_a) \times A}{H - \Delta H_c} \tag{4-21}$$

R_{et0} 值：测定湿阻时，应使用定量供水装置持续给测试板供水。在多孔测试板上覆盖一层光滑的透气而不透水的厚度为 10～50μm 的纤维素薄膜，薄膜的安放应确保平整无皱，且薄膜事先应经蒸馏水浸湿。为避免薄膜下出现气泡，供给测试板的水应经 2 次蒸馏并经过煮沸才能使用。

$$R_{et0} = \frac{(P_m - P_a) \times A}{H - \Delta H_e} \tag{4-22}$$

测试板表面温度 T_m 及周围空气温度为 35℃，空气相对湿度为 40%，空气流速为 1m/s，其水蒸气分压 P_a 为 2250Pa（在不影响测试精度的前提下，假定测试板表面水蒸气分压 P_m 等于这个温度下的饱和蒸汽压，即 5620Pa）。待测定值 T_m、T_a、RH、H 都达到稳定后记录相关数值，并按式（4-22）计算。

（b）试样在测试板上的放置。试样的放置方向与气流方向有关。应平置于测试板上，将通常接触人体皮肤的一面朝向测试板；通常，试样在不受张力作用，多层试样各层之间无空气缝隙的情况下测试；当试样的厚度超过3mm时，应调节测试板高度以使试样的上表面与试样台平齐。

（c）热阻测定。调节测试板表面温度 T_m 为35℃，气候室空气温度 T_a 为20℃，相对湿度为65%，空气流速为1m/s。在测试板上放置试样后，待 T_m、T_a、RH、H 都达到稳定后记录相关数值。按式（4-18）计算所测试样的热阻值，并把它们的算术平均值作为样品的检验结果。保留3位有效数字。

（d）湿阻测定。把满足测定 R_{et0} 值要求的薄膜放置在测试板上。

调节测试板表面温度 T_m 为35℃，空气温度 T_a 为35℃，相对湿度为40%，空气流速为1m/s。在测试板上放置试样后，待 T_m、T_a、RH、H 都达到稳定后记录相关数值。按式（4-14）计算所测试样的湿阻值，并把它们的算术平均值作为样品的检验结果。保留3位有效数字。

②平板法。该测试方法按 GB/T 35762—2017 执行。

a. 试样。每个样品至少取3块试样，试样尺寸应同时覆盖测试板和保护板，试样要平整、无折皱；样品应置于规定的标准大气条件调湿直至平衡。

b. 步骤。

（a）空板的测试。设定测试板、保护板、底板温度为35℃；仪器预热一定时间，等测试板、保护板、底板温度达到设定值，温度差异稳定在0.2℃以内时，环境温湿度达到稳定，即可开始试验，测试时间至少30min；测试结束后读取空板的热阻值 R_{ct0}。

（b）有试样的测试。试样应平置于测试板上，将通常接触人体皮肤的一面朝向测试板；预热一定时间，对于不同厚度的试样预热时间可不等，一般30~60min；等测试板、保护板、底板温度达到设定值，温度差异稳定在0.2℃以内时，环境温湿度达到稳定，即可开始试验，测试时间至少30min；测试结束后读取热阻值 R_{ct1}。

按式（4-15）~式（4-17）分别计算其热阻、传热系数、克罗值。

子项目 4-3　纺织品生态安全性能检测

当前，我国正处在转变发展方式、优化经济结构、转换增长动力的关键期，必须贯彻新发展理念，探索以生态优先、绿色发展为导向的高质量发展新路子。作为传统支柱产业，高性能、低成本及绿色化的纺织产业发展趋势变得更为明显。

子项目 4-3
PPT

【工作任务】

今接到某公司送来织物样品，要求检验其某些生态安全性能指标，并出具检测报告单。

【工作要求】

1. 在个体学习，查阅相关资料与标准的基础上，采用小组讨论的方式，制订工作计划，写出实施方案。

2. 在老师的指导下，学生在纺织品检测实训中心，以小组为单位（人人参与），按照标准规范，进行织物的生态安全性检验。

3. 完成检测报告。

4. 小组互查评判结果，教师点评。

【知识点】

一、概述

（一）纺织品生态意识的萌生与形成

工业化的飞速发展，创造了史无前例的工业文明，但也造成了环境的污染和自然资源的破坏。环境质量的恶化和生态平衡的失调已成为世界各国普遍关注的焦点。联合国环境与发展委员会于 1989 年发表了名为"我们共同的未来"的报告，向世人提出了"绿色工程"的概念与任务。

在纺织服装领域，随着石油工业的发展，化学纤维、合成染料和化学助剂等化学物质的广泛应用，使纺织业面临两大难题：其一是纺织品使用对人体的安全问题，其二是纺织品生产对环境的污染问题。

1989 年维也纳奥地利纺织研究院建立了一套测定纺织品上有害物质的标准，奥地利纺织标准 ÖTN 100（或 AST100）。这是第一部关于纺织品环保学的标准，是纺织生态学正式诞生的标志。

1991 年 11 月奥地利纺织研究院（ÖTI）与德国海恩斯坦研究院（Hohenstein Institute）合作，将 ÖTN 100 改变为 Öko（或 Oeko）-Tex Standard 100。1992 年 4 月 7 日第一部 Öko-Tex Standard 100 出版。1993 年他们又与苏黎世的纺织测试研究院签署协议，成立国际生态纺织品研究与检测协会（也称国际环保纺织协会）。该协会由欧洲和日本的 15 家知名的纺织研究所和检验所组成，在世界上的 50 多个国家设有代表处和联络处。Öko-Tex Standard 100 已成为世界公认的最权威、最有影响的纺织品生态标准。

（二）生态纺织品的界定

1. 生态纺织品界定的两种观点

国际上对生产纺织品的界定标准有两种观点，一种观点是以欧洲"Eco-label"为代表的全生态概念，即广义生态纺织品概念，认为生态纺织品所用纤维在生长或生产过程中应未受污染，同时也对环境不造成污染；在生产加工和使用过程中不会对人体和环境造成危害的；在失去使用价值后可回收再利用或在自然条件下降解。

另一种观点是以德国、奥地利、瑞士等欧洲国家的 13 个研究机构组成的国际纺织品生态研究与检测协会（Oeko-Tex）为代表的有限生态概念，即狭义生态纺织品概念，认为生态纺织品最终目标是在使用过程中不会对人体健康造成危害，并主张对纺织品上的有害物质进行合理的限定，以不影响人体健康为底线，同时建立相应的品质监控体系。

第一种观点是真正意义上的生态纺织品，但在目前的科学技术条件下很难同时做到，可作为一个努力的目标；第二种观点是从现实条件和科学水平上提出的可实现的初级生态要求，是指在现有的科学知识条件下，经过测试不含有损害人体健康的物质，且具有相应标志的纺织品。

2. 生态纺织品相关技术法规和标准

国际上关于生态纺织品相关技术法规和标准主要有欧盟"限制指令"（Limitations Directive）、REACH（《关于化学品注册、评估、授权和限制》）法规、Oeko-Tex Standard 100 标准等。

在众多法规标准中，最具权威的生态纺织品标准是 Oeko-Tex Standard 100。它从消费生态学的角度出发，以不妨碍消费者的人体健康为前提，贯彻以人为本的原则，规定了纺织品生态性能的最低要求。标准还包括了某些有害物质的限量值与分析。规定凡符合该标准的纺织产品，颁发"根据 Oeko-Tex Standard 100 对有害物质的测定，对此纺织品表示信任"的生态标志。同时，该协会还制定了与之配套的测试方法标准 Oeko-Tex Standard 200 和生产实地生态认证标准 Oeko-Tex Standard 1000。Oeko-Tex Standard 100 自 1992 年 4 月 7 日正式公布第一版以来，1995 年 1 月和 1997 年 2 月发布修订版，1999 年 12 月发布了 2000 年版，对过去的几个版本做了重大的修订。1999 年以后几乎每年都要对标准 Oeko-Tex standard 100 和 Oeko-Tex standard 200 进行修订，修订后的标准检测内容越来越多，限量要求越来越严。

3. 生态纺织品监控项目

根据生态纺织品的法律规定和标准，生态纺织品的监控和检测内容主要有以下 20 项。

（1）禁用偶氮染料。禁止在纺织品上使用的，在还原条件下会裂解产生致癌芳香胺的偶氮染料。

1994 年，德国政府颁布法令禁止使用能够产生 20 种有害芳香胺的 118 种偶氮染料。欧盟于 1997 年发布了 67/648/EC 指令，是欧盟国家禁止在纺织品和皮革制品中使用可裂解并释放出某些致癌芳香胺的偶氮染料的法令，共有 22 个致癌芳香胺。欧盟于 2001 年 3 月 27 日发布了 2001/C96E/18 指令，该指令进一步明确规定了列入控制范围的纺织产品。该指令还规定了 3 个禁用染料的检测方法，致癌芳香胺的检出量不得超出 30mg/kg。2002 年 7 月 19 日，欧盟公布第 2002/61 号令，指出凡是在还原条件下释放出致癌芳香胺的偶氮染料都被禁用。2003 年 1 月 6 日，欧盟进一步发出 2003 年第 3 号指令，规定在欧盟市场上禁用和禁止销售含铬偶氮染料的纺织品、服装和皮革制品，并于 2004 年 6 月 30 日生效。

偶氮染料本身并无致癌性，目前市场上流通的合成染料品种约有 2000 种，其中约 70% 的合成染料是以偶氮化学为基础的，而涉嫌可还原出致癌芳香胺的染料品种（包括某些颜料和非偶氮染料）约为 210 种。此外，某些染料从化学结构上看不存在致癌芳香胺，但由于在合成过程中中间体的残余或杂质和副产物的分离不完善，仍可被检测出存在致癌芳香胺，从而使最终产品无法通过检测。纺织品与服装使用含致癌芳香胺的偶氮染料之后，在与人体的长期接触中，染料可能被皮肤吸收，并在人体内扩散。这些染料在人体的正常代谢所发生的生化反应条件下，可能发生还原反应而分解出致癌芳香胺，并经过人体的活化作用改变 DNA 的结构，引起人体病变和诱发癌症。

（2）致癌染料。指未经还原等化学变化即能诱发人体癌变的染料，其中最著名的品红（C. I. 碱性红 9）染料早在 100 多年前已被证实与男性膀胱癌的发生有关联。致癌染料在纺织品上绝对禁用。

（3）致敏性染料。某些染料已被证实对人体有致敏作用，因而在国际纺织品与服装贸易中，这些染料的使用也列入受控范围。目前已知涉嫌的染料均为分散染料。

（4）可萃取重金属。纺织品中重金属主要来源是含有铬、钴、镍、铜的络合染料或固色剂；纺织品加工过程中所使用的化学药品和助剂；纺织品生产和使用过程中设备、材料的交叉污染；少量重金属来源于天然纤维生长过程中，通过环境迁移、生物富集沾污纤维。纺织品上可能残留的重金属是 Cu、Cr、Co、Ni、Zn、Hg、As、Pb、Cd 等。

（5）杀虫剂。棉、麻等植物纤维种植过程中喷洒的杀虫剂，蚕和羊食用的桑叶和草料上喷洒的杀虫剂及用于杀灭羊身上虱子的杀虫剂。

（6）游离甲醛含量。甲醛来源于部分免烫、阻燃、柔软和防水整理剂。

（7）pH。纺织品加工过程中各种化学试剂的残留或水中的碳酸氢钠等，使纺织品带有碱性，而人体皮肤呈弱酸性，能防止疾病入侵，因此纺织品 pH 呈中性或弱酸性，对人体皮肤最为有益。

（8）含氯酚（PCP 和 TeCP）：五氯苯酚（PCP）是纺织品、皮革制品和木材、浆料采用的传统的防霉防腐剂。动物试验证明，PCP 是一种毒性物质，对人体具有致畸和致癌性。PCP 十分稳定，自然降解过程漫长，对环境有害，因而在纺织品和皮革制品中受到严格限制。2，3，5，6-四氯苯酚（TeCP）是 PCP 合成过程中的副产物，对人体和环境同样有害。

（9）含氯有机载体。含氯有机载体常作为染料载体或防蛀剂应用于纺织品上，某些芳香族化合物对环境有害，对人体有潜在的致畸和致癌性。

（10）六价铬［Cr（VI）］。Cr（VI）常用于皮革制品的生产加工，是一种强氧化剂，是对人体和环境有相当毒性的重金属离子。因此，在生态纺织品标准中，在对总含 Cr 量进行监控的同时，对 Cr（VI）也进行严格的监控。

（11）多氯联苯衍生物（PCBs）。作为抗静电剂及阻燃剂可能被引入纺织品。多氯联苯对人体有毒，会引起皮肤着色、肠胃不适，并有致癌作用。

（12）有机锡化物。纺织品中，有机锡化合物主要来源 PVC 热稳定剂、聚氨酯和聚酯的催化剂、杀虫剂等。有机锡化合物对生物体的危害严重，会引起糖尿病和高血脂病等。纺织品中监控的有机锡化合物主要有三丁基锡（TBT）、三苯基锡（TPhT）、二辛基锡（DOT）、二丁基锡（DBT）等。

（13）镉（Cd）含量。Cd 常被用作高分子材料的着色剂、涂料的着色剂、PVC 材料的稳定剂和金属的表面处理剂，因此某些塑料辅料或产品可能含有对人体有害的 Cd 重金属。

（14）镍（Ni）含量。服装辅料或饰品表面可能使用含有镍涂层。此类含镍配件直接或长期与人体皮肤接触会引起过敏和严重的皮炎，欧盟及多国对此订有严格的法规并加以监控。

（15）邻苯二甲酸酯类 PVC 增塑剂。此类增塑剂主要用于儿童玩具，增加玩具弹性与韧性。欧盟于 1999 年 12 月 7 日正式决定（1999/815/EC 指令），在欧盟成员国内，对三岁以下儿童使用的与口接触的玩具（如奶嘴、出牙器等）中的增塑剂含量进行限制。要求这类增塑剂含量不超过 0.1%。

（16）阻燃剂。指那些可用于降低燃烧能力的活性化学产品。含氯或含溴阻燃剂被列为禁用项目。

（17）抗微生物整理剂。指抑制或杀死纺织品上微生物的整理剂，如用于帐篷等户外用纺织品的加工，避免霉菌生长的防腐剂；用于服饰或其他与皮肤接触的纺织品有害细菌及感染控制的卫生整理剂；用于控制臭味发生的整理剂等。某些抗微生物整理剂对人体和环境有害。

（18）色牢度。织物染色牢度不直接涉及纺织品的生态问题，但由于人体汗液、唾液、水分等影响，能促进染料的分散而导致对人体健康的损害。生态纺织品色牢度包括耐水色牢度、耐汗渍色牢度、耐唾液色牢度和耐摩擦色牢度四项。特别是婴儿类服装，对唾液及汗液色牢度尤为重要，要求都在 3-4 级以上。

（19）气味。任何与产品无关的气味或虽与产品有关但过重的气味，表明纺织品上有过量的化学品残留，有可能对健康造成危害。

（20）消耗臭氧层的化学物质（ODCs）。纺织品加工过程中沾染的氯氟烃类化合物，挥发进入接近地面的空气中不会分解，可稳定存在数十年，当它们积聚多了以后上升至同温层时就会对臭氧层造成破坏，形成臭氧层空洞，增加人们患皮炎和诱发皮肤癌的可能性。

以上监控项目包括了法定禁止和严格控制的有害物质，也包括了按科学的方法证明对健康有害的物质和预防性物质。这些监控项目因生态安全性相关的法律法规的变化而不断变化。

有关生态纺织品检测技术、检测仪器和标准化研究，相对滞后于立法，目前并不能对所有的监控内容进行检测。买家可能要求供应商签署承诺书，保证在其产品中不含或不使用其规定禁用的化学品或原材料。

（三）生态纺织品检测技术要求

1. Oeko-Tex Standard 100 技术要求

（1）产品分类。Oeko-Tex Standard 100 标准中将纺织品分为婴幼儿产品（产品级别Ⅰ）、直接接触皮肤类产品（产品级别Ⅱ）、不直接接触皮肤类产品（产品级别Ⅲ）和装饰材料（产品级别Ⅳ）四类。

①婴幼儿产品（Ⅰ类产品）。婴幼儿产品是指 36 个及以下的婴幼儿使用的所有物品、原材料和辅料。

②直接接触皮肤类产品（Ⅱ类产品）。直接接触皮肤类产品是指穿着时大部分面积与皮肤直接接触的物品（如男女式衬衫、内衣、床垫等）。

③不直接接触皮肤类产品（Ⅲ类产品）。不直接接触皮肤类产品是指穿着时小部分面积与皮肤直接接触的物品（如填充物等）。

④装饰材料（Ⅳ类产品）。指用于装饰的包括产品和辅料的所有制品，如桌布、墙布、家具织物、窗帘、室内装饰织物、地毯等。

（2）检测项目与限值要求。Oeko-Tex Standard 100 检测项目与限值要求见本教材附录。

2. GB/T 18885—2020《生态纺织品技术要求》

GB/T 18885 标准的产品分类和技术要求均参照国际环保纺织协会 Oeko-Tex Standard 100 的技术要求，标准规定了生态纺织品的术语和定义、产品分类、要求、试验方法、检验规则。

3. GB 18401—2010《国家纺织产品基本安全技术规范》

GB 18401—2010 规定了纺织产品的基本安全技术要求、试验方法、检验规则及实施和监督。

（四）生态纺织品认证

生态纺织品认证申请是生产者自主决定而非强制性执行的一种自愿行为，它是环境管理手段从"行政法令"到"市场引导"的产物。旨在通过市场因素中消费者的驱动，促使生产者采用较高的标准，引导企业自觉调整产品结构，采用清洁工艺生产对消费者有益的产品，最终达到保护环境、保证人体健康的目的。

1. 欧盟各国的纺织品环境标志

欧盟统一的环境标志是 Eco-1abel（生态标签），部分成员国也有各自的环境标志。其中，以德国的环境标志最多，涉及产品种类包括服装、地毯、纤维等。这些标志有的表明最终产品上有害物质的限量要求，符合 Oeko-Tex Standard 100 的要求；有的则表明产品整个生命周期，即从纤维培植或生产到最后废弃物的处理整个生产链，都符合一定的环保要求，如 Eco-1abel 标志的要求。Oeko-Tex Standard 100、Eco-1abel、Milieukeur、White Swan 等是目前市场上较有影响力的几种环保标志。

（1）Oeko-Tex Standard 100 标志。Oeko-Tex Standard 100 已经成为纺织行业进行生态安全认证的国际性基准，其标志在世界范围内注册，受马德里公约保护。Oeko-Tex Standard 100 标志在欧洲市场和国际上有很高的知名度。经过 Oeko-Tex Standard 100 体系检测的纺织品可授予生态纺织品证书和标签，如图 4-56 和图 4-57 所示。标签分单语言标签 [图 4-57（a）（b）（c）] 和多国语言标签 [图 4-57（d）] 两类。

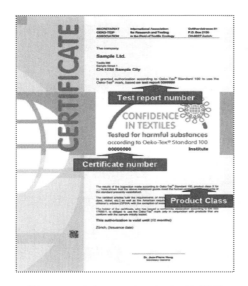

图 4-56　Oeko-Tex Standard 100 证书

（a）奥地利德语标签　　　　（b）英语标签

（c）简体中文标签　　　　（d）多国语言标签

图 4-57　Oeko-Tex Standard 100 标签

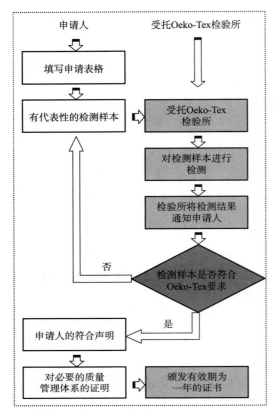

图4-58 Oeko-Tex Standard 100认证程序

Oeko-Tex Standard 100标志论证分三种模式：

①首次认证。对申请的产品进行生态纺织品的第一次认证，认证程序如图4-58所示。

②证书延期。当有效期到期后，Oeko-Tex的证书可以通过申请延展一年。

③证书扩展。现有Oeko-Tex证书可以在任何时期进行扩展，需要制造商向相关的检测机构提交正式申请。

（2）Eco-label标志。Eco-label由欧盟执法委员会根据880/92号法令成立，自1993年颁布了首批关于洗衣机和洗碗机的标准以来，现已涉及包括纺织品如床单、T恤在内的多种产品。标志如图4-59所示。

欧盟环境标志标准的制定原则是对产品从生产到废弃进行终生环保评估，即对其原材料、生产过程、产品流通、消费一直到最后废弃物处理各个阶段进行评价。

Eco-label标志的申请、授予程序主要为：

①欧盟执行委与有关各方磋商后，确定产品类别和每类产品的环境标准。

②每个成员国指定一个有关部门按欧盟的标准受理生产者或进口者的环境标志申请。

③环境标志申请需先经成员国有关部门批准（30天内）。

④申请批准后，申请者与成员国有关部门签订合同，规定在一定时间内可使用该标志，成员国负责征收申请费和年度使用费。

⑤欧盟执行委通过"公报"公布产品清单，标志所授予的企业名称、授予国家等。Eco-label标志可在欧盟成员国的任一国内申请，并可在包括挪威、冰岛、列支敦士登在内的欧洲使用。

（3）Milieukeur标志。Milieukeur标志如图4-60所示，是1992年由荷兰的环境评论基金会"Stichting Milieukeur"创立的自愿环境标志。该组织是一个独立机构，由政府、消费者、环境组织、制造商和零售商等各方代表组成。对纺织品的生态要求主要强调生产过程。

尽管欧盟有统一的生态标签，作为欧盟成员国之一的荷兰仍然使用本国的生态标签，旨在为本国市场提供更好的产品和服务。

（4）White Swan标志。White Swan标志即白天鹅标志，如图4-61所示，是由北欧几个国家，丹麦、芬兰、冰岛、挪威、瑞典于1989年实施的统一的北欧标志。

图 4-59 Eco-1abel 标签　　　图 4-60 Milieukeur 标签　　　图 4-61 White Swan 标签

2. 我国生态纺织品认证标志

（1）生态纤维制品标志。生态纤维制品标志是由中国纤维检验局颁发的标志，以经纬纱线编织，成树状图形，意为"常青树"，如图 4-62 所示。生态纤维制品标志是在国家工商总局商标局注册的证明商标。申领这一标志必须经过严格的审批；产品质量须经严格的现场审核和抽样检验；标志的使用范围、品牌品种、使用期限、数量都有严格规定。检验项目除包括甲醛、可萃取重金属、杀虫剂、含氯酚、有机氯载体、PVC 增塑剂、有机锡化合物、有害染料、抗菌整理材料、阻燃整理材料、色牢度、挥发性物质释放、气味等安全性指标外，还要求产品的其他性能，如缩水率、起毛起球、强力等必须符合国家相关产品标准要求。

（2）CQC（中国质量认证中心）认证标志。CQC 认证标志如图 4-63 所示。由中国质量认证中心开展的关于纺织品的认证，CQC 是中国质量认证中心英文字母缩写。

图 4-62 生态纤维制品标志　　　　　　　　　　图 4-63 CQC 认证标志

　　CQC 认证分两种，一种是生态纺织品安全认证，以国标 GB/T 18885—2020《生态纺织品技术要求》为依据，对纺织品的有害染料、甲醛、重金属、整理剂、异味等有害物质提出了管理规定。另一种是纺织品质量环保认证，不仅要求产品，同时对生产企业的环境管理体系提出了更高的要求。

二、甲醛含量检测

（一）纺织品中甲醛来源及对人体的影响

甲醛（HCHO）在常温下是无色有刺激性气味的气体，能与空气混合形成爆炸性气体，易溶于水和乙醇。甲醛是重要的有机合成原料，大量用于制造酚醛树脂、脲醛树脂、合成纤维（维纶）、消毒剂及染料等。含甲醛40%（质量分数）和甲醇8%的水溶液的福尔马林（formalin），是具有特殊刺激性气味的液体，常用作杀菌剂和防腐剂。

纤维素纤维、蚕丝形成的织物，抗皱性较差，为了提高这类织物的抗皱能力，常进行抗皱免烫整理，而整理效果较好的整理剂都含有 N-羟甲基或是由甲醛合成的树脂。此类整理后的织物在仓储、陈列、加工和使用过程中受热作用，会不同程度释放出甲醛。除了抗皱整理剂中释放出甲醛，甲醛还可能隐含在抗微生物整理剂、阻燃剂、柔软剂、黏合剂、防水剂中。

一般来说，甲醛含量较高的纺织服装有以下四类：一是经过防皱处理的纯棉织物；二是有涂料印花的 T 恤；三是衬布；四是黑色、深蓝色等颜色较深的涤纶织物。

气态甲醛强烈刺激眼睛黏膜和呼吸道黏膜。甲醛含量较高时，会对眼睛产生强烈的刺激作用，而导致流泪现象；呼吸道也会受到严重的影响，产生水肿、呼吸困难。反复吸入小剂量甲醛可诱发过敏反应，出现哮喘等症状，还可引起食欲减退、衰弱失眠等。长期接触高浓度甲醛会使患鼻癌、鼻咽癌和口腔癌的危险性升高。国际癌症研究中心（IARC）将甲醛列入人类可疑致癌物。

（二）甲醛含量检测标准和限量要求

1. 检测标准

（1）ISO 14184-1—2011 *Textiles—Determination of formaldehyde—Part 1：Free and hydrolysed formaldehyde（water extraction method）*《纺织品　甲醛的测定　第一部分：游离和水解的甲醛（水萃取法）》。

（2）ISO 14184-2—2011 *Textiles—Determination of formaldehyde—Part 2：Released formaldehyde（vapour absorption method）*《纺织品　甲醛的测定　释放的甲醛（蒸气吸收法）》。

（3）GB/T 2912.1—2009《纺织品　甲醛的测定　第1部分：游离和水解的甲醛（水萃取法）》。

（4）GB/T 2912.2—2009《纺织品　甲醛的测定　第2部分：释放的甲醛（蒸汽吸收法）》。

（5）GB/T 2912.3—2009《纺织品　甲醛的测定　第3部分：高效液相色谱法》。

（6）AATCC 112—2020 *Formaldehyde Release from Fabric, Determination of：Sealed Jar Method*《织物中释放的甲醛测试：密封广口瓶法》。

（7）JIS L1041—2011《树脂加工纺织品试验方法》。

（8）JIS L1096—2010《纺织品和针织品测试方法》。

（9）SN/T 2195—2008《纺织品中释放甲醛的测定　无破损法》。

2. 甲醛含量的限量要求

当空气中甲醛浓度超过 $0.5mg/m^3$ 时，对人体呼吸系统和黏膜有刺激作用。因此，许多国家将甲醛限量定在 $0.1 \sim 0.5mg/m^3$，而这些值只有在纺织品中甲醛含量达到 1000mg/kg 时才能检测到。但对于过敏体质的人来说，即使甲醛浓度在很低的情况下也会有过敏反应。当成衣甲醛含量达到 300mg/kg 时就会引起人体皮肤过敏。为此，多个国家将甲醛的限量列入法规当中，我国纺织产品甲醛限量按 GB 18401 执行。

（三）纺织品甲醛含量的测定方法

纺织品中甲醛萃取的方法主要分为两大类：气相萃取法和液相萃取法（水萃取法）。液相萃取法测得的是游离甲醛和水解后产生的甲醛，用于考察纺织品在穿着和使用过程中因出汗或淋湿等因素可能造成的游离甲醛逸出对人体造成的损害；而气相萃取法测得的则是在一定温湿度条件下释放出的游离甲醛含量，用于考察纺织品在储存、运输、陈列和压烫过程中所能释放出的甲醛量，以评估其对环境和人体可能造成的危害。

在 GB 18401—2010《国家纺织产品基本安全技术规范》中采用的是液相萃取法，即水萃取法来测定纺织品中游离和水解的甲醛。

纺织品中甲醛含量分析步骤可分为甲醛萃取、含量检测、数据分析三个步骤，如图 4-64 所示。各个步骤中不同方法组合形成了纺织品甲醛检测的多种方法。

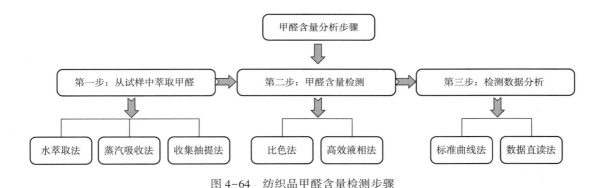

图 4-64　纺织品甲醛含量检测步骤

1. 甲醛萃取方法

纺织品甲醛含量的检测的直接样品，并非纺织品本身，而是其萃取液，常用的萃取方法有水萃取法、蒸汽吸收法和抽提吸收法。

（1）水萃取法。将检测试样浸渍在蒸馏水或三级水中，如图 4-65（a）所示，放置在 40℃的恒温水浴锅中振荡 60min，然而用过滤器过滤，过滤出的水溶液作为检测样品溶液。

（2）蒸汽吸收法。将检测试样悬挂在密封试验瓶瓶盖处，试验瓶底部有 50mL 蒸馏水或三级水，如图 4-65（b）所示，把挂好试样的试验瓶放置在 49℃的烘箱中 20h，然后取出试样，试验瓶中水溶液作为检测样品溶液。

（3）抽提吸收法。将检测试样平铺固定在挥发气体收集器的旋转网架上，如图 4-65（c）所示，通过真空抽气泵将试样中的挥发性甲醛抽出，并由集气瓶中的水溶液吸收，被吸收后的气体经管道再回到密封恒温仓，循环进行直到规定时间，然后取出集气瓶中水溶液作为检测样品溶液。抽提吸收法与水萃取和蒸汽吸收法相比，试样没有被破坏，这一萃取方法又称无破损法。

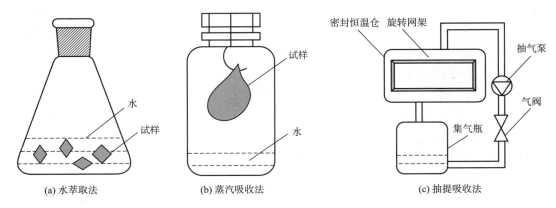

(a) 水萃取法　　　　　　　　(b) 蒸汽吸收法　　　　　　　　(c) 抽提吸收法

图 4-65　纺织品中甲醛萃取方法

2. 甲醛含量检测方法

甲醛的化学性质十分活泼，适用于甲醛的定量分析方法有多种，主要有五大类：滴定法、重量法、比色法、气相色谱法和液相色谱法。其中，滴定法和重量法适用于高浓度甲醛的定量分析，比色法、气相色谱法和液相色谱法适用于微量甲醛的定量分析。

纺织品中甲醛定量分析属超微量分析，目前国际上普遍采用的是基于日本标准 JIS L1041—2011《树脂整理纺织品试验方法》中的比色法。其他各国标准中，包括 ISO 基本上都采用了日本标准 JIS L1041—2011 中关于"游离甲醛测定方法"的基本内容，并逐渐趋于统一。比色法在分析极限、准确度和重现性方面都有很大的优越性。只是操作比较烦琐。纺织品的甲醛定量分析也有采用高效液相色谱法（HPLC 技术）的，但是该方法在样品的预处理、仪器分析时的技术条件设定及其适应性方面，尚有一定问题。我国颁布的关于纺织品甲醛含量的检测标准中，已经将高效液相色谱法列为检测方法之一。

（1）比色法。比色法是将经过精确称量的试样，经萃取使甲醛被水吸收形成萃取液，然后将萃取液用显色剂显色形成显色液，再把显色液用分光光度计比色测定其甲醛含量。比色法根据显色剂的不同可分为以几种：

①乙酰丙酮法。乙酰丙酮法是借助甲醛与乙酰丙酮在过量醋酸铵存在的条件下发生等摩尔反应，生成浅黄色的 2,6-二甲基-3,5-二乙酰吡啶，在其最大吸收波长 412~415nm 处进行比色测定。该法精密度高（可达 $1×10^{-17}$），重现性好，显色液稳定，且干扰少。

②亚硫酸品红法（Schiff 试剂法）。亚硫酸品红法是将品红（玫瑰红苯胺）盐酸盐与酸性亚硫酸钠反应，生成品红-酸式亚硫酸盐。然后在强酸性（硫酸或盐酸）条件下与乙酰丙酮甲醛反应，生成玫瑰红色（偏紫）的盐，在 552~554nm 的最大吸收波长下进行比色测定。该方法操作简便，但灵敏度偏低（$1×10^{-6}$），显色液不稳定，重现性较差，适用于较高甲醛含量的定量分析。对甲醛含量较低的织物，此法的测定结果与乙酰丙酮法有较大差异。

③间苯三酚法。间苯三酚法是利用甲醛与间苯三酚在碱性（2.5mol/L 氢氧化钠）条件下生成橘红色化合物，在最大吸收波长 460nm 处进行比色分析。此法的优缺点与 Schiff 法类似。

④变色酸法。变色酸法是在硫酸介质中，甲醛与铬变酸（1,8-二羟基萘-3,6-二磺酸）

作用，生成紫色化合物，在最大吸收波长 568~570nm 处进行比色分析。该法的灵敏度较高，且显色液稳定性好，适用于测定低甲醛含量的织物，但该法易受干扰，适用于气相法萃取的样品处理方法。

（2）高效液相色谱法。高效液相色谱法测定纺织品中甲醛含量的基本原理如图 4-66 所示，纺织品水萃取液或蒸汽吸收液（检测样品），由高压泵输入流经进样器的流动相带入色谱柱中，检测样品不同组分因色谱柱固定相和流动相中移动速度不同，从而产生分离，如图 4-67 所示。分离了的组分由检测器查看流出色谱柱时的谱带，并由检测器连接的计算机数据工作站记录仪将信号记录下来，得到液相色谱图，如图 4-68 所示。色谱图中的保留时间 t 用来定性，色谱峰高 h 或峰面积 S 用来定量。

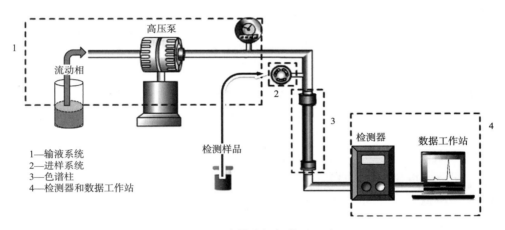

图 4-66　高效液相色谱原理图

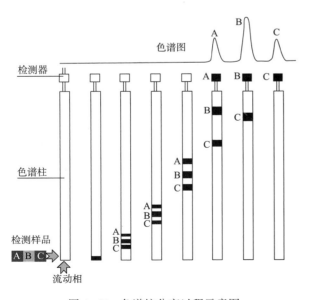

图 4-67　色谱柱分离过程示意图

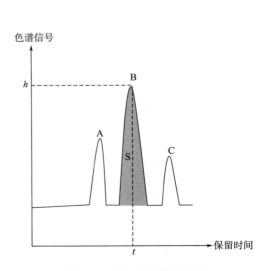

图 4-68　液相色谱图示例

3. 检测数据分析方法——校正曲线法

比色法和高效液相色谱法测试得出的结果并不是甲醛的浓度，比色法用分光光度仪测得的是显色液的吸光度，而高效液相色谱法得到的是色谱图上的峰高或峰面积。可用校正曲线法，建立吸光度或峰面积等相应信号与甲醛浓度的关系曲线，即校正曲线，利用校正曲线查找甲醛浓度。校正曲线绘制的具体步骤是：第一步，配置不同浓度的系列甲醛标准溶液（一般至少5种）；第二步，测试系列甲醛标准溶液的吸光度或色谱图；第三步，绘制校正曲线，以甲醛浓度为横坐标，吸光度或色谱图中峰面积为纵坐标，将系列甲醛标准溶液的吸光度等信号在坐标中表示出来，并将它们连接（应该是直线），如图4-69所示，即用已知不同含量的标样系列等量进样分析，然后做出相应信号与含量之间的关系曲线，也就是校正曲线。此曲线用于所有测量数值。

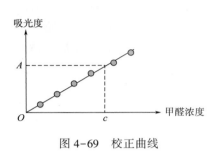

图4-69　校正曲线

定量分析样品时，用测标准溶液完全相同的条件测试等量的待测样品，得到吸光度或色谱图上峰面积等信号，然后从校正曲线查出样品的含量。

如果不用作图法，也可用线性回归方程计算。设：

$$y = ax + b \tag{4-23}$$

式中：y——分光光度仪测得的吸光度或色谱仪测得的色谱峰面积；

x——甲醛浓度，$\mu g/mL$（mg/L）；

a、b——分别为直线斜率、截距，为常数。

用系列标准甲醛溶液的几组（x_i，y_i）值，计算a和b得到线性回归方程，此回归方程适用于所有测量数值，因此用已知a、b的线性回归方程和测试样品的y值，可计算样品的甲醛浓度。

a和b的计算式分别见式（4-24）和式（4-25）。

$$b = \frac{n\sum_{i=1}^{n} x_i y_i - \sum_{i=1}^{n} x_i \sum_{i=1}^{n} y_i}{n\sum_{i=1}^{n} x_i^2 - \left(\sum_{i=1}^{n} x\right)^2} \tag{4-24}$$

$$a = \bar{y} - b\bar{x} \tag{4-25}$$

三、pH 检测

（一）纺织品 pH 检测标准和限量要求

皮肤的汗腺与皮脂分泌的汗水和油脂本身具有酸碱度，人体正常皮肤的 pH 在 5.5 ~ 7.0，化学反应上呈弱酸性。它可以抑制某些病菌的生长繁殖，具有保护皮肤免遭感染的作用，是人体防御细菌入侵的重要屏障。纺织品在加工过程，特别是染整加工，会有一系列的酸、碱处理，如棉织物的丝光处理实际上就是浓碱处理，而漂白则是带有弱酸性的处理，使织物的酸碱度发生变化。如果织物的酸碱度和人体正常需要的酸碱度相差过大，便会造成身体不适，甚至造成皮肤的许多疾病。因此，纺织品的 pH 值在中性至弱酸性时对皮肤最为有益。

1. 检测方法标准

（1）ISO 4045—2018（IULTCS/IUC 11）*Leather—Chemical tests—Determination of pH*《皮革　化学试验　pH 值的测定》。

（2）GB/T 7573—2009《纺织品　水萃取液 pH 值的测定》。

（3）AATCC 81—2016 pH *of the Water-Extract from Wet Processed Textiles*《经湿态加工处理的纺织品水萃取物的 pH 值》。

（4）JIS L1096—2010《纺织品和针织品测试方法　8.37 萃取液 pH》。

除了以上标准，国际上还有许多有关纺织品 pH 测定的方法标准，但其原理基本相同：先以一定方法萃取样品，然后在室温下用玻璃电极 pH 计测定样品水萃取液的 pH。

2. 限量要求

国际生态纺织品标准协会标准 Oeko-Tex Standard 100 和我国生态纺织品安全基本技术要求中均规定不同产品的 pH 要求。Oeko-Tex Standard 100 中 pH 限值要求见本教材附录，GB 18401—2010 中 pH 限值要求查阅本标准。

（二）玻璃电极 pH 计的测试原理

玻璃电极是对氢离子活度（pH 以氢离子活度的负对数表示，即 $pH = -lg[H^+]$）有选择性响应的电极。它是以甘汞（Ag/AgCl）电极为参比电极（正极），玻璃电极为指示电极（负极），HCl 溶液为内参溶液组成的化学电池。当玻璃电极插入待测溶液，玻璃膜表面和溶液中氢离子活度不同，氢离子便从活度大的相朝活度小的相迁移，从而改变了两相界面的电荷分布，使玻璃电极电位变化。玻璃电极电位与待测溶液 pH 关系：

$$pH_x = pH_s - \frac{E_s - E_x}{2.303RT/F} \tag{4-26}$$

式中：pH_x——待测溶液 pH；

　　　pH_s——标准缓冲溶液 pH；

　　　E_x——玻璃电极插入待测溶液时电位；

　　　E_s——玻璃电极插入标准缓冲溶液时电位；

　　　R——气体常数，8.3144J/（mol·K）；

　　　F——法拉第常数，96486.7C/mol。

上式称为 pH 的操作定义或实用定义，由此可以看出，待测溶液的 pH 与其电位值呈线性关系。因此通过直接电位法测量仪测定电极电位，就可直接给出酸度或氢离子浓度（当溶液很稀时，活度近似于浓度）。

实际测量时，并不是根据式（4-26）计算得到 pH_x，是用已知 pH 的标准缓冲溶液的 pH 和温度校准来调整截距和斜率。这种方法类似于标准曲线法，经过校准操作，仪器刻度符合标准曲线要求，就可比对出待测溶液的 pH。

用标准缓冲溶液来校准 pH 计，也叫"定位"，定位时选用的标准溶液与待测试液 pH 应尽量相近。有些玻璃电极或 pH 计的性能可能有缺陷，还需用另一种标准缓冲溶液来"检验"。然后进行待测试液 pH 的测定。

（三）纺织品 pH 的测定程序

（1）试样制备。将试样剪成 0.5~1cm 见方的小块，称取规定数量的试样 2~3 份，分别放入三角烧瓶中，加萃取介质并在振荡器上振荡。

（2）定位。将 pH 计的玻璃电极插入标准缓冲溶液中，标定 pH 计。

（3）测试。将 pH 计的玻璃电极插入待测溶液中，测试 pH。

（四）影响纺织品 pH 测试结果的因素

纺织品 pH 测试方法和标准不同，其测试结果没有可比性。主要的几个方法标准的测试条件见表 4-53。影响纺织品 pH 的主要因素是萃取介质、萃取和测试时间、测试环境等。

表 4-53　不同方法标准的测试条件

项目		标准		
		AATCC 81—2016	JIS 1096—2010	GB/T 7573—2009
试样	重量/g	10±0.1	5±0.1	2±0.05
	份数	—	2	3
	剪成小块尺寸（长×宽）/cm	克重小的织物剪成小块	约 1×1	约 0.5×0.5
萃取	萃取液种类	蒸馏水	蒸馏水	三级水（pH 5.0~7.5）或 0.1mol/L KCl
	萃取液使用前处理	煮 10min	煮 2min，离开热源	—
	萃取液体积/mL	250	50	100
	容器	400mL 烧杯和表面皿	200mL 具塞烧瓶	250ml 具塞三角烧瓶
	过程	直接将试样放入煮沸 10min 的萃取液中，盖上表面皿，再煮 10min	直接将试样放入刚离开热源的萃取液中，加塞放置 30min，并不时开塞，摇动	将试样加入已放萃取液的三角烧瓶中，浸润，室温振荡（120±5）min
	测试	加盖冷却至室温，测定 pH	将萃取液调温至 25℃，测定 pH，取二份平均值	测定 pH，取第二和第三份试样平均值，平行误差不超过 0.2；若 pH 大于 9 或小于 3，则测定差异指数
	结果精度	保留 1 位小数	保留 1 位小数	精确到 0.1

1. 萃取介质的影响

萃取介质通常用水或 KCl。用 0.1mol/L KCl 与用水做萃取介质所得结果无明显差异。但用玻璃电极测试 KCl 萃取液的 pH 时，测试结果迅速且数值稳定，无明显漂移；而玻璃电极测试水萃取介质的 pH 时，则响应时间较长，数值稳定慢且稳定性差，数据的重现性不好。原因是水是极弱的电解质，实验室三级水的电导率一般在 $2 \sim 5 \mu S/cm$，其作为纺织品萃取液萃取出的离子极为有限，离子强度小，电导率低，电阻高。因此，萃取液与测量回路的其他电阻相比已不可忽略；同时，由于液接电势的不稳定会引起 pH 的变化，其示值漂移幅度大，不易得到重现的结果。而 0.1mol/L KCl 萃取介质，是典型的中性溶液，为强酸强碱盐，在水中完全电离，且 K^+ 和 Cl^- 离子不会破坏水的电离平衡，对试液本身的 pH 无干扰，因此可以作为离子强度调节剂，增加离子强度，提高电导率，使 pH 测定示值稳定。

2. 电极浸没时间的影响

玻璃电极浸没在萃取液中的时间长短影响着读数的稳定性。要得到比较准确可靠的读数，玻璃电极需要在萃取液中浸没一段时间，以使电极得到响应，但是浸没时间不宜过长，否则测试数据会漂移，读数不稳定。

试验发现，碱性萃取液在空气中暴露 10min 可导致 pH 的结果降低 0.1 以上，超过 30min，就可导致 pH 结果降低 0.2 以上；对于酸性偏中性萃取液，在空气中暴露 30min 后，pH 的结果会提高 0.2 以上。这是因为在一个敞开的实验室环境条件下，空气中的二氧化碳或其他酸性（或碱性）气体会溶解在萃取液中，影响溶液中 H^+ 的浓度，进而破坏离子的交换平衡，干扰试验。

3. 样品调湿的影响

调湿有关的操作可能会对测试结果产生影响。通过随机调湿和非调湿处理的试样 pH 测试发现，萃取液的 pH 呈现较大的无规律性差异，其差值最大超过 2pH 单位。因此新版 GB/T 7573—2009《纺织品　水萃取液 pH 值的测定》标准取消了对试验样品调湿处理的规定。

4. 其他因素影响

试验样品的制备，萃取液振荡的频率、振幅，电极的选择、保养，试验人员主观判断，实验室环境等因素都会影响到萃取液 pH 的测定准确度。如电极的有效期一般为一年，长期使用的电极会出现响应慢、数据漂移等特点。

四、禁用染料含量的检测

（一）纺织品中禁用染料的种类及其对人体的影响

染料是纺织品染整加工的重要材料，目前世界上染料种类已达 7000 余种，常用的也有 2000 余种。Oeko-Tex standard 100 中把对人体有影响的染料分为禁用偶氮染料、致癌染料、致敏染料和其他染料。

1. 禁用偶氮染料

偶氮染料是指分子结构中含有偶氮基—N≡N—的染料。该染料色谱齐全，色光较好，色牢度较高，几乎能染所有纤维，市场上近 2/3 的合成染料是以偶氮化学为基础制成的，约 2000 个品种。偶氮染料按应用分为酸性染料、直接染料、活性染料、分散染料、不溶性偶氮染料色基与色酚、碱性染料、阳离子染料及氧化显色基、涂料（颜料）、硫化染料。按偶氮基数目分为单偶氮染料，如酸性大红 G；双偶氮染料，如直接大红 4B；多偶氮染料，如直接黑 BN。按溶解性能分为可溶性和不溶性偶氮染料。

偶氮染料本身并没有直接的致癌作用，所以并非所有偶氮染料都对人体有害，只是部分偶氮染料在一定条件下，尤其是色牢度较差的情况下，会从织物转移到人体皮肤上，并且在人体的分泌物作用下，发生还原分解反应，释放出致癌性的芳香胺化合物。这些芳香胺被人体皮肤吸收后，会使人体细胞的 DNA 发生变化，成为人体病变的诱发因素，具有潜在的致癌致敏性。

禁用偶氮染料是指禁止在纺织品上使用特定（还原）条件下会裂解产生致癌芳香胺的偶氮染料（24 种）。被禁用的可分解出芳香胺化合物的偶氮染料达 150 余种。

2. 致癌染料

致癌染料是指未经还原等化学反应即会诱发人体癌变的染料，在国际国内标准中，禁止使用致癌、诱变或对生殖有害的染料主要有 9 种，如表 4-54 所示。

表 4-54　9 种致癌染料

英文名称	中文名称	C. I. 索引号	CSA 登录号
C. I. Acid Red 26	C. I. 酸性红 26	C. I. 1150	3761-53-3
C. I. Basic Red 9	C. I. 碱性红 9	C. I. 425000	25620-78-4
C. I. Direct Black 38	C. I. 直接黑 38	C. I. 30235	1937-37-7
C. I. Direct Blue 6	C. I. 直接蓝 6	C. I. 22610	2602-46-2
C. I. Direct Red 28	C. I. 直接红 28	C. I. 22120	573-58-0
C. I. Disperse Blue 1	C. I. 分散蓝 1	C. I. 64500	2475-45-8
C. I. Disperse Orange 11	C. I. 分散橙 11	C. I. 60700	82-28-0
C. I. Disperse Yellow 3	C. I. 分散黄 3	C. I. 11855	2832-40-8
C. I. Basic Violet 14	C. I. 碱性紫 14	C. I. 42510	632-99-5

3. 致敏染料

致敏染料是指某些引起人体或动物的皮肤、黏膜或呼吸道过敏的染料，在国际国内标准中，禁止使用、被染色纺织品的耐汗渍色牢度小于 4 级的潜在过敏染料主要有 20 种，见表 4-55。

表 4-55　20 种致敏染料

英文名称	中文名称	C. I. 索引号	CSA 登录号
C. I. Disperse Blue 1	C. I. 分散蓝 1	C. I. 64500	2475-45-8
C. I. Disperse Blue3	C. I. 分散蓝 3	C. I. 61505	2475-46-9
C. I. Disperse Blue 7	C. I. 分散蓝 7	C. I. 62500	3179-90-6
C. I. Disperse Blue 26	C. I. 分散蓝 26	C. I. 63305	

续表

英文名称	中文名称	C. I. 索引号	CSA 登录号
C. I. Disperse Blue35	C. I. 分散蓝 35		
C. I. Disperse Blue 102	C. I. 分散蓝 102		
C. I. Disperse Blue 106	C. I. 分散蓝 106		
C. I. Disperse Blue 124	C. I. 分散蓝 124		
C. I. Disperse Brown 1	C. I. 分散棕 1		23355-64-8
C. I. Disperse Orange 1	C. I. 分散橙 1	C. I. 11080	2581-69-3
C. I. Disperse Orange 3	C. I. 分散橙 3	C. I. 11005	730-40-5
C. I. Disperse Orange 37	C. I. 分散橙 37		
C. I. Disperse Orange 76	C. I. 分散橙 76		
C. I. Disperse Red 1	C. I. 分散红 1	C. I. 11110	2872-52-8
C. I. Disperse Red 11 C. I.	分散红 3	C. I. 62015	2872-48-2
C. I. Disperse Red 17 C. I.	分散红 17	C. I. 11210	3179-89-3
C. I. Disperse Yellow 1	C. I. 分散黄 1	C. I. 10345	
C. I. Disperse Yellow 3	C. I. 分散黄 3	C. I. 11855	2832-40-8
C. I. Disperse Yellow 9	C. I. 分散黄 9	C. I. 10375	6373-73-5
C. I. Disperse Yellow 39	C. I. 分散黄 39		
C. I. Disperse Yellow 49	C. I. 分散黄 49		

（二）禁用染料检测标准

（1）GB/T 17592—2011《纺织品　禁用偶氮染料的测定》。

（2）BS EN 14362-1—2017《纺织品　测定某些偶氮染料分解后芳香胺的方法　第一部分　纺织品中可萃取或不可萃取偶氮染料的测定》。

（3）GB/T 19942—2019《皮革和毛皮　化学试验　禁用偶氮染料的测定》。

（4）SN/T 1045.1—2010《进出口染色纺织品和皮革制品中禁用偶氮染料的测定　第 1 部分：液相色谱法》。

（5）SN/T 1045.2—2010《进出口染色纺织品和皮革制品中禁用偶氮染料的测定　第 2 部分：气相色谱/质谱法》。

（6）SN/T 1045.3—2010《进出口染色纺织品和皮革制品中禁用偶氮染料的测定　第 3 部分：气相色谱法》。

（7）GB/T 20382—2006《纺织品　致癌染料的测定》。

（8）GB/T 20383—2006《纺织品　致敏性分散染料的测定》。

（9）EN 14362-1—2012《纺织品中某些源自偶氮染料的芳香胺测定方法　第 1 部分　无需萃取的某些偶氮染料测定》。

（10）德国标准§35 LMBG82.02-2《日用品分析　纺织日用品上使用某些偶氮染料的检测》。

（11）德国标准§35 LMBG82.02-3《日用品分析　皮革上使用某些偶氮染料的检测》。

（12）德国标准§35 LMBG82.02-4《日用品分析　聚酯纤维上使用某些偶氮染料的检测》。

其限量要求参见相关标准。

（三）纺织品禁用染料含量的测定方法

纺织品禁用染料含量的测定主要通过色谱检测法来完成，有气相色谱法、液相色谱法和气相色谱—质谱联用分析法等。

色谱是一项将混合样品分离为几种单独成分的技术。成熟的色谱技术通常用来进行分离和定量样品成分。色谱法（chromatography）一词是由俄国植物学家 Tswett（茨维特）发明的。Tswett 说明了以下现象：当石油醚和一种植物提取液通过一个填充碳酸钙粉末的柱型玻璃管时，各种色素以不同的速率在管内流动而被分离，如图4-70所示。Tswett 就把此分析法命名为"Chromatographie（色谱法）"。Chromatographie 是由 chroma 和 graphos 组合而成。在希腊语里，这两个词分别为"颜色"和"绘画"的意思。

如今无色物质也可利用吸附柱分离，它的基本原理是利用混合液中各组分的物理化学性质（如吸附力，分子形状、大小、亲和力、分配系数等）不同，各组分在两相（固定相，图4-70中的碳酸钙；流动相，图4-70中的石油醚）分布不同，从而使各组分以不同的速率流动，达到分离目的。

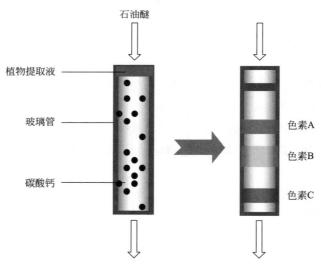

图4-70　Tswett 色谱原理

我国纺织品禁用偶氮染料检测标准为：GB/T 17592—2011《纺织品　禁用偶氮染料的测定》，其测试步骤（与 EN 14362 基本相同）归纳为：前处理、萃取、浓缩和检测分析，对于涤纶产品，还须预处理。

（1）前处理。取有代表性样品，剪成规定的小片混合，称取规定重量置于反应器中，用柠檬酸盐缓冲溶液还原分解试样中染料，使可能存在的禁用染料分解出芳香胺。

（2）萃取。将反应液倒入提取柱，并用乙醚萃取反应液中的芳香胺。

（3）浓缩。将萃取的乙醚提取液在真空旋转蒸发器上浓缩至规定要求，再用缓氮气流驱除乙醚至近干。

（4）检测分析。

①定性分析。将规定数量的标准工作溶液和试样溶液注入色谱仪，按分析条件要求设定仪器测试参数，并按仪器操作规程操作，得到如图4-71所示的色谱图。通过比较色谱图中试样与标样的保留时间和特征离子进行定性。

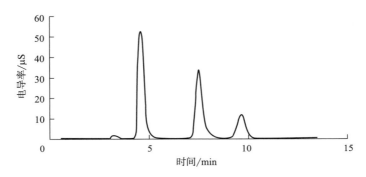

图4-71 色谱图

②定量分析。分内标法和外标法。

内标法是色谱分析中一种比较准确的定量方法，尤其在没有标准物对照时，此方法更显其优越性。内标法是将一定重量的纯物质作为内标物加到一定量的被分析样品混合物中，然后对含有内标物的样品进行色谱分析，分别测定内标物和待测组分的峰面积（或峰高）及相对校正因子，按式（4-27）求出被测组分在样品中的百分含量。

$$X_i = \frac{A_i c_i V A_{isc}}{A_{is} m A_{iss}} \qquad (4-27)$$

式中：X_i——试样中分解出芳香胺 i 的含量，mg/kg；

$\quad A_i$——样液中芳香胺 i 的峰面积或峰高；

$\quad c_i$——标准工作液中芳香胺 i 的浓度，mg/L；

$\quad V$——样液最终体积，mL；

$\quad A_{isc}$——标准工作液中内标的峰面积；

$\quad A_{is}$——标准工作液中芳香胺 i 的峰面积或峰高；

$\quad m$——试样量，g；

$\quad A_{iss}$——样液中内标的峰面积。

外标法是仪器分析常用的方法之一，是比较法的一种。与内标法相比，外标法不是把标准物质加入被测样品中，而是在与被测样品相同的色谱条件下单独测定，把得到的色谱峰面积与被测组分的色谱峰面积进行比较求得被测组分的含量。其计算式见式（4-28）。

$$X_i = \frac{A_i c_i V}{A_{is} m}$$

(4-28)

五、重金属含量检测

（一）纺织品中重金属来源及对人体的影响

纺织品中重金属主要来源于其生长和生产过程，对于天然纤维，一些重金属通过环境迁移和生物富集而玷污纤维，如棉、麻等植物纤维会吸收和富集水、土壤和空气中的微量铅（Pb）、镉（Cd）、汞（Hg）、锑（Sb）等重金属，喷洒含有某些重金属元素的农药也是天然植物纤维重金属的来源之一；羊毛、兔毛、蚕丝等动物纤维中所含痕量铜则来源于生物合成；纺织品染整加工中所使用的含有铬、钴、镍和铜的络合染料。纺织品中重金属的来源见表4-56。

表4-56　纺织品中重金属的来源

重金属名称	来源	重金属名称	来源
锑 Sb	阻燃剂	钴 Co	催化剂、染料
砷 As	棉花生长过程	铜 Cu	染料、纽扣等饰物
铅 Pb	棉花生长过程	镍 Ni	纽扣等饰物
镉 Cd	棉花生长过程	汞 Hg	棉花生长过程
铬 Cr	媒染剂、染料、氧化剂	锌 Zn	抗菌剂

纺织品上的重金属元素通常以化合物的形式存在，对人体不会造成危害，铬和钴等微量元素还是人体必需的。只有当重金属离子被人体汗液萃取后吸收，进入肝、骨骼、肾、心脑聚集，并且浓度过高时，才会对人体造成极大的危害，尤其是儿童对重金属有更高的吸收率。

（二）重金属含量检测标准

（1）GB/T 22930—2008《皮革和毛皮　化学试验　重金属含量的测定》。

（2）GB/T 17593.1—2006《纺织品　重金属的测定　第1部分：原子吸收分光光度法》。

（3）GB/T 17593.2—2007《纺织品　重金属的测定　第2部分：电感耦合等离子体原子发射光谱法》。

（4）GB/T 17593.3—2006《纺织品　重金属的测定　第3部分：六价铬　分光光度法》。

（5）GB/T 17593.4—2006《纺织品　重金属的测定　第4部分：砷、汞 原子荧光分光光度法》。

（6）GB 20814—2014《染料产品中重金属元素的限量及测定》。

其限量要求参见相关标准。

（三）纺织品重金属含量的测定方法

纺织品重金属含量的测定主要通过光谱检测法来完成，有原子吸收分光光度法、电感耦合等离子体原子发射光谱法和原子荧光分光光度法等。

自然界中最常见到的光谱是雨过天晴，高悬在天空中的红、橙、黄、绿、蓝、靛、紫多种颜色的半圆形彩虹。1666 年，著名物理学家牛顿在一个黑暗的屋子里做了著名的光谱实验。他在墙壁上开了一个小孔，让从小孔中入射的阳光透过玻璃棱镜，结果在另一面墙上出现了与彩虹类似的光带，这说明太阳光不是一种单色光，而是由不同颜色的光组成的复合光，牛顿把这种红、橙、黄、绿、蓝、靛、紫连续依次排列的光带称为光谱。随着人们对自然界认识的不断深入，科学家们发现每种元素都产生自己特有的谱线，这些谱线都有固定的位置。例如，把含钠、钾、锂、锶等盐类混在一起，放在火焰中燃烧时，通过分光镜，可以看到黄、紫、红、蓝等不同颜色的谱线。如果只把含钠的盐放在火焰上燃烧，则在黄色的位置出现谱线；同样地，如果只是单独地把钾盐放在火焰上燃烧，则在紫色的位置上出现谱线……这些类似的有意义的发现，是光谱分析的基本雏形。随着对光的认识的不断深入，人们逐渐知道，一定颜色的光总是和一定的波长和频率相对应；特定波长的谱线总是与特定的元素（或官能团）相对应，这是光谱分析的一般基础。

下面以电感耦合等离子发射光谱仪为例介绍纺织品重金属含量的检测方法。

（四）电感耦合等离子发射光谱仪重金属含量的测试

电感耦合等离子发射光谱简称 ICP-AES（Inductively coupled Plasma Atomic Emission Spectrometry），它是 20 世纪 60 年代研制，70 年代迅速发展起来的以等离子体为激发光源的原子发射类光谱分析检测技术。等离子体是物质在高温下存在的一种状态，所以也称物质的第四态，即物质除了固液气之外的第四种状态，是物质呈现高度激发的不稳定态。它由离子、电子、原子、自由基和分子组成，总体上是电中性的，所以称为等离子体。在自然界里，炽热的火焰、光辉夺目的闪电以及绚烂壮丽的极光等都是等离子体作用的结果。等离子体光源可以通过多种方法产生，如粒子热运动、电子碰撞、电磁波（如 X 射线，γ 射线，微波……）等均可产生等离子体。目前，作为原子发射光谱激发光源的等离子体主要有电感耦合等离子体（ICP）、直流等离子体（DCP）和微波诱导等离子体（MIP），其中电感耦合等离子体是最为常见的等离子光源。

1. 电感耦合等离子发射光谱仪结构原理

（1）仪器组成。ICP-AES 光谱仪主要由激发、分光和检测三部分组成，如图 4-72 所示，1~8 为激发系统，利用 ICP 激发光源使试样气化、分离和激发；9 为凹面光栅分光元件，把光源分解的光按光谱排列；10 为光电直读检测器，检测光谱波长和强度，对试样进行定性和定量分析。

（2）ICP 产生的原理。ICP 光源是由高频感应电流产生的类似火焰状的激发光源，由高频发生器、等离子矩管和进样系统三部分组成。高频发生器产生高频磁场，供给等离子体能量，频率多为 27~50MHz，最大输出功率为 2~4kW。

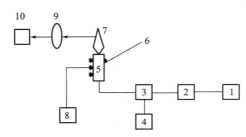

图4-72　电感耦合等离子发射光谱仪的基本结构

1—试样溶液　2—蠕动泵　3—雾化器　4—废液瓶　5—等离子矩管　6—感应线圈
7—等离子体焰炬　8—高频发生器　9—分光元件　10—光电直读光谱元件

　　等离子体炬管放置在高频线圈内，它是一个三层同心石英管，炬管内空间分为三层，最外层通Ar气（氩气），Ar气沿切线方向引入管内，可以保护石英管不被烧坏；中层通入辅助气（Ar气），用来点燃和维持等离子焰炬；中心通以Ar气为载气的固体气溶胶，并将试样引入等离子体内。

　　当高频发生器接通电源时，石英管内的Ar气处在原子状态，不导电，高压火花使中层管内的Ar气部分成电子和离子。这样，当它们进入感应圈所产生的高频磁场内时，电子和离子从高频有效地中获得能量，并使更多的Ar原子电离，从而点燃等离子焰炬。在焰炬内的等离子体为导体，高频磁场使等离子体产生闭合的、旋涡状的电流，即涡电流。由于高密度的等离子体的电阻很小，涡电流很大，因而释放出大量的热能，使焰炬温度达10000K。等离子体焰炬的外观像火焰，但它不是化学燃烧火焰，而是一种气体放电。它可以分为三个区域，如图4-73所示。

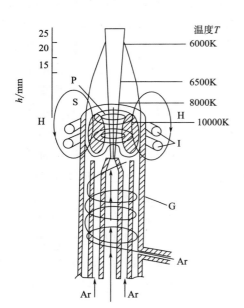

图4-73　ICP光源示意图

H—交变磁场　I—高频电流　P—涡电流
S—感应线圈　G—等离子体矩管

　　①焰心区。感应圈内白色不透明的焰心为高频磁场感应形成的涡电流区，温度高达10000K，电子密度很高，它发射很强的连续光谱，试样气溶胶在该区域预热、蒸发，是预热区。该区所产生的光不宜通过透镜进入光谱仪。

　　②内焰区。在感应圈上方10~20mm处，焰炬为半透明淡蓝色，温度为6000~8000K，在此区域原子化、激发，然后发射很强的原子线或离子线。它是光谱分析区，称为测光区，测光时在感应圈上的采光高度称为观测高度。

　　③尾焰区。在内焰区的上方，无色透明，温度低于6000K，能激发电位较低的谱线。

高频感应电流具有趋肤效应。ICP 高频感应电流绝大部分等离子流经等离子导体的外围，越接近导体的表面，电流密度越大，涡电流集中在等离子体的表层，呈环状结构，形成一个环形加热区，环形的中心对准炬管的中心层的通道出口，气溶胶随载气从出口顺利地进入等离子体，使等离子体焰炬有很高的稳定性。试样气溶胶在焰心区经过时，被加热并蒸发，然后进入测光区的中央部位。在测光区试样平均时间可达毫秒级，它比在其他光源的停留时间（1~10μs）长得多。温度高和停留时间长使试样原子化充分，有效地消除化学干扰。内焰区中央的周围是加热区，通过热传导和辐射对中央部位加热，使组分变化的影响减少；加之载气引入的试样量少，因此基体效应小。由于中央周围的等离子体是由辅助 Ar 气电离产生的，不含试样中待测元素，而且其温度较中央部位高，因此，即使试样的原子在焰炬的外层，也不会形成自吸的冷原子蒸气层。

（3）IPC 焰炬的特点。

①优点。

a. 检测元素多。可快速地对 70 多种元素分析。

b. 检出限较低。检测灵敏度高，包括难形成氧化物的元素在内，检出限可达 10^{-1} ~ $10^{-5}\mu mg/cm^3$，如 Ba 为 $1\times10^{-5}\mu mg/cm^3$，Ca 为 $2\times10^{-5}\mu mg/cm^3$，Mg 为 $5\times10^{-5}\mu mg/cm^3$ 等。

c. 激发电位高。由于激发温度高，有利于激发电位高的谱线的发射。

d. 稳定性和精密度高。ICP 焰炬具有很好的稳定性，所以分析测定精密度高。在实用分析范围内，相对标准偏差约为 1%。

e. 基体效应小。

②缺点。对非金属元素的测定灵敏度低；测定过程中需消耗大量 Ar 气；维护费用高；仪器价格较贵。

2. 电感耦合等离子发射光谱仪使用的一般过程

由于 ICP-AES 仪不能直接测定固体样品，所有的样品都需经前处理转变成溶液的形式才能进行测量。和其他定量分析相似，前处理也是 ICP-AES 仪使用中必须涉及的步骤。前处理的方法有很多种，溶解、熔融、烧结、高压消解和微波消解等是几种常用的方法。这些方法从根本上说，都是将样品分解破坏制备成样品的水溶液。在制备过程中，要尽量避免待测组分的损失和引入的污染。例如，用 HCl 分解时会引起 As、Sb、Ge、Se 等呈氯化物挥发损失；玻璃器皿可能引入 Zn、As；镍、银、铁等坩埚材料本身可能因某些杂质组分的存在引起样品的污染。ICP-AES 仪的使用主要包括样品前处理、标准工作溶液的制备和进样测试三个主要过程。结合试验中常用的前处理设备——微波消解仪，对 ICP-AES 仪的使用过程作概略的介绍。

（1）样品前处理。

①样品的消解。精确称量 0.2~0.5g 待测样品，完全转移至消解罐中，然后用移液管移取 9mL 硝酸至装有待测样品的消解罐中，将消解罐盖好盖，并装入与其配套的固定架中，将螺栓旋紧，防止漏气。将上述已装入固定架中的消解罐置于微波消解装置中，同时将控温探头放入主消解罐中，选择好消解条件，按动 Start 按钮，开始样品的消解。消解过

程约需2h。

②样品的定容。样品消解完毕后，将消解罐取出，打开排气阀，放出罐中残余的NO_2，然后将已消解完全的样品（此时已为液体）转移至小烧杯中，并用少量蒸馏水洗涤消解罐，合并洗涤与最初转移的液体。最后将此液体完全转移至容量瓶中定容。容量瓶可选50mL和100mL，视样品中待测离子的浓度大小而定。

（2）标准溶液的配制。标准工作曲线的确定是定量分析的基础，所以标准溶液的配制也是ICP-AES仪使用过程中必不可少的步骤之一。为了得到范围合理的工作曲线，在配制标准样品前，需要询问送样人其样品中各离子的大致含量，如是完全未知的样品，需查阅相关的文献和配制含量间隔尽量大的标准溶液。配制标准溶液的一般过程是：取已购的一定浓度的单离子标准样品（最大浓度一般为1000mg/kg。若浓度更高则属常量分析，可不必用ICP-AES这种低离子含量的分析方法），按待测样品含量的大致要求，移取一定体积至容量瓶中定容，配制成标准样品溶液。一般配制三个不同浓度的标准样品溶液。另外，由于ICP-AES是光电直读光谱仪，可以同时进行多元素的高含量和低含量的测定，所以通常配制多离子标准溶液样品即混标样品。

（3）进样测试。

①仪器预热。ICP-AES仪需提前一天开机预热，以便信号联通。

②测量方法的建立。主要涉及输入方法名称、待测元素、工作曲线中标准样品的浓度等。

③点火与测试。

a. 打开氩气钢瓶、通风设备、冷却系统，然后对系统进行预冲洗，去除死体积，一般预冲洗3次。

b. 预冲洗结束后，进入点火程序，点火时仪器自动进入倒计时2min。待等离子焰炬稳定后，即可将蠕动泵打开，先泵入一定量的超纯水；然后进行方法测量（method measurement），方法测量的过程就是将标准溶液泵入等离子体中对标准溶液的离子含量进行测量的过程。

c. 方法测量完成后，进入方法界面，将标准样品的谱线调出，对每个金属离子的谱线进行背景扣除和峰高的确定，完成所有元素后点保存。然后找到仪器在此基础上得到的工作曲线，查看工作曲线的线性情况，斜率一般在0.996~1。为保证较好的拟合试验条件，可以对方法进行重新计算。

d. 上述操作完成后，可以在测量窗口下进行待测样品的测量。一般选择多次测量，即仪器对同一待测样品进行3次测量，然后取平均值。

e. 待所有样品测量完成后，将测量数据拷贝至Excel表中，进行打印。数据所给信息为离子浓度，单位为mg/kg。

④关机。完成所有样品测定后，将进样管放入超纯水中，继续泵入超纯水5min。然后取出进样管，置于空气中，仍保持蠕动泵在开启状态，待废液管中没有液体流出的时候，即可认为体系中已没有水溶液存留，关掉蠕动泵，同时可以点击操作界面上的plasma，将等离子体关掉。然后关掉冷却泵、关掉电源和排风系统。

六、色牢度检测

（一）色牢度基本知识

色牢度是指纺织品在加工和使用过程中抵抗各种因素的作用而保持原来色泽的能力，反映了染料、天然色素本身及其与纤维间的结合对环境因素作用的稳定性。纺织品色牢度较差，意味着染料、整理剂、天然色素在人体汗液、唾液蛋白酶的生物催化下，有可能分解或还原出对人体有害的物质，给人体健康带来影响。此外，因色牢度差在洗涤时随污水排放，影响生态环境。

1. 色牢度检测项目

纺织品在加工和使用环境因素作用下，经受酸、碱、高温等条件的处理，或经受风吹雨淋、日晒、摩擦、汗渍、洗涤、熨烫、汽蒸等环境因素的影响，造成染料分子或天然色素结构被破坏，或者部分脱离纤维，而引起颜色彩度、色相、明度变化的现象，称为变褪色现象，变褪色现象严重说明色牢度不好。根据所受条件不同，纺织品色牢度检测项目很多，国内外已发布的色牢度试验方法达上百项，其中少部分是满足纺织品染色、整理加工的需要，大部分是满足消费者使用时的美感、舒适、安全和环保的要求。常规的服用纺织品的色牢度检测项目主要有以下 6 项。

（1）耐光色牢度。光照条件下保持原来色泽的能力，即光照条件下的不褪（变）色能力，也称为耐日晒色牢度。

纺织品的光照日晒变（褪）色是一个比较复杂的过程。在光照条件下，染料吸收光能，染料分子处于激发状态，这种状态是不稳定的，必须将所获得的能量以不同的形式释放出去，才能变成稳定态。其中一种释放形式就是染料分子接受光能后发生分解，这样就导致染料分子的分解而产生褪色。不同的染料在不同纤维上的褪色机理各不相同。有的染料分子是在光作用下发生光氧化而褪色。例如，偶氮类染料在纤维素纤维上的褪色是一个氧化过程，而在蛋白质纤维上的褪色则是还原作用的结果。

耐光色牢度测试方法有日光试验法、氙弧灯试验仪法和碳弧灯试验仪法三种。其中日光试验法最接近实际情况，但试验周期长，操作不便，难以适应现代生产管理的需要。因此在实际工作中一般采用后两种方法。后两种方法使用的是人造光源，虽光谱接近日光，但与日光的光谱还是存在着一定的差异，并且各种光源的光谱也有一定的区别，因而测试结果会受到影响。在遇到有争议时，仍以日光试验法为准。

（2）耐摩擦色牢度。即纺织品有色部位在规定压力下与标准白布摩擦一定次数后的褪色情况。耐摩擦色牢度分为耐干摩擦色牢度和耐湿摩擦色牢度两种。在测定时，耐干摩擦色牢度是用干的白布摩擦色织物，观察白布沾色情况；耐湿摩擦色牢度是用含水 100% 的白布摩擦色织物，观察白布沾色情况。

纺织品摩擦褪色是由于摩擦力的作用而使织物上的染料脱落产生的，湿摩擦褪色除了外力作用外还有水的作用，因此，耐湿摩擦色牢度一般比耐干摩擦色牢度约低一级。

耐摩擦色牢度与织物上浮色的多少、染料与纤维的结合情况、染料透染性等因素有关。织物上浮色量越多，耐摩擦色牢度越差；染料与纤维结合得越牢固，耐摩擦色牢度越高，如活性染料和纤维是以共价键结合的，耐干摩擦色牢度较高。

（3）耐汗渍色牢度。即在模拟人体汗液的试液浸渍作用下的保持变褪色及沾色的色牢度性能。

试验用汗液有碱性及酸性两种。这是由于人体的汗液刚排出时呈碱性，一段时间后经细菌作用便呈现酸性了。

（4）耐洗色牢度。即纺织品在规定的条件下进行洗涤后保持原来色泽的程度。根据洗涤剂的不同有耐水（洗）色牢度、耐皂洗色牢度、耐海水色牢度、耐刷洗色牢度、耐家庭和商业洗涤色牢度、耐干洗色牢度等。

（5）耐热压（熨烫）色牢度。即在热压（熨烫）或热滚筒作用下保持色泽的能力。根据热压条件不同分为干压（干试样热压）、潮压（干试样覆盖湿衬布热压）和湿压（湿试样覆盖湿衬布热压）。

（6）耐气候色牢度。即耐室外曝晒气候作用保持色泽的能力。将试样在不加任何保护的条件下进行露天曝晒，同时在同一地点将蓝色羊毛标准放在玻璃罩下曝晒，曝晒结束将试样与蓝色羊毛标准的变色比对，评定纺织品耐气候色牢度。

纺织品用途不同，对各项色牢度的要求是不同的。如窗帘布对耐日晒色牢度和耐气候色牢度要求很高；内衣和夏季用纺织品要求耐汗渍和耐洗色牢度优良；服装里子布主要是考察其耐摩擦色牢度；而外衣则有耐日光、耐摩擦、耐气候和耐洗涤色牢度的多项要求。对于婴幼儿服装，耐唾液色牢度和耐摩擦色牢度显得十分重要。

生态纺织品中色牢度包括四个项目：耐水色牢度、耐摩擦色牢度、耐汗渍色牢度和耐唾液色牢度。

2. 色牢度评价

国际上通用评价色牢度的指标是等级：耐日晒色牢度和耐气候色牢度分为1~8级，1级色牢度最差，8级最好。其他分为1~5级，1级色牢度最差，5级最好。耐日晒色牢度、耐氯漂色牢度等仅评定试验前后试样的变色（又称褪色）等级；耐洗、耐汗渍、耐唾液等色牢度测试时，将试样与白色标准贴衬织物缝合一起试验，评定色牢度的同时评定试样变色和贴衬织物沾色两方面，而耐摩擦色牢度只评定与试样摩擦的标准白色织物的沾色级别。

色牢度评定方法是在标准光源下，将色牢度试验前后试样的色差与评定变色用标准灰色样卡［图4-74（a）］对比，目测评定变色色牢度级别；将色牢度试验前后白色标准贴衬织物的色差与评定沾色用标准灰色样卡［图4-74（b）］对比，目测评定沾色色牢度级别。

目测评定法易受评定者心理和生理因素、目测经验、操作方式、光源条件等客观因素的影响。随着科学技术发展，精密光电一体化仪器问世，用仪器评定色牢度已成为可能。目前，国际标准化组织和美国材料试验协会都制定了相应的仪器测色试验方法标准，我国相关标准有 GB/T 8424.1—2001《纺织品　色牢度试验　表面颜色的测定通则》、GB/T 8424.2—2001《纺织品　色牢度试验　白度测定》、GB/T 8424.3—2001《纺织品　色牢度试验　色差计算》，它们都等效采用 ISO 标准。

（二）生态纺织品色牢度检测标准

1. 实物标准

（1）标准灰色样卡。有评定变色用灰色样卡与评定沾色用灰色样卡两类，如图4-74所示。每一类又有五档灰色样卡（基本灰色样卡）和九档灰色样卡二种。五档灰色样卡由五对无光的灰色卡片（沾色用样卡也可以是白色卡片）组成，根据观感色差分为五个整级色牢度等级，即5，4，3，2，1。在每两个档次中再补充一个半级档次，即4-5，3-4，2-3，1-2就扩编为九档卡。评定变色用灰色样卡中每对的第一组成均是中性灰色，第二组成由5级至1级逐渐变浅，5级的第二组成与第一组成相同；评定沾色用灰色样卡中每对的第一组成均是白色，第二组成由5级至1级逐渐变深，5级的第二组成与第一组成相同。

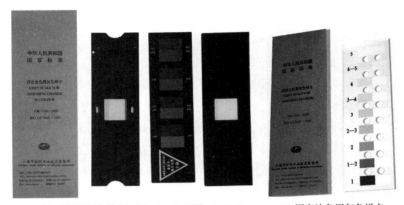

(a) 评定变色用灰色样卡(A面：3～5；B面：1～2-3)　　(b) 评定沾色用灰色样卡

图4-74　五级九档灰色样卡

（2）标准贴衬织物。色牢度的检测所用标准贴衬织物分单纤维和多纤维两种。单纤维贴衬织物只能测出试样对一种纤维贴衬的沾色性能，多纤维贴衬织物可以同时测出试样对多种纤维贴衬的沾色性能。

单纤维贴衬是指由棉、毛、丝、苎麻、黏胶纤维、聚酯纤维、腈纶、聚酰胺纤维等单一纤维组成的标准规格织物。

常用多纤维贴衬织物有 ISO 105 F10—1989、AATCC 10—2018、GB/T 7568.1—2002、GB/T 7568.2～3—2008、GB/T 7568.4～6—2002、GB/T 7568.7—2008、GB/T 7568.8—2014中的 DW 和 TV 型等。各类多纤维贴衬织物通常由羊毛、腈纶、聚酯、聚酰胺、棉、醋酯六种纤维组成；GB/T 7568 系列标准 TV 型贴衬织物中羊毛纤维改为黏胶纤维，适用于色牢度试验中不能使用羊毛的情况。

2. 方法标准

（1）国际标准。

①ISO 105-C10—2006 *Textiles—Tests for colour fastness—Part C10：Colour fastness to washing with soap or soap and soda*《纺织品　色牢度试验　第 C10 部分：耐皂洗色牢度》。

②ISO 105－E01—2013 *Textiles—Tests for colour fastness—Part E01：colour fastness to water*《纺织品　色牢度试验　第 E01 部分：耐水色牢度》。

③ISO 105－E04—2013 *Textiles—Tests for colour fastness—Part E04：colour fastness to perspiration*《纺织品色牢度试验　第 E04 部分：耐汗渍色牢度》。

④ISO 105－X12—2016 *Textiles—Tests for colour fastness—Part X12：colour fastness to rubbing*《纺织品　色牢度试验　第 X12 部分：耐摩擦色牢度》。

（2）中国国家标准。

①GB/T 3921—2008《纺织品　色牢度试验　耐皂洗色牢度》。

②GB/T 5713—2013《纺织品　色牢度试验　耐水色牢度》。

③GB/T 3922—2013《纺织品　色牢度试验　耐汗渍色牢度》。

④GB/T 3920—2008《纺织品　色牢度试验　耐摩擦色牢度》。

⑤GB/T 18886—2019《纺织品　色牢度试验　耐唾液色牢度》。

我国生态纺织品色牢度检验，除了以上国家标准，原国家出入境检验检疫局（现海关）参照德国 DIN 53160—2010 制定了相关标准：SN/T 1058—2013《进出口纺织品色牢度试验方法》。

（3）国外标准（部分）。

①DIN 53160-1—2010《公共物品色牢度测定　第 1 部分：人造唾液试验》。

②DIN 53160-2—2010《公共物品色牢度测定　第 2 部分：人造汗水试验》。

③JIS L0844—2011 *Testing Method for colour fastness to washing and laundering*《耐洗色牢度试验方法》。

④JIS L0848—2004 *Testing Method for colour fastness to perspiration*《耐汗渍色牢度试验方法》。

⑤JIS L0849—2013 *Testing Method for colour fastness to rubbing*《耐摩擦色牢度试验方法》。

（三）生态纺织品色牢度检测方法

1. 耐水色牢度检测方法

（1）测试原理。纺织品与标准贴衬织物缝合在一起，在水中浸渍一定时间后，干燥试样和贴衬织物，用变色灰色样卡评定试样变色牢度，用沾色灰色样卡评定沾色牢度。耐水色牢度表示纺织品颜色的耐水浸渍能力。

（2）试样制备。

①对于织物，按以下方法之一制备组合试样：

a. 取（40±2）mm×（100±2）mm 试样一块，正面与一块（40±2）mm×（100±2）mm 多纤维贴衬织物相接触，沿一短边缝合（图 4-75）。

b. 取（40±2）mm×（100±2）mm 试样一块，夹于两块（40±2）mm×（100±2）mm 单纤维贴衬织物之间，沿一短边缝合（图 4-76）（对印花织物试验时，正面与二贴衬织物每块的一半相接触，剪下其余一半，交叉覆于背面，缝合二短边，如一块试样不能包含全部颜色，需取多个组合试样以包含全部颜色）。

②对于纱线或散纤维，取纱线或散纤维的质量约等于贴衬织物总质量的一半，并按下述方法之一制备组合试样：

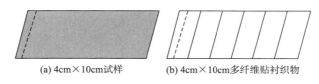

图 4-75　组合试样一

图 4-76　组合试样二

a. 夹于一块（40±2）mm×（100±2）mm 多纤维贴衬织物及一块（40±2）mm×（100±2）mm 染不上色的织物之间，沿四边缝合。

b. 夹于两块（40±2）mm×（100±2）mm 单纤维贴衬织物之间，沿四边缝合。

单纤维贴衬织物的选择按表 4-57 规定。

表 4-57　单纤维贴衬织物的选择

第一块贴衬织物	第二块贴衬织物	第一块贴衬织物	第二块贴衬织物
棉	羊毛	醋酯纤维	黏胶纤维
羊毛	棉	聚酰胺纤维	羊毛或棉
丝	棉	聚酯纤维	羊毛或棉
麻	羊毛	聚丙烯腈纤维	羊毛或棉
黏胶纤维	羊毛		

（3）试剂。三级水，符合 GB/T 6682—2008 的要求。

（4）操作程序。见操作指导。

2. 耐汗渍色牢度

（1）测试原理。纺织品与标准贴衬织物缝合在一起，在模拟人体汗液的酸性和碱性溶液中浸渍一定时间后，干燥试样和贴衬织物，用变色灰色样卡评定试样变色牢度，用沾色灰色样卡评定沾色牢度。耐汗渍色牢度分耐酸汗渍色牢度和耐碱汗渍色牢度。

（2）试样和试剂制备。

①试样的制备。同耐水色牢度试样制备。

②试剂的制备。试验用试剂分碱液和酸液两种类型，分别用三级水配制，现配现用。

a. 碱液每升含：L-组氨酸盐酸盐一水合物（$C_6H_9O_2N_3 \cdot HCl \cdot H_2O$）0.5g，氯化钠 5.0g，磷酸氢二钠十二水合物（$Na_2HPO_4 \cdot 12H_2O$）5.0g 或磷酸氢二钠二水合物（$Na_2HPO_4 \cdot 2H_2O$）

2.5g，用 0.1mol/L 的氢氧化钠溶液调整试液 pH 至 8.0±0.2。

b. 酸液每升含：L-组氨酸盐酸盐一水合物（$C_6H_9O_2N_2 \cdot HCl \cdot H_2O$）0.5g，氯化钠 5.0g，磷酸二氢钠二水合物（$NaH_2PO_4 \cdot 2H_2O$）2.2g，用 0.1mol/L 的氢氧化钠溶液调整试液 pH 至 5.5±0.2。

（3）操作程序。见操作指导。

3. 耐唾液色牢度检测方法

（1）测试原理。将试样与规定的贴衬织物贴合在一起，置于人造唾液中处理后去除多余的试液，放在试验装置内两块平板之间并施加规定压强，并在规定条件下保持一定时间，然后将试样和贴衬织物分别干燥，用灰色样卡或仪器评定试样的变色和贴衬织物的沾色。

（2）试样、试剂制备。

①试样的制备。同耐水色牢度试样制备。

②试剂的制备（人造唾液）。

a. 配方组成。所用试剂为化学纯，用三级水配制试液，现配现用。每升试液含有：六水合氯化镁（$MgCl_2 \cdot 6H_2O$）0.17g；二水合氯化钙（$CaCl_2 \cdot 2H_2O$）0.15g；三水合磷酸氢二钾（$K_2HPO_4 \cdot 3H_2O$）0.76g；碳酸钾（K_2CO_3）0.53g；氯化钠（NaCl）0.33g；氯化钾（KCl）0.75g。用质量分数为 1% 的盐酸溶液调节试液 pH 至 6.8±0.1。

b. 配制方法。将规定用量的钾盐和钠盐溶于 900mL 三级水中，加入氯化镁和氯化钙，不停搅拌，直至其完全溶解。将经过校准的 pH 计电极浸没在溶液中，慢慢加入 1% 的盐酸溶液，轻轻搅拌，使溶液的 pH 达到 6.8±0.1。加入三级水定容至 1000mL，摇匀，避光保存。

（3）操作程序。见操作指导。

4. 耐摩擦色牢度检测方法

（1）测试原理。纺织品与干态或湿态标准白棉布往复直线摩擦，用沾色灰色样卡评定沾色牢度。湿态摩擦时还须评定试样变色牢度。耐摩擦色牢度分干摩擦色牢度和湿摩擦色牢度两种。

（2）试样准备。

①若被测纺织品是织物或地毯，需准备两组尺寸不小于 50mm×140mm 的试样，分别用于干摩擦和湿摩擦试验。每组各两块试样，其中一块试样的长度方向平行于经纱（或纵向），另一块试样的长度方向平行于纬纱（或横向）。

②如试样是纱线，须编结成织物，试样尺寸不小于 50mm×140mm。或沿纸板的长度方向将纱线平行缠绕于与试样尺寸相同的纸板上，并使纱线在纸板上均匀地铺成一层。

③在试验前，将试样和摩擦布放在 GB/T 6529—2008 规定的标准大气下调湿至少 4h。对于棉或羊毛等织物可能需要更长的调湿时间。

④为得到最佳的试验结果，宜在 GB/T 6529—2008 规定的标准大气下进行试验。

（3）测试设备和材料。

①耐摩擦色牢度试验仪，具有两种可选尺寸的摩擦头做往复直线摩擦运动。

a. 用于绒类织物（包括纺织地毯）。长方形摩擦表面的摩擦头尺寸为 19mm×25.4mm，摩擦头施以向下的压力为（9±0.2）N，直线往复动程为（104±3）mm。

b. 用于其他纺织品。摩擦头由一个直径为（16±0.1）mm 的圆柱体构成，施以向下的压力为（9±0.2）N，直线往复动程为（104±3）mm。

②摩擦用布。符合 GB/T 7568.2—2008 的规定，剪成（50±2）mm×（50±2）mm 的正方形，用于圆形摩擦头；剪成（25±2）mm×（100±2）mm 长方形，用于长方形摩擦头。

③耐水细砂纸，或不锈钢丝直径为 1mm、网孔宽约为 20mm 的金属网。

④评定沾色用灰色样卡，符合 GB/T 251—2018 的规定。

（4）检测程序。见操作指导。

七、操作指导

（一）纺织品甲醛含量的测定

1. 水萃取法和蒸汽吸收法

（1）工作任务描述。通过本实训，使学生了解水萃取法和蒸汽吸收法测试织物上游离甲醛含量的原理，学会水萃取法和蒸汽吸收法的样品溶液、标准甲醛溶液、校正溶液的制备；掌握校正曲线法查找甲醛浓度；熟悉 GB/T 2912.1—2009 和 GB/T 2912.2—2009 标准，学会游离甲醛和释放甲醛含量的测试方法；了解 GB 18401—2010 纺织品安全基本技术规范标准，并判别样品中甲醛含量是否符合要求。

（2）操作仪器、器具和试剂。

①操作仪器。分光光度计（波长 412nm，图 4-77）；恒温水浴锅；天平（精度为 0.1mg）；烘箱（蒸汽吸收法用）。

②器具。容量瓶（50mL、250mL、500mL、1000mL）；碘量瓶或具塞三角烧瓶（250mL）；单标移液管（1mL、5mL、10mL、25mL、30mL）及 5mL 刻度移液管；量筒（10mL、50mL）、具塞试管及试管架、2 号玻璃漏斗式滤器；瓶盖顶部带有小钩的广口瓶（蒸汽吸收法用）。

③试剂。甲醛溶液（质量浓度约 37%）；乙酰丙酮、乙酸胺、冰乙酸；双甲酮、乙醇。

以上所有试剂均采用分析纯，试验用水均为蒸馏水或三级水。

图 4-77　分光光度计

（3）试验方法与程序。

①试剂配制。

a. 乙酰丙酮试剂（纳氏试剂）。在 1000mL 容量瓶中加入 150g 乙酸铵，用 800mL 水溶解，然后加 3mL 冰乙酸和 2mL 乙酰丙酮，用水稀释至刻度，用棕色瓶储存（储存开始 12h 内颜色逐渐变深，因此在此前（12h）不能使用，试剂 6 星期内有效；长期储存灵敏度稍有变化，故每星期应作一校正曲线与标准曲线校对为妥）。

b. 双甲酮乙醇溶液（主要用于水萃取法）。用乙醇将 1g 双甲酮（二甲基-二羟基-间苯二酚或 5,5-二甲基环己烷-1,3-二酮）溶解并稀释至 100mL，随用随配。

c. 甲醛标准溶液（S_0）配制。

（a）甲醛原液配制。用 5mL 刻度移液管吸取 3.8mL37% 甲醛溶液于 1000mL 容量瓶中，加水至刻度。此时甲醛溶液浓度约为 1.5mg/mL，其精确的浓度采用亚硫酸钠法或碘量法标定。该原液可储存四星期备用，用以配制标准溶液。

（b）稀释。相当于 1g 样品中加入适量水（100mL 水—水萃取法，50mL 水—蒸汽吸收法），样品中甲醛的含量等于标准曲线上对应的甲醛浓度的 100 倍（水萃取法）或 50 倍（蒸汽吸收法）。

Ⅰ. 甲醛标准溶液（S_2）配制。用单标移液管吸取上述甲醛原液 10mL 于 200mL 容量瓶中，加水至刻度。此时配制的甲醛标准溶液浓度约为 75mg/L。

Ⅱ. 甲醛校正溶液的配制。用甲醛标准溶液（S_2）制备校正溶液。在 500mL 容量瓶中用水稀释 S_2，形成下列所示溶液中至少 5 种甲醛校正溶液。

水萃取法：

1mL S_2 稀释至 500mL（含甲醛 0.15μg/mL，等同于 15mg/kg 织物）

2mL S_2 稀释至 500mL（含甲醛 0.30μg/mL，等同于 30mg/kg 织物）

5mL S_2 稀释至 500mL（含甲醛 0.75μg/mL，等同于 75mg/kg 织物）

10mL S_2 稀释至 500mL（含甲醛 1.50μg/mL，等同于 150mg/kg 织物）

15mL S_2 稀释至 500mL（含甲醛 2.25μg/mL，等同于 225mg/kg 织物）

20mL S_2 稀释至 500mL（含甲醛 3.00μg/mL，等同于 300mg/kg 织物）

30mL S_2 稀释至 500mL（含甲醛 4.50μg/mL，等同于 450mg/kg 织物）

40mL S_2 稀释至 500mL（含甲醛 6.00μg/mL，等同于 600mg/kg 织物）

蒸汽吸收法：

1mL S_2 稀释至 500mL（含甲醛 0.15μg/mL，等同于 7.5mg/kg 织物）

2mL S_2 稀释至 500mL（含甲醛 0.30μg/mL，等同于 15mg/kg 织物）

5mL S_2 稀释至 500mL（含甲醛 0.75μg/mL，等同于 37.5mg/kg 织物）

10mL S_2 稀释至 500mL（含甲醛 1.50μg/mL，等同于 75mg/kg 织物）

15mL S_2 稀释至 500mL（含甲醛 2.25μg/mL，等同于 112.5mg/kg 织物）

20mL S_2 稀释至 500mL（含甲醛 3.00μg/mL，等同于 150mg/kg 织物）

30mL S_2 稀释至 500mL（含甲醛 4.50μg/mL，等同于 225mg/kg 织物）

40mL S_2 稀释至 500mL（含甲醛 6.00μg/mL，等同于 300mg/kg 织物）

②试样制备。

a. 水萃取法试样制备。

（a）样品不进行调湿和预调湿等有可能影响甲醛含量的处理，测试前试样应密封保存（可将样品放在聚乙烯袋中，外覆铝箔）。

（b）从样品上取两块试样剪碎，准确称取 1g（精确至 10mg）。如果甲醛含量太低，可增加试样量至 2.5g。从样品上剪取试样后应立即称量，若出现异议，可另取试样在标准温湿度条件下调湿去校正样品质量。

（c）将试样分别置于 250mL 干的碘量瓶（或具塞三角烧瓶）中，加入 100mL 蒸馏水，盖上瓶盖，置于 40℃±2℃ 水浴中振荡（60±5）min，用过滤器过滤至另一碘量瓶或三角烧瓶中，供分析用。

b. 蒸汽吸收法试样制备。

（a）样品密封保存同水萃取法。

（b）从样品中取两块试样，剪成小块，准确称取 1g（精确至 10mg）。

（4）操作程序。检测流程可分为两个大部分：甲醛工作曲线的制备、样品中甲醛的测定。其检测流程如图 4-78 所示。

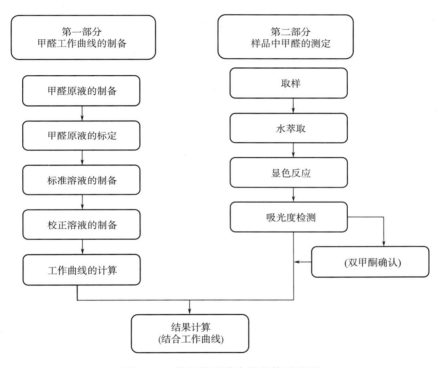

图 4-78　纺织品甲醛含量的检测流程

①甲醛工作曲线的制作。由标准液配制的校正溶液中的至少 5 种，用单标移液管准确各吸取 5mL 溶液分别放入不同的试管中，分别加 5mL 乙酰丙酮试剂摇匀，放置于在（40±2）℃水浴中显色。显色后，用分光光度计在 412nm 波长处测量各种浓度的吸光度，绘制不同甲醛浓度与吸光度的标准工作曲线或计算工作曲线 $y=a+bx$。其中，x 为甲醛校正溶液浓度，y 为甲醛校正溶液用分光光度计（波长 412nm）所测出的吸光度，解出 a、b 得出工作曲线。

②样品中甲醛的测定。

a. 水萃取法。

（a）用单标移液管准确吸取 5mL 过滤后的样品溶液放入一试管，吸取 5mL 标准溶液放入另一试管中，分别加 5mL 乙酰丙酮试剂摇匀，放置于在（40±2）℃ 水浴中显色（黄色）

（30±5） min，然后取出在室温下避光放置（30±5） min。用5mL蒸馏水加等体积的乙酰丙酮作空白对照，用10mm的吸光池在分光光度计412nm波长处测定吸光度。

（b）若预期从织物上萃取的甲醛含量超过500mg/kg，或试验采用5∶5比例，计算结果超过500mg/kg时，稀释萃取液使之吸光度在工作曲线的范围内（在计算结果时，要考虑稀释因素）。

（c）如果样品溶液颜色偏深，则取5mL样品溶液放入另一试管，加5mL水，按上述步骤操作。用水作空白对照。

（d）同法做两个平行试验。

（e）双甲酮确认试验。如果怀疑吸光度不是来自甲醛，而是由样品溶液的颜色产生，用双甲酮进行确认试验。取5mL萃取液（样品溶液）放一试管中，加1mL双甲酮乙醇溶液并摇动，把溶液放入（40±2）℃水浴中显色（10±1） min，加入5mL乙酰丙酮试剂摇动。继续放置于在（40±2）℃水浴中显色（黄色）（30±5） min，然后取出在室温下避光放置（30±5） min。用分光光度计在412nm波长处测量吸光度，对照溶液用水而不是样品萃取液。来自样品中的甲醛在412nm处的吸光度将消失。

（f）结果计算。

Ⅰ.校正吸光度。各试验样品的吸光度用式（4-29）来校正。

$$A = A_s - A_b - A_d \tag{4-29}$$

式中：A——校正后的吸光度；

A_s——萃取液（样品溶液）中测得的吸光度；

A_b——空白试剂中测得的吸光度；

A_d——空白样品测得的吸光度（仅用于变色或沾污的情况下）。

Ⅱ.查找甲醛浓度。用校正后的吸光度数值，通过工作曲线查出甲醛含量c，用μg/mL表示（如果试验样品中甲醛含量高于500mg甲醛/kg织物，则需稀释样品溶液后重做）。

Ⅲ.计算甲醛含量。每一样品中萃取的甲醛含量用式（4-30）计算：

$$F = \frac{c \times 100}{m} \tag{4-30}$$

式中：F——从织物样品中萃取的甲醛含量，mg/kg；

c——读自工作曲线上的萃取液中的甲醛浓度，μg/mL；

m——试样的质量，g。

取两次检测结果的平均值作为试验结果，计算结果修约至整数位。

如果结果小于20mg/kg，试验结果报告"未检出"。

b.蒸汽吸收法。

（a）每只试验瓶中加入50mL水，试样放在金属丝网篮上或用双股缝线将试样系起来，线头挂在瓶盖顶部钩子上（避免试样与水接触），盖紧瓶盖，小心置于（49±2）℃烘箱中20h±15min后，取出试验瓶，冷却（30±5） min，然后从瓶中取出试样和网篮，再盖紧瓶盖，摇匀。

（b）用单标移液管准确吸取 5mL 乙酰丙酮放入试管中，加 5mL 试验瓶中的试样溶液混匀，再吸 5mL 乙酰丙酮放入另一试管中，加 5mL 蒸馏水作空白试剂。

（c）把试管放在（40±2）℃水浴中显色（30±5）min，然后取出，在室温下避光放置（30±5）min。用 10mm 的吸光池在分光光度计 412nm 波长处测定吸光度。通过甲醛标准工作曲线计算样品中的甲醛含量（μg/mL）。

（d）若预期从织物上萃取的甲醛含量超过 500mg/kg，或试验采用 5∶5 比例，计算结果超过 500mg/kg 时，稀释萃取液使之吸光度在工作曲线的范围内（在计算结果时，要考虑稀释因素）。

（e）甲醛含量结果计算。

$$F = \frac{c \times 50}{m} \tag{4-31}$$

取两次检测结果的平均值作为试验结果，计算结果修约至整数位。

如果结果小于 20mg/kg，试验结果报告"未检出"。

（5）相关标准。

① GB 18401—2010《国家纺织产品基本安全技术规范》。

② GB/T 2912.1—2009《纺织品　甲醛的测定　第 1 部分：游离水解的甲醛（水萃取法）》。

③ GB/T 2912.2—2009《纺织品　甲醛的测定　第 2 部分：释放的甲醛（蒸汽吸收取法）》。

2. 高效液相色谱法

（1）工作任务描述。通过本实训，使学生了解高效液相色谱法测试织物上甲醛含量的原理，学会样品溶液、标准甲醛溶液、校正溶液的制备；掌握校正曲线法查找甲醛浓度；熟悉GB/T 2912.3—2009 标准，学会甲醛含量的测试方法；了解 GB 18401—2010 中的纺织产品基本安全技术规范，并判别样品中甲醛含量是否符合要求。

（2）操作仪器、器具和试剂。

①操作仪器。高效液相色谱仪（HPLC），配有紫外检测器（UVD）或二极管阵列检测器（DAD）；恒温水浴锅，60℃±2℃；天平（精度为 1mg）；烘箱。

②器具。容量瓶（50mL、100mL、1000mL）；碘量瓶或带盖三角烧瓶（250mL）；单标移液管（1mL、5mL、10mL 和 25mL）及 5mL 刻度移液管；量筒（10mL、50mL），具塞试管及试管架，2 号玻璃漏斗过滤器；瓶盖顶部带有小钩的广口瓶；0.45μm 厚滤膜。

③试剂。甲醛溶液（质量分数约 37%）；乙腈（色谱纯）；2,4-二硝基苯肼；醋酸。以上所有试剂均采用分析纯，试验用水均为 2 级水。

（3）试验方法与程序。

①试剂配制。

a. 衍生化试液。取 0.05g 2,4-二硝基苯肼，用适量内含 0.5%（体积分数）醋酸的乙腈溶解后置于 100mL 容量瓶中，用水稀释至刻度，摇匀（此溶液不稳定，要现配现用）。

b. 甲醛标准储备溶液。吸取 3.8mL（浓度约 37%）甲醛溶液于 1000mL 棕色容量瓶中，加水至刻度。此时甲醛溶液浓度约为 1500μg/mL，其精确的浓度采用亚硫酸钠法或碘量法标定（该储备液在 4℃条件下避光保存，保存期 6 周）。

c. 甲醛标准工作溶液配制。准确移取上述甲醛储备溶液 1.0mL 于 100mL 容量瓶中，加水至刻度，摇匀（此溶液不稳定，要现配现用）。

②试样制备。

a. 样品预处理。测定游离水解的甲醛按 GB/T 2912.1—2009 规定执行；测定释放甲醛按 GB/T 2912.2—2009 规定执行。

b. 衍生化。准确移取上述方法制备的样品溶液 1.0mL 和 2.0mL 衍生化试液于 10mL 的具塞试管中，混合均匀后在（60±2）℃的水浴中静置反应 30min，冷却至室温后用 0.45μm 的滤膜过滤，供 HPLC/UVD 或 HPLC/DAD 分析用。

（4）操作程序。

①液相色谱分析条件。由于测试结果取决于所用的色谱仪，因此不能给出色谱仪的普遍参数，下列参数是比较适宜的。

液相色谱柱：C_{18}、5μm、4.6mm×250mm 或相当者；

流动相：乙腈+水（65+35）；

流速：1.0mL/min；

柱温：30℃；

检测波长：355nm；

进样量：20μL。

②标准工作曲线。分别准确移取 1.0mL、2.0mL、5.0mL、10.0mL、20.0mL 和 50.0mL 甲醛标准工作溶液至 100mL 容量瓶中，用水稀释至刻度（甲醛浓度分别为 0.15μg/mL、0.30μg/mL、0.75μg/mL、1.5μg/mL、3.0μg/mL、7.5μg/mL），稀释后的甲醛标准系列溶液按衍生化要求进行衍生化。

按上述分析条件进行测定。以甲醛浓度为横坐标，2,4-二硝基苯腙的峰面积为纵坐标，绘制标准工作曲线。

③定性、定量分析。经衍生化的样品溶液，按上述分析条件进行测定。以保留时间定性，以色谱峰面积定量。

（5）结果计算。用测得的 2,4-二硝基苯腙色谱峰面积，通过工作曲线查出甲醛浓度 c，用 μg/mL 表示。用式（4-30）计算样品游离水解的甲醛含量，用式（4-31）计算样品释放甲醛含量。

计算两次结果的平均值，修约至 1 位小数。若两次平行试验结果的差值与平均值之比大于 20%，则应重新测试。若试验结果小于 5.0mg/kg，则结果报告 "<5.0mg/kg"。

（6）相关标准。

①GB 18401—2010《国家纺织产品基本安全技术规范》。

②GB/T 2912.3—2009《纺织品　甲醛的测定　第 3 部分：高效液相色谱法》。

（二）纺织品 pH 测试

1. 工作任务描述

通过本实训，使学生了解织物玻璃电极 pH 计测量 pH 的原理，学会样品溶液、标准缓冲溶液的制备；熟悉 GB/T 7573—2009《纺织品 水萃取液 pH 值的测定》，学会用 pH 计测量 pH 的方法。

2. 操作仪器、器具和试剂

（1）操作仪器。pH 计；机械振荡器（往复式振荡器，往复速率≥60 次/min，旋转速率≥30 周/min）；天平（精度为 0.01g）。

（2）器具。具塞玻璃（或聚丙烯）烧瓶（250mL）；烧杯（50mL）；量筒（100mL）；容量瓶（1L，A 级）；玻璃棒。

（3）试剂。

①标准缓冲溶液。所有试剂均为分析纯，配制缓冲溶液的水至少满足 GB/T 6682—2008 三级水的要求，每月至少更换一次。

a. 邻苯二甲酸氢钾缓冲溶液（0.05mol/L，pH 4.0）。称取 10.21g 邻苯二甲酸氢钾（$KHC_6H_4O_4$），放入 1L 容量瓶中，用去离子水或蒸馏水溶解后定容至刻度。该溶液 20℃的 pH 值为 4.00，25℃时为 4.01。

b. 磷酸二氢钾和磷酸氢二钠缓冲溶液（0.08mol/L，pH 6.9）。称取 3.9g 磷酸二氢钾（KH_2PO_4）和 3.54g 磷酸氢二钠（Na_2HPO_4），放入 1L 容量瓶中，用去离子水或蒸馏水溶解后定容至刻度。该溶液 20℃的 pH 为 6.87，25℃时为 6.86。

c. 四硼酸钠缓冲溶液（0.01mol/L，pH 9.2）。称取 3.80g 四硼酸钠十水合物（$Na_2B_4O_7 \cdot 10H_2O$），放入 1L 容量瓶中，用去离子水或蒸馏水溶解后定容至刻度。该溶液 20℃的 pH 为 9.23，25℃时为 9.18。

测定前，用标准缓冲溶液 pH 校正 pH 计。

②3 级蒸馏水或去离子水、0.1mol/L KCl。

3. 试验方法与程序

（1）试样准备。

①抽样。从批量大样中选取有代表性的实验室样品，其数量应满足全部测试样品。

②试样制备。剪成约 0.5cm×0.5cm 大小的试样以使其能迅速浸湿。

③称样。称取（2±0.05）g 试样 3 份。

（2）水萃取液的配制。在室温下制备三个平行样的水萃取液：在具塞烧瓶中加入一份试样和 100mL 蒸馏水或去离子水或 0.1mol/L KCl，盖紧瓶塞。充分摇动片刻，使样品完全湿润。将烧瓶置于机械振荡器上振荡（120±5）min，记录萃取温度（室温一般控制在 10~30℃。如果实验室能够确认振荡 2h 与振荡 1h 的试验结果无明显差异，可采用振荡 1h 进行测定）。

（3）水萃取液 pH 测定。

①在萃取液温度下用两种或三种缓冲溶液校准 pH 计。

②把玻璃电极浸没到同一萃取液（水或氯化钾溶液）中数次，直到 pH 示值稳定。

③将第一份萃取液倒入烧杯，迅速把电极（不清洗）浸没到液面下至少 10mm 的深度，用玻璃棒轻轻地搅拌溶液直到 pH 示值稳定（本次测定值不记录）。

④将第二份萃取液倒入另一个烧杯，迅速把电极（不清洗）浸没到液面下至少 10mm 的深度，静置直到 pH 示值稳定并记录。

⑤取第三份萃取液，迅速把电极（不清洗）浸没到液面下至少 10mm 的深度，静置直到 pH 示值稳定并记录。

记录的第二份萃取液和第三份萃取液的 pH 作为测量值。如果两个 pH 测量值之间差异（精确到 0.1）大于 0.2，则另取其他试样重新测试，直到得到两个有效的测量值，计算其平均值，结果保留一位小数。

pH 测试流程如图 4-79 所示。

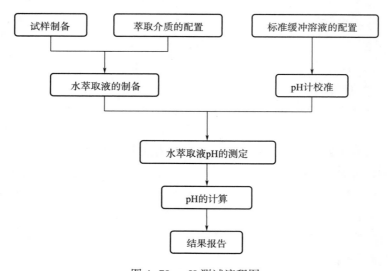

图 4-79　pH 测试流程图

（4）相关标准。GB/T 7573—2009《纺织品　水萃取液 pH 值测定》。

（三）禁用偶氮染料的测定

1. 工作任务描述

通过本实训，使学生了解纺织品禁用偶氮染料中芳香胺的一般知识及其分析测定方法，学习芳香胺的提取方法和原理，掌握基本设备操作、标准溶液的配制，熟悉 GB/T 17592—2011 标准，并判别样品中芳香胺含量是否符合要求。

2. 操作仪器、器具和试剂

（1）仪器、设备。

①气相色谱仪，配有质量选择检测器（MSD）。

②高效液相色谱仪，配有二极管阵列检测器（DAD）。

③真空旋转蒸发器。

④反应器，具密闭塞，约 60mL，由硬质玻璃制成管状。

⑤恒温水浴锅，能控制温度（70±2）℃。

⑥提取柱，20cm×2.5cm（内径）玻璃柱或聚丙烯柱，能控制流速，填装时，先在底部垫少许玻璃棉，然后加入 20g 硅藻土，轻击提取柱，使填装结实。

（2）试剂。除非另有说明，在分析中所用试剂均为分析纯和 GB/T 6682—2008 规定的三级水。

①乙醚。如需要，使用前取 500mL 乙醚，加入 100mL 硫酸亚铁溶液（5%水溶液），剧烈振摇，弃去水层，置于全玻璃装置中蒸馏，收集 33.5~34.5℃馏分。

②甲醇。

③柠檬酸盐缓冲溶液（0.06mol/L，pH=6.0）。取 12.526g 柠檬酸和 6.320g 氢氧化钠，溶于水中，定容至 1000mL。

④连二亚硫酸钠溶液。200mg/mL 水溶液。临用时取干粉状连二亚硫酸钠（$Na_2S_2O_4$ 含量>85%）新鲜制备。

⑤标准溶液。

a. 芳香胺标准储备溶液（1000mg/L）。用甲醇或其他合适的溶剂将芳香胺标准物质（GB/T 17592—2011 附录 A 所列）分别配制成浓度约 1000mg/L 的储备液（标准储备溶液保存在棕色瓶中，并可放入少量的无水亚硫酸钠，于冰箱冷冻室中保存，有效期一个月）。

b. 芳香胺标准工作溶液（20mg/L）。从标准储备溶液中取 0.2mL 置于容量瓶中，用甲醇或其他合适溶剂定容至 10mL（现配现用。根据需要可配制成其他合适浓度）。

c. 混合内标溶液（10μg/mL）。用合适溶剂将下列内标化合物配成浓度约为 10μg/mL 的混合溶液：萘-d8（CAS No：1146-65-2），2,4,5-三氯苯胺（CAS No：636-30-6），蒽-d10（CAS No：1719-06-8）。

d. 混合标准工作溶液（10μg/mL）：用混合内标溶液将 GB/T 17592—2011 附录 A 所列的芳香胺标准物质分别配制成浓度约为 10μg/mL 的混合标准工作溶液（现配现用。根据需要可配制成其他合适浓度）。

⑥硅藻土。多孔颗粒状硅藻土，于 600℃灼烧 4h，冷却后储于干燥器中备用。

3. 试验方法与程序

（1）试样的制备与处理。取有代表性的试样，剪成约 5mm×5mm 的小片，混合。从混合样中称取 1.0g（精确至 0.01g），放入反应器中，加入 17mL 预热至（70±2）℃的柠檬酸盐缓冲溶液，将反应器密闭，用力振摇，使所有试样浸于液体中，置于已恒温至（70±2）℃的水浴中保温 30min，使所有的试样充分润湿。然后打开反应器，加入 3.0mL 连二亚硫酸钠溶液，并立即密闭振摇，将反应器再于（70±2）℃水浴中保温 30min，取出后 2min 内冷却至室温。

（2）萃取和浓缩。

a. 萃取。玻璃棒挤压反应器中试样，将反应液全部倒入提取柱内，任其吸附 15min，用

4×20mL 乙醚分四次洗提反应器中的试样，每次需混合乙醚和试样，然后将乙醚洗提液滗入提取柱中，控制流速，收集乙醚提取液于圆底烧瓶中。

b. 浓缩。将上述收集的盛有乙醚提取液的圆底烧瓶置于真空旋转蒸发器上，于 35℃ 左右的低真空度下浓缩至近 1mL，再用缓氮气流驱除乙醚溶液，使其浓缩至近干。

（3）气相色谱/质谱定性分析。

①分析条件。由于测试结果取决于所使用仪器，因此，不可能给出色谱分析的普遍参数。采用下列操作条件已被证明对测试是合适的：

a. 毛细管色谱柱：DB-5MS，30m×0.25mm×0.25μm，或相当者；

b. 进样口温度：250℃；

c. 柱温：60℃（1min）$\xrightarrow{12℃/min}$ 210℃ $\xrightarrow{15℃/min}$ 230℃ $\xrightarrow{3℃/min}$ 250℃ $\xrightarrow{25℃/min}$ 280℃；

d. 质谱接口温度：270℃；

e. 质量扫描范围：35~350amu；

f. 进样方式：不分流进样；

g. 载气：氦气（≥99.999%），流量 1.0mL/min；

h. 进样量：1μL；

i. 离化方式：EI；

j. 离化电压：70eV；

k. 溶剂延迟 3.0min。

②定性分析。准确移取 1.0mL 甲醇或其他合适的溶剂加入浓缩至近干的圆底烧瓶中，混匀，静置。然后分别取 1μL 标准工作溶液与试样溶液注入色谱仪，按上述条件操作。通过比较试样与标样的保留时间特征离子进行定性。必要时，选用另外一种或多种方法对异构体进行确认。

（4）定量分析。

①HPLC/DAD 分析。由于测试结果取决于所使用仪器，因此，不可能给出色谱分析的普遍参数。采用下列操作条件已被证明对测试是合适的：

a. 色谱柱：ODS，250mm×4.6mm×5μm，或相当者；

b. 流量：0.8~1.0mL/min；

c. 柱温：40℃；

d. 进样量：10μL；

e. 检测器：二极管阵列检测器（DAD）；

f. 检测波长：240nm，280nm，305nm；

g. 流动相 A：甲醇；

h. 流动相 B：0.575g 磷酸二氢铵+0.7g 磷酸氢二钠，溶于 1000mL 二级水中，pH=6.9；

i. 梯度：起始时用 15% 流动相 A 和 85% 流动相 B，然后在 45min 内成线性地转变为 80% 流动相 A 和 20% 流动相 B，保持 5min。

准确移取 1.0mL 甲醇或其他合适的溶剂加入浓缩至近干的圆底烧瓶中，混匀，静置。然后分别取 10μL 标准工作溶液与试样溶液注入色谱仪，按上述条件操作。外标法定量。

②GC/MSD 分析。准确移取 1.0mL 内标溶液加入浓缩至近干的圆底烧瓶中，混匀，静置。然后分别取 1μL 混合标准工作溶液与试样溶液注入色谱仪，按前面气相色谱/质谱分析条件操作，可选用选择离子方式进行定量。

4. 结果计算和表示

（1）内标法。按式（4-27）计算。

（2）外标法。按式（4-28）计算。

试验结果以各种芳香胺的检测结果分别表示，计算结果表示到个位数，低于测定低限时，试验结果为"未检出"（本方法的测定低限为 5mg/kg）。

5. 相关标准

GB/T 17592—2011《纺织品 禁用偶氮染料的测定》。

（四）重金属含量的测定（电感耦合等离子体原子发射光谱法）

1. 工作任务描述

通过本实训，使学生掌握 ICP-AES 的工作原理和操作技术；掌握 ICP-AES 的基本操作技术；了解 ICP-AES 的基本应用。

2. 操作仪器、器具和试剂

（1）仪器。电感耦合等离子体原子发射光谱仪（图4-80）；具塞三角烧瓶（150mL）；恒温水浴振荡器，（37±2）℃，振荡频率为 60 次/min。

（2）试剂和材料。除非另有说明，仅使用优级纯的试剂和符合 GB/T 6682—2008 规定的二级水。

图 4-80 光谱仪

①酸性汗液。根据 GB/T 3922—2013 的规定配制酸性汗液，试液应现配现用。

②单元素标准储备溶液。各元素标准储备溶液可使用标准物质或按如下方法配制。

a. 砷（As）标准储备溶液（100μg/mL）。称取 0.132g 于硫酸干燥器中干燥至恒重的三氧化二砷，温热溶于 1.2mL 氢氧化钠溶液（100g/L），移入 1000mL 容量瓶中，稀释至刻度。

b. 镉（Cd）标准储备溶液（100μg/mL）。称取 0.203g 氯化镉（$CdCl_2 \cdot 5/2H_2O$），溶于水，移入 1000mL 容量瓶中，稀释至刻度。

c. 钴（Co）标准储备溶液（1000μg/mL）。称取 2.630g 无水硫酸钴［用硫酸钴（$CoSO_4 \cdot 7H_2O$）于 500~550℃灼烧至恒重］，加 150mL 水，加热至溶解，冷却，移入 1000mL 容量瓶中，稀释至刻度。

d. 铬（Cr）标准储备溶液（100μg/mL）。称取 0.283g 重铬酸钾（$K_2Cr_2O_7$），溶于水，移入 1000mL 容量瓶中，稀释至刻度。

e. 铜（Cu）标准储备溶液（100μg/mL）。称取 0.393g 硫酸铜（$CuSO_4 \cdot 5H_2O$），溶于水，移入 1000mL 容量瓶中，稀释至刻度。

f. 镍（Ni）标准储备溶液（100μg/mL）。称取 0.448g 硫酸镍（NiSO₄·6H₂O），溶于水，移入 1000mL 容量瓶中，稀释至刻度。

g. 铅（Pb）标准储备溶液（100μg/mL）。称取 0.160g 硝酸铅［Pb（NO₃）₂］，用 10mL 硝酸溶液（1+9）溶解，移入 1000mL 容量瓶中，稀释至刻度。

h. 锑（Sb）标准储备溶液（100μg/mL）。称取 0.274g 酒石酸锑钾（C₄H₄KO₇Sb·1/2H₂O），溶于盐酸溶液（10%），移入 1000mL 容量瓶中，用盐酸溶液（10%）稀释至刻度。

③标准工作溶液（10μg/mL）。根据需要，分别移取适量镉、铬、铜、镍、铅、锑、锌、钴标准储备溶液于加有 5mL 浓硝酸的 100mL 容量瓶中，用水稀释至刻度，摇匀，配制成浓度为 10μg/mL 的标准工作溶液（此溶液有效期 1 周）。

3. 试验方法与程序

（1）萃取液制备。取有代表性样品，剪碎至 5mm×5mm 以下，混匀，称取 4g 试样两份（供平行试验），精确至 0.01g，置于具塞三角烧瓶中。加入 80mL 酸性汗液，将纤维充分浸湿，放入恒温水浴振荡器中振荡 60min 后取出，静置冷却至室温，过滤后作为样液供分析用。

（2）测定。将标准工作溶液用水逐级稀释成适当浓度的系列工作溶液。根据试验要求和仪器情况，设置仪器的分析条件。点燃等离子体焰炬，待焰炬稳定后，在相应波长下，按浓度由低至高的顺序测定系列工作溶液中各待测元素的光谱强度。以光谱强度为纵坐标，元素浓度（μg/mL）为横坐标，绘制工作曲线。

按上述设定条件，测定空白溶液和样液中各待测元素的光谱强度，从工作曲线上计算出各待测元素的浓度。

4. 结果计算

试样中可萃取重金属元素 i 的含量，按式（4-32）计算。

$$X_i = (C_i - C_{i0}) \times V/m \tag{4-32}$$

式中：X_i——试样中可萃取重金属元素 i 的含量，mg/kg；

C_i——样液中被测元素 i 的质量浓度，μg/mL；

C_{i0}——空白溶液中被测元素 i 的质量浓度，μg/mL；

V——样液的总体积，mL；

m——试样的质量，g。

两次测定结果的算术平均值作为试验结果，计算结果表示到小数点后两位。

5. 相关标准

GB/T 17593.2—2007《纺织品　重金属的测定　第 2 部分：电感耦合等离子体原子发射光谱法》。

（五）色牢度测试

1. 耐唾液、耐水、耐汗渍色牢度测试

（1）工作任务描述。通过实训，了解纺织品色牢度检验中耐唾液色牢度、耐水色牢度、耐汗渍色牢度测试原理及相应仪器设备，掌握耐唾液色牢度、耐水色牢度、耐汗渍色牢度测试的具体方法和实训要求。通过本实训，熟悉 ISO 105 系列标准、DIN 53160—2010、GB/T 5713—2013、GB/T 3922—2013、GB/T 18886—2019、SN/T 1058. 1—2013、SN/T 1058. 2—2013 等国际和国家标准，以及 GB 18401—2010《国家纺织产品基本安全技术规范》和生态纺织品色牢度级别要求。学会使用标准灰色样卡和色牢度的评定方法。

（2）仪器设备与试样材料。

①仪器设备。

a. 试验装置。每组试验装置由一个不锈钢架和质量约 5kg、底部面积为 115mm×60mm 的重锤配套组成；并附有尺寸约 115mm×60mm×1.5mm 的玻璃板或丙烯酸树脂板。当（100±2）mm×（40±2）mm 的组合试样夹于板间时，可使组合试样受压强（12.5±0.9）kPa。试验装置的结构应保证试验中移开重锤后，试样所受压强保持不变（图 4-81）。

b. 恒温箱。保持温度在（37±2）℃（图 4-82）。

图 4-81　试验装置

图 4-82　试验烘箱

②试样材料。见知识点内容。

（3）操作程序。

①耐水色牢度试验。

a. 在室温下将组合试样平放在平底容器中，注入三级水，使之完全浸湿，浴比为 50：1。在室温下放置 30min，不时揿压和拨动，以确保试液能良好而均匀地渗透。取出试样，倒去残液，用合适的方式（如两根玻璃棒）夹去组合试样上过多的试液。

b. 将组合试样平置于两块玻璃或丙烯酸树脂板之间，使其受压（12.5±0.9）kPa，放入已预热到试验温度的试验装置中。

c. 把带有组合试样的试验装置放入恒温箱内，在（37±2）℃下保持 4h。

d. 取出带有组合试样的试验装置，展开组合试样（如需要，断开缝线，使试样和贴衬仅在一条短边连接），发现试样有干燥的迹象应弃去并重新测试，将组合试样悬挂在不超过 60℃的空气中干燥，试样和贴衬分开，仅在缝纫线处连接。

e. 用灰色样卡或分光光度仪评定试样的变色和贴衬织物的沾色。

②耐汗渍色牢度试验。

a. 将一块组合试样平放在平底容器内，注入碱性试液使之完全润湿，试液 pH 为 8.0±0.2，浴比约为 50：1。在室温下放置 30min，不时揿压和拨动，以保证试液充分且均匀地渗透到试样中，倒去残液，用两根玻璃棒夹去组合试样上过多的试液。

b. 将组合试样放在两块玻璃板或丙烯酸树脂板之间，然后放入已预热到试验温度的试验装置中，使其所受名义压强为（12.5±0.9）kPa。

c. 采用相同的程序将另一组合试样置于 pH 为 5.5±0.2 的酸性试液中浸湿，然后放入另一个已预热的试验装置中进行试验。

d. 把带有组合试样的试验装置放入恒温箱内，在（37±2）℃下保持 4h。

e. 取出带有组合试样的试验装置，展开每个组合试样，使试样和贴衬间仅由一条缝线连接，悬挂在不超过 60℃ 的空气中干燥。

f. 用灰色样卡或仪器评定每块试样的变色和贴衬织物的沾色。

③耐唾液色牢度试验。

a. 在室温下将组合试样平放在平底容器中，注入人造唾液，使之完全浸湿，浴比为 50：1。在室温下放置 30min，不时揿压和拨动，以确保试液能良好而均匀地渗透。取出试样，倒去残液，用合适的方式（如两根玻璃棒）夹去组合试样上过多的试液。

b. 将组合试样平置于两块玻璃或丙烯酸树脂板之间，放入试验装置中，使其受压（12.5±0.9）kPa。

c. 把带有组合试样的试验装置放入恒温箱内，在（37±2）℃下保持 4h。

d. 取出试验装置，展开每个组合试样，使试样和贴衬仅在一条短边连接，将组合试样悬挂在不超过 60℃ 的空气中干燥。

e. 用灰色样卡或分光光度仪评定试样的变色和贴衬织物的沾色。

（4）相关标准。

①GB/T 5713—2013《纺织品　色牢度试验　耐水色牢度》。

②GB/T 3922—2013《纺织品　色牢度试验耐汗渍色牢度》。

③GB/T 18886—2019《纺织品　色牢度试验　耐唾液色牢度》。

2. 耐摩擦色牢度测试

（1）工作任务描述。

通过实训，了解各类纺织品耐摩擦色牢性能和测试各类纺织品耐摩擦色牢度的基本原理。掌握色牢度试验具体操作方法，学会标准灰色样卡的使用和色牢度的评定方法，熟悉色牢度试验方法标准。

（2）仪器设备与试样材料。摩擦色牢度仪（图 4-83）；评定沾色用灰色样卡；摩擦用白棉布；待测试样；三级水。

（3）操作程序。

①试样准备。见知识点内容。

②操作步骤。用夹紧装置将试样固定在试验仪平台上，使试样的长度方向与摩擦头的运

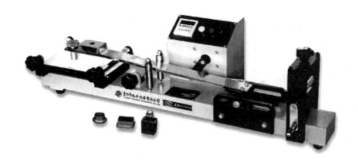

图 4-83 摩擦色牢度仪

行方向一致。在试验仪平台和试样之间，放置一块金属网或砂纸，以助于减小试样在摩擦过程中的移动。按干摩擦、湿摩擦程序进行试验。

当测试有多种颜色的纺织品时，应注意取样的位置，应使所有颜色均被摩擦到。如果颜色的面积足够大，可制备多个试样，对单个颜色分别评定。

a. 干摩擦。将调湿后的摩擦布平放在摩擦头上，使摩擦布的经向与摩擦头的运行方向一致。运行速度为每秒 1 个往复摩擦循环，共摩擦 10 个循环。在干燥试样上摩擦的动程为 (104±3) mm，施加向下的压力为 (9±0.2) N，取下摩擦布，对其调湿，并去除摩擦布上可能影响评级的任何多余纤维（分别检测试样的经向和纬向）。

b. 湿摩擦。称量调湿后的摩擦布，将其完全浸入蒸馏水中，重新称量摩擦布，以确保摩擦布的含水率达到 95%～100%（可用轧液装置调节）。然后按干摩擦检测程序操作。湿摩擦检测结束后，将湿摩擦布放在室温下晾干。

（4）结果评定。

①在每个被评摩擦布背面放置三层摩擦布。

②在适宜的光源下，用灰色样卡评定上述经纬向干、湿摩擦的沾色级数。

（5）相关标准。GB/T 3920—2008《纺织品 色牢度试验 耐摩擦色牢度》。

3. 耐洗色牢度测试

（1）工作任务描述。通过实训，了解各类纺织品耐洗色牢性能和测试基本原理。掌握耐洗色牢度试验具体操作方法，学会标准灰色样卡的使用和色牢度的评定方法，熟悉耐洗色牢度试验方法标准。

（2）仪器设备与试剂材料。

①设备。耐洗色牢度仪（图 4-84）；天平（精确至 0.01g）；机械搅拌器；耐腐蚀的不锈钢珠（直径约 6mm）；加热皂液的装置（如加热板）。

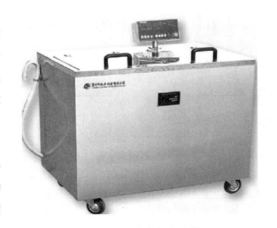

图 4-84 耐洗色牢度仪

②试剂材料。

a. 肥皂。以干重计，所含水分不超过 5%，并符合下列要求：游离碱（以 Na_2CO_3 计）≤ 0.3%；游离碱（以 NaOH 计）≤0.1%；总脂肪物≥850g/kg；制备肥皂混合脂肪酸冻点≤ 30℃；碘值≤50。肥皂不应含荧光增白剂。

b. 无水碳酸钠（Na_2CO_3）。

c. 皂液。依据表 4-58 所示试验条件为 A 和 B 的试验，每升水中含 5g 肥皂；条件为 C、D 和 E 的试验，每升水中含 5g 肥皂和 2g 碳酸钠。

表 4-58　试验条件

试验方法编号	温度/℃	时间/min	钢珠数量	碳酸钠
A（1）	40	30	0	-
B（2）	50	45	0	-
C（3）	60	30	0	+
D（4）	95	30	10	+
E（5）	95	240	10	+

注　"-"表示不添加，"+"表示添加。

建议用搅拌器使肥皂充分地分散溶解在温度为（25±5）℃的三级水中，搅拌时间（10±1）min。

d. 三级水，符合 GB/T 6682—2008。

e. 贴衬织物，符合 GB/T 6151—2016。

（a）多纤维贴衬织物，符合 GB/T 7568.7—2008，根据试验温度选用：含羊毛和醋纤的多纤维贴衬织物，用于 40℃和 50℃的试验，某些情况下也可用于 60℃的试验，需在试验报告中注明；不含羊毛和醋酯纤维的多纤维贴衬织物，用于某些 60℃的试验和所有 95℃的试验。

（b）两块单纤维贴衬织物，符合 GB/T 7568.1—2002、GB/T 7568.4 ~ 7568.6—2002、GB/T 13765—1992、ISO 105-F07—2001。

第一块由试样的同类纤维制成，第二块由表 4-59 规定的纤维制成。如试样为混纺或交织品，则第一块由主要含量的纤维制成，第二块由次要含量的纤维制成。或另作规定。

表 4-59　单纤维贴衬织物

第一块	第二块	
	40℃和 50℃的试验	60℃和 95℃的试验
棉	羊毛	黏胶纤维
羊毛	棉	—
丝	棉	—
麻	羊毛	黏胶纤维
黏胶纤维	羊毛	棉

第一块	第二块	
	40℃和50℃的试验	60℃和95℃的试验
醋酯纤维	黏胶纤维	黏胶纤维
聚酰胺纤维	羊毛或棉	棉
聚酯纤维	羊毛或棉	棉
聚丙烯腈纤维	羊毛或棉	棉

f. 一块染不上色的织物（如聚丙烯），需要时用。

g. 灰色样卡，用于评定变色和沾色。

③试样。同耐水色牢度试样制备。

（3）操作程序。

①按照所采用的试验方法来制备皂液。

②将组合试样以及规定数量的不锈钢珠放在容器内，依据表4-59注入预热至试验温度±2℃的需要量的皂液中，浴比50∶1，盖上容器，立即依据表中规定的温度和时间进行操作，并开始计时。

③对所有试验，洗涤结束后取出组合试样，分别放在三级水中清洗两次，然后在流动水中冲洗至干净。

④对所有方法，用手挤去组合试样上过量的水分。

⑤将试样放在两张滤纸之间并挤压除去多余水分，再将其悬挂在不超过60℃的空气中干燥，试样与贴衬仅由一条缝线连接。

⑥用灰色样卡或仪器，对比原始试样，评定试样的变色和贴衬织物的沾色。

（4）相关标准。GB/T 3921—2008《纺织品　色牢度试验　耐皂洗色牢度》。

子项目 4-4　产业用纺织品质量检验

【工作任务】

今接到某公司送来土工布样品，要求进行质量检验，并出具检测报告单。

【工作要求】

1. 在个体学习，查阅相关资料与标准的基础上，采用小组讨论的方式，制订工作计划，写出实施方案。

子项目 4-4
PPT

2. 在老师的指导下，学生在纺织品检测实训中心，以小组为单位（人人参与），按照标准规范，进行土工布质量检验。

3. 完成检测报告。

4. 小组互查评判结果，教师点评。

【知识点】

一、产业用纺织品概述

纺织品分为服装、装饰（家纺）和产业用纺织品三大部分。产业用纺织品在国外也称作技术纺织品，是指经过专门设计、具有特定功能，应用于工业、医疗卫生、环境保护、土工及建筑、交通运输、航空航天、新能源、农林渔业等领域的纺织品。产业用纺织品技术含量高，应用范围广，市场潜力大，其发展水平是衡量一个国家纺织工业综合竞争力的重要标志之一。产业用纺织品按其在各行各业的用途不同，还可具体分为若干门类。我国产业用纺织品分为以下 16 个门类：

（1）医疗与卫生用纺织品（Medical and Hygiene Textiles）；

（2）过滤与分离用纺织品（Filtration and Separation Textiles）；

（3）土工用纺织品（Geotextiles）；

（4）建筑用纺织品（Building and Construction Textiles）；

（5）交通工具用纺织品（Transport Textiles）；

（6）安全与防护用纺织品（Protective and Safety Textiles）；

（7）结构增强用纺织品（Reinforcement Textiles）；

（8）农业用纺织品（Agrotextiles）；

（9）包装用纺织品（Packaging Textiles）；

（10）文体与休闲用纺织品（Sport and Leisure Textiles）；

（11）篷帆类纺织品（Canvas and Tarp Textiles）；

（12）合成革用纺织品（Textiles for Synthetic Leather）；

（13）隔离与绝缘用纺织品（Isolation and Insulation Textiles）；

（14）线绳（缆）带类纺织品（Threads，Ropes and Belts）；

（15）工业用毡毯（呢）类纺织品（Industrial Felt and Blanket Textiles）；

（16）其他类产业用纺织品（Other Industrial Textiles）。

二、产业用纺织品实例——土工布

土工布是一种应用于土木工程中的纺织品，由高分子聚合物材料构成。土工布具有质量轻、柔性大、强度高、抗撕裂和抗顶破性能好的优点，同时具有较好的孔隙和开孔度，具有良好的渗水性能和抗老化性能，并且耐酸、耐碱、耐微生物腐蚀，土工布在工程中起过滤、排水、隔离、加固和保护作用，一般应用于防止水土流失的护坡；道路路基与地基隔层；松软地基表面处理；铺放在均质土坝体内，起竖向排水作用；公路路面修补；排水用土工布；加强挡土墙后填土等。

短纤针刺非织造土工布的质量检验采用 GB/T 17638—2017《土工合成材料 短纤针刺非织造土工布》。该标准适用于合成短纤维为原料、干法成网经针刺加固而成的短纤针刺非织造土工布，短纤针刺复合土工布等其他类似产品也可参照采用。

（1）产品分类及品种。短纤针刺非织造土工布按原料分为涤纶、丙纶、锦纶、维纶、乙纶等针刺非织造土工布；按结构分为普通型和复合型等类型。

短纤针刺非织造土工布的品种由生产部门根据市场需求设计。

（2）产品规格。短纤针刺非织造土工布的规格以标称断裂强度表示，幅宽为辅助规格，按合同规定和实际需要设计。

标称断裂强度（kN/m）：3、5、8、10、15、20、25、30、40。

（3）产品代号。短纤针刺非织造土工布的代号表示如下：

（a）　（b）　（c）　（d）

（a）产品名称。SNG：S—短纤，N—针刺非织造，G—土工布；SNG/C：C 表示复合；

（b）纤维代号。PET—涤纶，PP—丙纶，PA—锦纶，PV—维纶，PE—乙纶；混合纤维需将各纤维组分都表示出来，中间以"/"隔开；

（c）标称断裂强度，单位为千牛每米（kN/m）；

（d）幅宽，单位为米（m）。

如：SNG-PET-10-6 表示涤纶短纤针刺非织造土工布，标称断裂强度 10kN/m，幅宽为 6m；SNG/C-PET/PP-15-4 表示涤丙针刺复合非织造土工布，标称断裂强度 15kN/m，幅宽为 4m。

【任务实施】

1. 技术要求

（1）内在质量。内在质量分为基本项和选择项，基本项技术要求见表 4-60。

表 4-60　基本项技术要求

序号	项目		标称断裂强度/（kN/m）								
			3	5	8	10	15	20	25	30	40
1	纵横向断裂强度/（kN/m）	≥	3.0	5.0	8.0	10.0	15.0	20.0	25.0	30.0	40.0
2	标称断裂强度对应伸长率/%		20~100								
3	顶破强力/kN	≥	0.6	1.0	1.4	1.8	2.5	3.2	4.0	5.5	7.0
4	单位面积质量偏差率/%		±5								
5	幅宽偏差率/%		-0.5								
6	厚度偏差率/%		±10								
7	等效孔径 O_{90}（O_{95}）/mm		0.07~0.20								
8	垂直渗透系数/（cm/s）		$K \times (10^{-1} \sim 10^{-3})$　　其中：$K = 1.0 \sim 9.9$								
9	纵横向撕破强力/kN	≥	0.10	0.15	0.20	0.25	0.40	0.50	0.65	0.80	1.00
10	抗酸碱性能（强力保持率）/%	≥	80								
11	抗氧化性能（强力保持率）/%	≥	80								
12	抗紫外线性能（强力保持率）/%	≥	80								

注　1. 实际规格介于表中相邻规格之间，按线性内插法计算相应考核指标，超出表中范围时，考核指标由供需双方协调确定。

2. 第 4 项~第 6 项标准值按设计或协议。

3. 第 9 项~第 12 项为参考指标，作为生产内部控制，用户有要求的按实际设计值考核。

选择项包括动态穿孔、刺破强力、纵横向强度比、平面内水流量、湿筛孔径、摩擦系数、抗磨损性能、蠕变性能、拼接强度、定负荷伸长率、定伸长负荷等。选择项的标准值由供需合同规定。

（2）外观质量。外观疵点分为轻缺陷和重缺陷（表4-61）。每一种产品上不允许存在重缺陷，轻缺陷每200m²应不超过5处。

表4-61　外观疵点的评定

疵点名称	轻缺陷	重缺陷	备注
布面不匀、折痕	不明显	明显	
杂物	软质，粗≤5mm	硬质；软质，粗>5mm	
边不良	≤300cm，每50cm计1处	>300cm	
破损	≤0.5cm	>0.5cm；破洞	以疵点最大长度计
其他	参照相似疵点评定		

2. 检验

（1）分批。按交货批号的同一品种、同一规格的产品作为检验批。

（2）抽样。

①内在质量。随机抽取1卷，距头端至少3m剪取样品，其尺寸应满足所有内在质量指标性能试验。

②外观质量。外观质量检验的抽样方案见表4-62。

表4-62　外观质量检验的抽样方案

一批的卷数	批样的最少卷数
≤50	2
≥51	3

（3）试验方法。短纤针刺非织造土工布性能检验项目及方法见表4-63。

表4-63　短纤针刺非织造土工布性能检验项目及方法

项目	试验方法
纵横向断裂强度和标称断裂强度对应伸长率的测定	GB/T 15788—2017
顶破强力的测定	GB/T 14800—2010
单位面积质量偏差率的测定	GB/T 13762—2009
幅宽偏差率的测定	GB/T 4666—2009
厚度偏差率的测定	GB/T 13761.1—2009

项目	试验方法
等效孔径的测定	GB/T 14799—2005（干筛法），GB/T 17634—2019（湿筛法）
垂直渗透系数的测定	GB/T 15789—2016
纵横向撕破强力的测定	GB/T 13763—2010
抗酸碱性能的测定	GB/T 17632—1998
抗氧化性能的测定	GB/T 17631—1998
抗紫外线性能的测定	GB/T 31899—2015
动态穿孔（落锥）的测定	GB/T 17630—1998
刺破强力的测定	GB/T 19978—2005
平面内水流量的测定	GB/T 17633—2019
摩擦系数的测定	GB/T 17635.1—1998
抗磨损的测定	GB/T 17636—1998
蠕变性能的测定	GB/T 17637—1998
拼接强度的测定	GB/T 16989—2013
定负荷伸长率和定伸长负荷的测定	GB/T 15788—2017

（4）质量判定。

①内在质量的判定。按前面关于内在质量的技术要求对抽取样品进行内在质量评定，符合技术要求的为内在质量合格，否则为不合格。

②外观质量的判定：按前面关于外观质量的要求对批样的每卷产品进行外观质量检验评定，如果所有卷均符合技术要求，则为外观质量合格。如有不合格卷时，则该批按表 4-62 规定重新抽样复验。若复验卷均符合要求，则该批产品外观质量合格；如果复验结果仍有不合格卷，则该批产品外观质量不合格。

③结果判定。内在质量判定和外观质量判定均为合格，则该批产品合格。

子项目 4-5　织物的来样分析

【工作任务】

今接到某公司送来织物样品，要求对其进行分析，并出具分析报告单。

【工作要求】

1. 在个体学习，查阅相关资料与标准的基础上，采用小组讨论的方式，制订工作计划，写出实施方案。

子项目 4-5
PPT

2. 在老师的指导下，学生在纺织品检测实训中心，以小组为单位（人人参与），按照标准规范，进行织物的分析。

3. 完成分析报告。

4. 小组互查评判结果，教师点评。

【知识点】

一、织物的分类

1. 按形成织物加工方法分

（1）机织物。由相互垂直排列即横向和纵向两系统的纱线，以有梭或无梭织机加工而成，其布面有经、纬向之分；织物组织结构有平纹、斜纹、缎纹与其他组织之分；用途有服装用、家纺、产业用布等。

（2）针织物。由纱线编织成圈而形成的织物，分为纬编和经编。

①纬编针织物是将纬线由纬向喂入针织机的工作针上，使纱线有顺序地弯曲成圈，并相互穿套而成。

②经编针织物是采用一组或几组平行排列的纱线，于经向喂入针织机的所有工作针上，同时进行成圈而成。

（3）非织造布。将松散的纤维经黏合或缝合而成。目前主要采用黏合和穿刺两种方法。

2. 按织物的纱线结构分

（1）纱织物。用单纱织造的织物。

（2）全线织物。全部用股线织成的织物。

（3）半线织物。经纱用股线、纬纱用单纱织造的织物。

3. 按构成织物的纱线原料分

（1）纯纺织物。由纯纺纱织成的织物，即构成织物的原料采用同一种纤维。

（2）混纺织物。由混纺纱织成的织物，即构成织物的原料采用两种或两种以上不同种类的纤维。混纺织物的命名原则是：混纺比大的在前，混纺比小的在后；混纺比相同时，天然纤维在前，合成纤维在其后，人造纤维在最后。

（3）混并织物。构成织物的原料采用由两种纤维的单纱经并合而成股线所制成。

（4）交织织物。构成织物的两个方向系统的原料分别采用不同纤维纱线。

4. 按印染加工方法分

（1）本色布。也称"坯布"，指未经染整加工而保持原来色泽的织物。

（2）漂白布。经过漂白处理的织物。

（3）染色布。本色织物经过染色工序染成单一颜色的织物。

（4）印花布。经过印花工序使织物表面有花纹图案的织物。

（5）色织布。经、纬纱用不同颜色的纱线织成的织物。

（6）色纺布。即先将部分纤维或条子染色，再将染过色的纤维或条子与本色纤维按一定比例混合成纱再织成的织物。

二、织物的特点和品种

1. 棉织物的主要特点

棉织物又叫棉布，是指以棉纤维作原料的布料。

棉织物吸水性强，耐磨耐洗，柔软舒适，冬季穿着保暖性好，夏季穿着透气凉爽，棉织物以其优良的服用性能而成为最常用的童装材料之一，是最为普及的童装面料。但其弹性较差，缩水率较大，容易起皱。棉织物色彩一般比较鲜艳，多用于儿童夏装，休闲装、内衣、运动装等。

棉织物耐酸能力差，弹性差，缩水率大，易折皱，易生霉，如长时间与日光接触，强力降低，纤维会变硬变脆，但抗虫蛀，是理想的内衣面料，也是物美价廉的大众外衣面料。

2. 棉织物的主要品种

棉织物常见品种有：平布、府绸、麻纱、斜纹布、卡其、哔叽、华达呢、横贡缎、灯芯绒、绒布、细纺、平绒、纱罗、牛津纺、水洗布、麦尔纱、烂花布、泡泡纱、绉纱、克罗丁、牛仔布等。

（1）平布。平布就是指平纹布。一般所用经纬纱相同或差异不大，经纬密也很接近，正反面也没有很明显的差异。因此，平布的经纬向强力均衡，且由于交织频繁，故结实耐用，布面平整，但光泽较差，缺乏弹性。根据纱线粗细可分为中平布、粗平布、细平布。

（2）细纺。细纺是采用6~10tex的特细精梳棉纱或涤/棉混纺纱织制而成的平纹织物，因质地细薄，与丝绸中的纺类织物相似，故而得名。布面细洁平整，轻薄似绸，但较丝绸坚牢。细纺织物手感柔软，结构紧密，经丝光整理后，光泽特别柔和，手感光滑，吸湿透气，穿着舒适。

（3）府绸。府绸是棉型织物中的高档产品，经纬用纱质量较优，其中高级府绸的经、纬纱都经过精梳和精梳烧毛处理。府绸是一种细特、高密度的平纹或提花织物，具有丝绸风格。其最大特点是织物密度高，且经密约是纬密的两倍，正面有明显均匀的颗粒，纹路清晰，且经纱露出的面积比纬纱大得多。纬纱的捻度大于经纱的捻度，故布身滑爽，质地细密，富有光泽。

3. 毛织物的主要特点

（1）坚牢耐磨。羊毛纤维表面有鳞片保护，使织物具有较好的耐磨性能。

（2）质轻，保暖性好。羊毛的相对密度比棉小，因此，同样大小、同样厚度的衣料，毛织物面料显得轻巧。羊毛是热的不良导体，所以毛织物面料的保暖性较好。

（3）弹性、抗皱性能好。羊毛具有天然卷曲性，回弹率高，织品的弹性好，用毛织物面料缝制的服装经过熨烫定形后，不易发生褶皱，能较长时间保持呢面平整和挺括美观，但有时会出现毛球现象。

（4）吸湿性强、穿着舒适。毛织物面料吸湿性很强，它能吸收人体排出的湿气，故穿着时感到干爽舒适。

（5）耐碱性能差，潮湿状态下易霉烂、生虫，水洗后会缩水变形，耐高温和耐光性较差。

4. 毛织物的主要品种

毛织物主要有精纺呢绒、粗纺呢绒和长毛绒等种类。

（1）精纺呢绒。用精梳毛纱织制。所用原料纤维较长而细，梳理平直，纤维在纱线中排列整齐，纱线结构紧密。多数产品表面光洁，织纹清晰。品种有花呢、华达呢、哔叽、啥味呢、凡立丁、派力司、女衣呢、贡呢、马裤呢和巧克丁等。

（2）粗纺呢绒。用粗梳毛纱织制。因纤维经梳毛机后直接纺纱，纱线中纤维排列不整齐，结构蓬松，外观多绒毛。多数产品经过缩呢，表面覆盖绒毛，织纹较模糊，或者不显露。品种有麦尔登、海军呢、制服呢、法兰绒和大衣呢等。

（3）长毛绒。经纱起毛的立绒织物。在机上织成上下两片棉纱底布，中间用毛经连接，对剖开后，正面有几毫米高的绒毛，手感柔软，保暖性强。主要品种有海虎绒和兽皮绒。

三、织物特性分析

（1）物理性能。包括纱支（线密度）、克重、纱线捻度、织物结构、织物密度、织物厚度、织缩率、拉伸强力、撕裂强力、防勾丝、折皱回复性、硬挺度、拒水性、透气性、燃烧性、胀破强力、耐磨性、抗起毛起球性等。

（2）色牢度。包括耐皂洗色牢度、耐摩擦色牢度、耐干洗色牢度、耐汗渍色牢度、耐光照色牢度等。

（3）尺寸稳定性。包括水洗机洗尺寸稳定性、手洗尺寸稳定性、干洗尺寸稳定性、蒸汽尺寸稳定性。

（4）化学成分分析：pH、甲醛含量、偶氮染料、重金属含量等。

【任务实施】

一、样品分析主要内容

确定织物正反面和经纬向；测定织物幅宽；分析织物组织及色纱配合；测算织物密度和紧度；测定织物厚度；测定单位长度质量和单位面积质量；测定单位面积经纱质量和纬纱质量；鉴别原料成分及混纺比；测定织物中纱线织缩率、线密度、捻度与捻向，以及线圈长度、编织密度系数；风格、功能性、尺寸稳定性等。

（一）规格、结构分析

1. 织物正反面的区分

（1）从织物花纹图案和色彩识别。

①有花纹图案的织物。正面清晰洁净，图案的造型、线条、轮廓精细醒目，层次分明，色彩鲜艳，反面则暗淡模糊，花纹缺乏层次。

②素色织物。正面光滑洁净，色泽明亮。

（2）从组织结构识别。

①平纹织物。正面组织点明显丰满，花色鲜明。

②斜纹织物。正面纹路饱满清晰，纹路突出，线（半线）织物为右斜纹，纱织物为左斜纹。

③缎纹织物。正面平整柔滑富于光泽，经密大时经面缎纹为正，纬密大时纬面缎纹为正。

④花纹织物。正面织纹浮纱短而少，花纹或线条细密清晰悦目，轮廓突出，光泽明亮柔和；反面则粗糙模糊，有长浮线，色暗。

⑤多重或多层织物。正面结构紧密，纱质好，组织与配色也较清晰鲜明。

⑥纱罗织物。纹路清晰、绞经突出的为正。

⑦毛巾织物。毛圈密度大的为正面。

（3）从整理效果识别。

①起毛织物。正面有耸立密集的绒毛，织纹隐蔽，双面起毛的以绒毛光洁整齐的为正面。

②烂花织物。正面轮廓清晰、色泽鲜明，绒面烂花织物以丰满平齐的绒面为正面。

③扎花布。轧花清晰明朗的为正面。

④经烧毛剪毛的织物。烧毛、剪毛效果好的为正面。

（4）从布边识别。

①布边正面平整，反面呈现向里卷曲状。

②布边有织字的，正面清晰光洁，并呈正写。

③根据整理留在布边的刺孔判断，一般刺孔从正面刺向反面。

（5）从包装上识别。

①粘贴商标及加盖检验印章的一面为反面，但本色布类则盖在正面（外销在反面）。

②双幅织物对折成包时，折在里面的为正面。

2. 织物经纬向的判断

与布边平行的为经纱；含有浆分的为经纱；一般密度较大的为经纱；箱痕纹路明显的方向为经向；单纱与股线交织时，一般股线为经纱；单纱织物，"Z"捻纱为经纱；捻度较大的为经纱；经纬纱线密度、捻系数、捻向差异不大时，纱质好、条干均匀的为经纱；经纱多数较纬纱细；配列着多种粗细、颜色、捻度、捻向或不同原料纱线的系统，一般为经向；排列稀密程度多变的方向通常是经向；条格织物呈条的方向或较复杂、平直、明显带长方形的长边方向多为经向；提花织物通常是经纱起花，经纬纱都起花时起花多而复杂的为经纱；毛巾织物中起圈的纱线为经纱；不同原料交织时，强度高、毛茸少、粗度细的纱为经纱；起毛起绒织物中绒毛顺向与经向一致。

3. 织物的长度和宽度

一匹织物两端最外边的完整纬纱之间的距离叫匹长，单位为米（m）。

织物两边两根经纱之间的距离称幅宽，单位为厘米（cm）。计算幅宽时应注意：总幅宽包括异于布身结构的边幅在内；总幅宽不包括最外边未与经纱交织的纬纱缨长度；织物幅宽与纬纱方向不能等同，但测量时可以经纱的方向为基准。

4. 织物密度

机织物密度是指机织物（在无折皱和无张力下）单位长度内的纱线根数（一般以根/10cm 表示），有经密和纬密之分。经密（即经纱密度）是沿机织物纬向单位长度内所含的经纱根数。纬密（即纬纱密度）是沿机织物经向单位长度内所含的纬纱根数。

机织物的紧度又称覆盖系数，也有经向紧度与纬向紧度之分。经向紧度是机织物规定面积内，经纱覆盖的面积对织物规定面积的百分率；纬向紧度是机织物规定面积内，纬纱覆盖的面积对织物规定面积的百分率。经（纬）向紧度 E_T（E_W）定义为：经（纬）纱直径对经（纬）纱间平均中心距的百分率。

织物密度测定：

（1）最小测量距离（精度要求）。在测定织物密度时，其测定距离必须足够长，目的在于保证测定结果的精度。织物密度以纱线根数计测，允许偏差 0.5 根，即绝对精度最小为 0.5 根，于是：

$$相对测定精度（\%）=（0.5/N）\times 100\%$$

式中：N 为实际计测根数，由测定距离决定，这样测定距离也就成为测定精度的决定因素。

例如，某织物设计密度为 250 根/10cm，实际测得 5cm 内的根数为 123 根，其测定精度为（0.5/123）$\times 100\%=0.41\%$；如只测 2cm，测得根数为 49.5 根，其测定精度为（0.5/49.5）$\times 100\%=1.01\%$。通常测定精度要求在 1% 以内，测定距离可按表 4-64 要求选定。

表 4-64 织物最小测量距离

每厘米纱线根数	最小测量距离/cm	被测量的纱线根数	精度百分率（计算到 0.5 根纱线之内）/%
10	10	100	>0.5
10~25	5	50~125	1.0~0.4
25~40	3	75~120	0.7~0.4
>40	2	>80	<0.6

注 1. 用织物分解法截取试样时，至少要含有 100 根纱线。
   2. 对宽度只有 10cm 或更小的狭幅织物，计数包括边经纱在内的所有经纱，并用全幅经纱根数表示结果。
   3. 当织物是由纱线间隔稀密不同的大面积图案组成时，测量长度应为完全组织的整数倍，或分别测定各区域的密度。

（2）密度测定的方法。

①织物分解法。

用具：钢尺（长度 5~15cm，尺面标有毫米刻度）；分析针；剪刀。

步骤：在调湿后样品的适当部位剪取略大于最小测定距离的试样；在试样的边部拆去部分纱线，用钢尺测量，使试样达到规定的最小测定距离 2cm，允差 0.5 根；将上述准备好的试样，从边缘起逐根拆解，为便于计数，可以把纱线排列成 10 根一组，即可得到织物在一定长度内经（纬）向的纱线根数；如经纬密同时测定，则可剪取一矩形试样，使经纬向的长度均满足于最小测定距离，拆解试样，即可得到一定长度内的经纱根数和纬纱根数。

②织物分析镜法。

装置：织物分析镜，其窗口宽度各处应是（2±0.005）cm 或（3±0.005）cm，窗口的边缘厚度应不超过 0.1cm。

步骤：将织物摊平，把织物分析镜放在上面，选择一根纱线并使其平行于分析镜窗口的一边，由此逐一计数窗口内的纱线根数；也可计数窗口内的完全组织个数，通过织物组织分析或分解该组织，确定一个完全组织中的纱线根数（测量距离内纱线根数=完全组织个数×一个完全组织中纱线根数+剩余纱线根数）；将分析镜窗口的一边和另一系统纱线平行，按上述步骤计数该系统纱线根数或完全组织个数。

③移动式织物密度镜法。移动式织物密度镜如图 4-85 所示，仪器内装有 5~20 倍的低倍放大镜，以满足最小测量距离的要求。放大镜中有标志线，可随同放大镜移动。测量时，先确定织物的经、纬向。测量经密时，密度镜的刻度尺垂直于经向，反之亦然。再将放大镜中的标志线与刻度尺上的"0"线对齐，并将其位于两根纱线中间作为测量的起点。一边转动螺杆，一边记数，直至数完规定测量距离内的纱线根数。

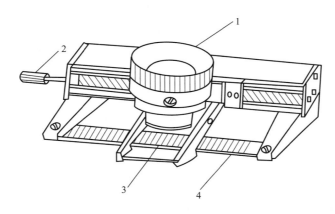

图 4-85　移动式织物密度镜
1—放大镜　2—转动螺杆　3—刻度线　4—刻度尺

密度镜法测定织物密度时应注意的问题：密度镜中计测标志线与标尺应垂直，计测开始时标志线与标尺"0"线应对齐；密度镜摆放时应以经纱为基准线，即测定经密时标尺与经纱垂直（标志线平行于经纱），测定纬密时标尺与经纱平行（标志线垂直于经纱）；摆放密度镜时标尺"0"线应对准两纱中间；有些织物可能看不清另一系统纱线，如斜纹织物，此时可将标志线对准被计测的纱线，但纬斜严重时则须用分解法；对于纱线排列清晰可见的织物，只要使标志线横过织物，就可逐一计数每根纱线。标志线与标尺终点线重合时，若其落在最后一根纱线的不足 1/4 处、1/4~3/4 内或 3/4 以上，则这根纱线分别按 0、0.5 或 1 根计，即计测精度为 0.5 根。

（3）结果计算与表示。将测得的一定长度内的纱线根数折算至 10cm 长度内所含纱线的根数。分别计算出经、纬密的平均数，结果精确至 0.1 根/10cm。

当织物是由纱线间隔稀密不同的大面积图案组成时，则测定并记述各个区域中的密度值。

5. 织物中纱线织缩率的测定

（1）设备。

①伸直纱线和测量装置，需符合下列要求：应有两只夹钳，且夹钳在闭合时有平行的钳

口面；两只夹钳之间的距离可调节；应能测量两只夹钳之间的距离，最小分度为1mm；每只夹钳应有一个基准线（如距钳口边约2.5mm），在夹钳闭合时可见；应能把规定的伸直张力通过夹钳加到纱线上。

②钢尺：最小分度值为1mm。

③分析针。

（2）试样。样品调湿至少16h。把调湿过的样品摊平，使其不受张力并没有皱褶；裁剪5块长方形试样，其中2块为经向试样，试样的长度方向沿样品的经向，3块为纬向试样，试样的长度方向沿样品的纬向。试样的长度至少为试样夹钳内长度的20倍，宽度至少含有10根纱线；测量并记录试样长度 L_0，以毫米（mm）为单位。

注意：如果将织缩率和纱线线密度结合在一起测定，则需再准备另外2块纬向试样，并保证能代表5个不同的纬纱卷装，所有试样的长度宜统一为250mm，宽度至少包括25根纱线；当样品为提花织物时，宜在花纹的完全组织中抽取试验用的纱线，当织物是由大面积的浮长差异较大的组织组成图案时，则抽取各个面积中的纱线进行测定，并在报告中分别记录。

（3）步骤。

①调整装置。表4-65给出的伸直张力测定值可能是适宜的，参照此表调整张力装置，以便尽可能地消除纱线卷曲。如果表中给出的张力不能使纱线卷曲消除或已使其伸长，则可另行选取，但应在报告中说明。

表4-65　伸直张力

纱线	线密度/tex	伸直张力/cN
棉纱、棉型纱	≤7 >7	0.75×线密度值 （0.2×线密度值）+4
毛纱、毛型纱、中长型纱	15~60 61~300	（0.2×线密度值）+4 （0.07×线密度值）+12
非变形长丝纱	所有线密度	0.5×线密度值

注　其他类型纱线可参照表中张力值选取，也可另行选择张力，在报告中注明。

②夹持纱线。用分析针轻轻地从试样中部拨出最外侧的一根纱线，在两端各留下约1cm仍交织着。从交织的纱线中拆下纱线的一端，尽可能握住端部以免退捻，将该头端夹入伸直装置的一个夹钳，使纱线的头端和基准线重合，然后闭合夹钳。从织物中拆下纱线的另一端，用同样方法把它夹入另一夹钳。

③测量纱线伸直长度。使两只夹钳分开，逐渐达到选定张力。测量并记录两夹钳基准线间距离，作为纱线的伸直长度。

④测定的数量。

重复步骤②③，随时把留在布边的纱缨剪去，避免纱线在拆下过程中受到伸长，从每个试样中各测10根纱线的伸直长度。

（4）结果计算与表示。对每个试样测定的 10 根纱线，计算平均伸直长度 L，保留一位小数。按式（4-33）分别计算每个试样的织缩率，保留一位小数。

$$C(\%) = (L-L_0)/L_0 \times 100\% \tag{4-33}$$

式中：C——织缩率；

　　L——从试样中拆下的 10 根纱线的平均伸直长度，mm；

　　L_0——伸直纱线在织物中的长度（试样长度），mm。

分别计算经纱的织缩率平均值和纬纱的织缩率平均值。

6. 织物中纱线捻度的测定

（1）设备。

①捻度试验仪。由一对夹钳组成，其中的一个夹钳可正转或反转，测试时，计数器可以准确测试旋转数据并显示。夹钳距离应可调整到规定的试验纱线长度。非转动夹钳应可移动，以供试样在解捻时长度变化之用。仪器应具有施加适当伸直张力的装置。

②分析针。

③放大镜。

④衬板。颜色适当，以便于观察纱线退捻。

（2）试样。样品调湿至少 16h。试样长度至少应比试验长度长 7~8cm，夹持试样过程中不退捻，宽度应满足试验根数。

裁剪 1 块经向试样，试样的长度方向沿样品的经向，裁剪 5 块纬向试样，试样的长度方向沿样品的纬向。对于纬向试样，5 块试样分布于不同部位，且试验根数在各试样之间的分配大致相等。

试验长度和试验根数按表 4-66 规定。如要达到特殊要求的精确度，则试验数量应统计确定。

表 4-66　试验长度和试验根数

纱线种类	试验根数	试验长度/cm
股线和缆线	20	20
长丝纱	20	20
短纤纱[a,b]	50	2.5

a 在测量长韧皮肤纤维干纺的原纱（单纱）时，可试验 20 根，试验长度用 20cm。

b 对于某些纤维很短的纱线，如棉短绒，可采用 1.0cm 的最小试验长度。

（3）步骤。

①判断捻向。抽出一根纱线，并握持两端，使其一段（大约 10cm）处于竖直位置，观察纱线捻回的倾斜方向，与字母"S"中间部分一致的，为 S 捻；与字母"Z"中间部分一致的，为 Z 捻。

②测定捻数。在不使纱线受到意外伸长和退捻的条件下，将纱线一端从织物中侧向抽出，夹紧于一个夹钳中。使试样受到适当的伸直张力后，夹紧另一端，伸直张力按表 4-65 的

规定。

转动旋转夹钳退解捻度。对于股线、缆线及长丝纱，从移动夹钳钳口插入分析针向旋转夹钳移动，移动至钳口捻回退尽。对于短纤纱，使用放大镜及衬板，观察判断捻回退尽与否。

记录旋转夹钳的回转数，记录精度根据实际需要选择。

重复上述过程，直至规定的试验根数。为便于抽出纱线，可剪去横向纱缨。

如需测定股线中长丝纱或单纱及缆线中股线的捻数，在测定完股线或缆线的捻度后，分开各组分，去除不测的长丝纱、单纱或股线，将待测的组分调整至表 4-67 规定的长度，按表 4-65 调整伸直张力，并测定其捻数。

（4）结果的计算与表示。按式（4-34）分别计算经纱和纬纱的平均捻度，保留一位小数。

$$T = \overline{N}/L \times 100 \qquad\qquad (4-34)$$

式中：T——捻度，捻/m；

$\overline{N}$——回转数的平均值；

L——试验长度，cm。

7. 织物中纱线线密度的测定

（1）设备。

①天平，精度至少为 0.001g。

②测定纱线伸直长度的装置（同织缩率测定所用的装置）。

③烘箱，具有恒温控制装置，温度可调节为 105℃。

（2）试样。将样品调湿至少 24h。从调湿过的样品中裁剪 7 块长方形试样，其中 2 块为经向试样，试样的长度方向沿样品的经向，5 块纬向试样，试样的长度方向沿样品的纬向。试样的长度最好相同，至少 250mm，试样的宽度上至少含有 50 根纱线。

（3）步骤。

①未去除非纤维物质的织物中拆下纱线线密度的测定。

a. 分离纱线和测量长度。按表 4-65 规定调整好伸直张力，从每一试样中拆下并测定 10 根纱线的伸直长度（精确至 0.5mm），然后从每个试样中拆下至少 40 根纱线，与同一试样中已测取长度的 10 根组成一组。

b. 方法 A——在标准大气中调湿和称重。将纱线试样置于试验用的标准大气中平衡 24h，或每间隔至少 30min 其质量的递变量不大于 0.1%。称量每组纱线。

c. 方法 B——烘干和称重。把纱线试样放在烘箱中加热至 105℃，并烘至恒定质量，直至每隔 30min 质量递变量不大于 0.1%。称量每组纱线。

②去除非纤维物质后的织物中拆下纱线线密度的测定。

a. 分离纱线和测量长度。按①a 的规定，从每个试样上拆下 10 根纱线并测定其伸直长度，然后再从每个试样中拆下至少 40 根纱线。

b. 去除非纤维物质并称重。采用 GB/T 2910.1—2009 中关于纤维混合物定量分析前非纤维物质去除方法去除非纤维物质后，按①方法 A 在标准大气中调湿和称重或按①方法 B 烘干和称重。

c. 股线中单纱线密度的测定。按上述程序测定的股线的线密度值，其结果表示最终线密度值。如果需要各单纱的线密度值（如单纱线密度不同的股线），先分离股线，将待测的一组单纱留下，然后按上述方法测定其伸直长度和质量。

（4）结果的计算与表示。对每个试样计算测定的 10 根纱线，计算平均伸直长度。按以下公式分别计算每个试样的线密度，以经纱线密度平均值和纬纱线密度平均值作为试验结果，保留一位小数。

①方法 A。由式（4-35）分别计算经纬纱的线密度。

$$T_c = \frac{m_c \times 1000}{\overline{L} \times N} \qquad (4-35)$$

式中：T_c——调湿纱线的线密度，tex；

　　　m_c——调湿纱线的质量，g；

　　　$\overline{L}$——纱线的平均伸直长度，m；

　　　N——称量的纱线根数。

②方法 B。由式（4-36）分别计算经纬纱的线密度。

$$T_D = \frac{m_D \times 1000}{\overline{L} \times N} \qquad (4-36)$$

式中：T_D——烘干纱线的线密度，tex；

　　　m_D——烘干纱线的质量，g；

　　　$\overline{L}$——纱线的平均伸直长度，m；

　　　N——称量的纱线根数。

由式（4-37）计算结合商业允贴或公定回潮率的纱线线密度。

$$T_R = \frac{T_D \times (100 + R)}{100} \qquad (4-37)$$

式中：T_R——结合商业允贴或公定回潮率的纱线线密度，tex；

　　　T_D——烘干纱线的线密度，tex；

　　　R——纱线的商业允贴或公定回潮率。

③股线的线密度表示。单纱线密度相同的股线，以单纱的线密度值乘股数来表示；单纱线密度不同的股线，以单纱的线密度值相加来表示。

（二）成分分析

在织物上拆取纱线后按纱线（纤维）的分析方法进行。

二、撰写样品分析报告

样品分析报告样例见表 4-67。

表 4-67 样品分析报告样例

样品分析报告				
送样单位：				
试样编号	分析项目		结果	结论
1	1 燃烧特征	接近火焰		
		在火焰中		
		离开火焰		
		燃烧气味		
		残渣特征		
	2 显微镜	纵向形态		
		横向形态		
	3	着色		
	4	溶解		
	5	线密度		
	6	捻度		
	7 密度	经密		
		纬密		
	8	组织		
	9	幅宽		
	10	混纺比		
结论				

思考题

1. 棉本色布、棉印染布及色织棉布的检验项目有哪些？其分等规定如何？
2. 精梳毛织品、粗梳毛织品的质量检验内容是什么？如何进行分等？
3. 桑蚕丝织物、合成纤维丝织物的质量检验内容是什么？其分等情况如何？
4. 苎麻本色布、亚麻印染布的质量检验项目有哪些？是如何进行分等的？
5. 试述棉针织内衣的质量检验内容及分等情况。
6. 试述毛针织品的质量检验内容及分等情况。
7. 比较梯形法与舌形法撕破时纱线的受力特征。
8. 分析精梳纱织物抗起毛起球性优于普梳纱的原因。

项目 4 思考题
参考答案

9. Oeko-tex Standard 100、GB 18401—2010 检测项目中对 I 类（A 类）、II 类（B 类）、III 类（C 类）产品的 pH、甲醛含量的检测限值各如何？

10. 试述土工布的质量检验内容。

11. 简述测试环境的要求与确定。

12. 分析织物的项目有哪些？

13. 保证分析结果准确应注意哪些问题？

14. 如何测定织物中纱线线密度？

15. 如何测定织物中纱线捻度？

16. 如何测定织物密度？

参考文献

［1］余序芳．纺织材料实验技术［M］．北京：中国纺织出版社，2004.

［2］蒋耀兴．纺织品检验学［M］．北京：中国纺织出版社，2008.

［3］李汝勤，宋钧才．纤维和纺织品测试技术［M］．4版．上海：东华大学出版社，2015.

［4］纺织工业科学技术发展中心．中国纺织标准汇编［M］．北京：中国标准出版社，2016.

［5］田恬．纺织品检验［M］．北京：中国纺织出版社，2007.

［6］杨乐芳．纺织材料与检测［M］．上海：东华大学出版社，2018.

［7］耿玉琴．纺织纤维与产品［M］．苏州：苏州大学出版社，2007.

［8］李青山．纺织纤维鉴别手册［M］．3版．北京：中国纺织出版社，2009.

［9］王瑞．纺织品质量控制与检验［M］．北京：中国纺织出版社，2006.

［10］姚穆．纺织材料学［M］．北京：中国纺织出版社，2009.

［11］夏志林．纺织实验技术［M］．北京：中国纺织出版社，2007.

［12］慎仁安．新型纺织测试仪器使用手册［M］．北京：中国纺织出版社，2005.

［13］言宏元．非织造工艺学［M］．北京：中国纺织出版社，2005.

［14］邢声远．纺织新材料及其识别［M］．北京：中国纺织出版社，2003.

［15］国家质量技术监督局计量司．测量不确定度评定与表示指南［M］．北京：中国计量出版社，2003.

附录　织物的拉伸性能

一、工作任务描述

了解电子式织物强力仪的结构原理，熟悉测试方法和操作要领，分析参数设置的原因，掌握打印结果的含义，并了解影响试验结果的各种因素。要求测试出数据，并按要求写出项目测试报告。

二、操作仪器、工具及试样

电子织物强力仪、钢尺、挑针、张力夹、剪刀、织物试样等。

三、操作要点

1. 测试标准

GB/T 3923.1—2013《纺织品　织物拉伸性能　第 1 部分：断裂强力和断裂伸长率的测定（条样法）》。

2. 取样

按织物的产品标准规定或有关方协议取样；在没有上述要求的情况下，可采用上述标准附录 A 给出的取样方法；试样应具有代表性，应避开褶皱和布边等。取样示例按上述标准附录 B。

3. 调湿

预调湿、调湿和试验用大气应按 GB/T 6529—2008 的规定执行。对于湿润状态下试验不要求预调湿和调湿。

4. 试样准备

从每一个实验室样品上剪取两组试样，一组为经向（或纵向）试样，另一组为纬向（或横向）试样。每组试样至少应包括 5 块试样，如果有更高精度的要求，应增加试样数量。按规定取样，试样应距布边至少 150mm。经向（或纵向）试样组不应在同一长度上取样，纬向（或横向）试样组不应在同一幅宽上取样。

每块试样的有效宽度应为 50mm±0.5mm（不包括毛边），其长度应能满足隔距长度 200mm，如果试样的断裂伸长率超过 75%，隔距长度可为 100mm。按有关方协议，试样也可采用其他宽度，应在试验报告中说明。

对于机织物，试样的长度方向应平行于织物的经向或纬向，其宽度应根据留有毛边的宽度而定。从条样的两侧拆去数量大致相等的纱线，直至试样的宽度符合规定的尺寸。毛边的宽度应保证在试验过程中长度方向的纱线不从毛边中脱出。

对于每厘米仅包含少量纱线的织物，拆边纱后应尽可能接近试样规定的宽度。计数整个试样宽度内的纱线根数，如果大于或等于 20 根，则该组试样拆边纱后的试样纱线根数应相同；如果小于 20 根，则试样的宽度应至少包含 20 根纱线。如果试样宽度不是 50mm±0.5mm，试样宽度和纱线根数应在试验报告中说明。

对于不能拆边纱的织物，应沿织物纵向或横向平行剪切宽度为 50mm 的试样。一些只有撕裂才能确定纱线方向的机织物，其试样不应采用剪切法达到要求的宽度。

如果还需要测定织物湿态断裂强力，则剪取试样的长度应至少为测定干态断裂强力试样的 2 倍。给每条试样的两端编号、扯去边纱后，沿横向剪为两块，一块用于测定干态断裂强力，另一块用于测定湿态断裂强力，确保每对试样包含相同根数长度方向的纱线。根据经验或估计浸水后收缩较大的织物，测定湿态断裂强力的试样的长度应比测定干态断裂强力的试样长一些。浸润试验的试样应放在温度 20℃±2℃的符合 GB/T 6682—2008 规定的三级水中浸渍 1h 以上，也可用每升含不超过 1g 非离子湿润剂的水溶液代替三级水。

5. 程序

（1）设定隔距长度。对于断裂伸长率小于或等于 75% 的织物，隔距长度为 200mm±1mm；对于断裂伸长率大于 75% 的织物，隔距长度为 100mm±1mm。

（2）设定拉伸速度。根据附表 1 中的织物断裂伸长率，设定拉伸试验仪的拉伸速度或伸长速度。

附表 1　拉伸速度或伸长速度

隔距长度/mm	织物断裂伸长率/%	伸长速度/（%/min）	拉伸速度/（mm/min）
200	<8	10	20
200	≥8 且 ≤75	50	100
100	>75	100	100

（3）夹持试样。试样可采用在预张力下夹持，或者采用松式夹持，即无张力夹持。当采用预张力夹持试样时，产生的伸长率应不大于 2%。如果不能保证，则采用松式夹持。同一样品的两方向的试样采用相同的隔距长度、拉伸速度和夹持状态，以断裂伸长率大的一方为准。

①松式夹持。采用松式夹持方式夹持试样的情况下，在安装试样以及闭合夹钳的整个过程中，其预张力应保持低于②中给出的预张力，且产生的伸长率不超过 2%。

计算断裂伸长率所需的初始长度应为隔距长度与试样达到预张力的伸长之和。试样的伸长从强力—伸长曲线图上对应于②中给出的预张力处测得。

如果使用电子装置记录伸长，应确保计算断裂伸长率时使用准确的初始长度。

②预张力夹持。根据试样的单位面积质量采用如下预张力：≤200g/m²：2N；>200g/m² 且 ≤500g/m²：5N；>500g/m²：10N。断裂强力较低时，可按断裂强力的（1±0.25）% 确定预张力。

6. 测定

在夹钳中心位置夹持试样，以保证拉力中心线通过夹钳的中点。

启动试验仪，使可移动的夹持器移动，拉伸试样至断脱。记录断裂强力，单位为牛顿

（N）；记录断裂伸长或断裂伸长率，单位毫米（mm）或百分率（%）。如果需要，记录断脱强力、断脱伸长和断脱伸长率（记录断裂伸长或断裂伸长率到最接近的数值。断裂伸长率<8%时：0.4mm 或 0.2%；断裂伸长率≥8%且≤75%时：1mm 或 0.5%；断裂伸长率>75%时：2mm 或 1%。每个方向至少试验 5 块试样）。

如果试样沿钳口线的滑移不对称或滑移量大于 2mm，舍弃试验结果。

如果试样在距钳口线 5mm 以内断裂，则记为钳口断裂。当 5 块试样试验完毕，若钳口断裂的值大于最小的"正常"值，可以保留该值。如果小于最小的"正常"值，应舍弃该值，另加试验以得到 5 个"正常"断裂值。

如果所有的试验结果都是钳口断裂，或得不到 5 个"正常"断裂值，应报告单值，且无须计算变异系数和置信区间。钳口断裂结果应在试验报告中说明。

如需湿润试验，则将试样从液体中取出，放在吸水纸上吸去多余的水分后，立即按上述步骤进行试验，预张力为②规定的 1/2。

7. 结果的计算与表示

分别计算经、纬向（或纵、横向）的断裂强力平均值，单位为牛顿（N）。计算结果按如下修约：<100N：修约至 1N；≥100N 且<1000N：修约至 10N；≥1000N：修约至 100N。也可根据需要，计算结果可修约至 0.1N 或 1N。